说艺论美

金雅 著

南京大学出版社

今天的美育，育什么（代序）

记者：金雅教授您好，很高兴您接受访谈。能否请您谈谈对今天美育问题的看法。

金雅：您好，谢谢邀谈。以文化人，以美育人，是中华文化的重要特色。诗教乐教，也是中华文化的重要传统。20世纪初，自蔡元培、王国维从域外引入"美育"的概念，梁启超等倡导"趣味教育"和"情感教育"，审美教育已逐渐走入社会大众和当代教育实践。但是，我们对美育的认知还存在着一些偏狭和不足。

记：这些偏狭和不足主要是什么？

金：美育有广义和狭义之分。狭义的美育主要是美的知识、观念、技能的教育，培养人的基本的审美观、审美能力等。广义的美育则是指人的审美态度、审美趣味等的涵育，是对人的生命的整体美感陶冶。前者主要借助知识讲授、艺术培训等手段；后者则可以扩展到自然、艺术、生活的广阔实践领域。前者和后者并非没有关联。狭义美育可以为广义美育提供知识支撑和技能基础。广义美育则是狭义美育的提升，也是美育的人文指向和终极目标。中国传统美育比较关注美育和德育的关系。我国当代美育中有将美育简单等同于德育的倾向，使得美育的感染力和趣味性等有所削弱。另外，当代美育中也存在着美育的智育化、技能化、功利化等偏颇，特别是将美育等同于艺术技能培训，使得美育异化为考级、升学、成名等的跳板。

记：那么，我们今天的美育应该教什么？

金：您这个问题很有意义。习总书记先后提出要传承弘扬"中华美学精神"和"中华美育精神"。实际上，我们中华文化和中华美学（育）的一个核心精神，就是人生论的精神，就是关怀人、关爱人，是从人的生命、生存、生活中，建构美的维度和价值的。20世纪初，具有重要影响力的中国现代美学家，也都是美育的重要倡导者和践行者。他们主张以美来涵情提情，以情来蕴真、涵善、立美，追求真善美贯通的美感意趣，追求美情高趣至境的美学（育）理想。这种人生论美学（育）理想，落实到具体的审美教育实践中，可以建构起美育的立体网络，通过美育与智育、德育、体育的关联渗透，以美促进人的认知、道德、生理的发展；同时，通过自然美育、艺术美育、生命美育的生动展开，以美促进人的感受力、想象力、创造力的活跃，主体性、创新性、和谐性的提升，以及情感、意志、人格、人性的健康和谐的发展。美育的最高追求，是涵育活生生的美的人。

记：美育主要是学校教育吗？

金：美育应该形成家庭、学校、社会的合力。美育必须从感性进入，也以感性激活及其在人性中的和谐为基础目标。美育最宜从儿童抓起。家长是美育的第一导师。美育不仅要关注现实的、科学的、实践的功能，更要关注长远的、人文的、价值的维度。让人成为人，是美育的第一要旨！

原刊《联谊报》2019年12月24日，应《联谊报》记者周大彬采访。

目 录

001　今天的美育,育什么(代序)

第一部分　美·思

003　大美:中华美育精神的意趣内涵和重要向度
016　新时代·新文化·新美学
023　中华美学风范与新时代精神
030　以情蕴真涵善育美
036　人生论美学与中国美学的学派建设
059　"美情"与当代艺术理论批评的反思
071　文学审美的情感功能
082　艺术理论批评语言的美学尺度
084　关于艺术学理论学科属性和价值维度的思考
091　加强艺术学理论民族学理的建设
101　传承优秀民族文化精神　推动当代文艺创新发展
107　马克思主义与民族文化的建设
119　庄子美学本体观释论
130　梁启超:以趣味超拔人生
134　梁启超文论创构与当代文论建设
151　丰子恺:真率之趣构筑的大人格

第二部分　艺·探

- 157　艺术"空白"浅探
- 165　古诗文今译为何不如原文有味
- 168　现代女性迷失何方——评《婚姻相对论》中的女性形象
- 176　生命的崇高与纯真的执着——读池莉小说《云破处》
- 183　"阿米哲学"与女性命运的反思——评王方晨小说《毛阿米》
- 195　社会转型、爱情文化与女性形象
　　　——评何玉茹中篇小说《素素》
- 202　女性命运的文学风标——二十世纪中国文学与女性解放
- 208　内蕴密集化：现代小说艺术变革管窥
- 217　论文学接受的个体性与社会性
- 228　大众传媒时代的文学变迁及其价值功能再认识
- 238　"人生艺术化"与人的和谐生成
- 244　"人生艺术化"的中国现代命题与"美的规律"的启示
- 255　"美丽中国"的人文关怀维度与生活品质建设
- 262　生态美学视野下的现代宜居城市
- 271　微时代的审美风尚和生活的艺术化

第三部分　境·寻

- 283　美学研究的世界视野与中国实践
　　　——美学家汝信先生访谈
- 295　文艺理论的使命与承担——文艺理论家王元骧访谈
- 308　中华美学精神：理论与实践——与仲呈祥先生对话
- 320　为学·为人·为事：我的老师钱中文先生
- 329　学问人生：我的老师王元骧先生
- 337　中国美学研究的拓荒者：我的学术忘年交聂振斌先生

- 344　后　记

1

第一部分
美・思

大美：中华美育精神的意趣内涵和重要向度*

一

大美是中华美育的重要命题之一，它与和谐等命题共同构筑了中华美育精神的核心谱系。中华美育精神聚焦以真善为内核的美的人格涵育，标举美情高趣至境的主体生命涵成，形成了富有特色的民族意趣。

中华美育与美学同根同源，离不开民族文化的滋养。与西方自古希腊以来叩问"何为美"的认识—科学论命题相映衬，中华民族自先秦以来就探寻"美何为"的价值—人生论命题。自前学科的古典思想形态始，到学科意义上的现代理论形态，美与人的生命、生存、生活的价值关联，在中华美学中始终占据着极其重要的位置。崇扬大美，是中华文化与中华美学的重要价值旨趣。中华之大美，既是对象的刚健超旷之美，也是主体超越小我之束缚、与天地宇宙精神往还和合的诗性美。中华大美之意趣，究其根柢，乃"天地与我并生，而万物与我为一"的浩然正大之美。①"大"，不能简单将其等同于体积之大、数量之巨等形式化因素，它与西方美学中的"崇高"也"并不是同一的

---

* 原刊《中国文艺评论》2020年第8期。
① 陈鼓应注译：《庄子今注今译》（上册），中华书局1983年版，第71页。

范畴"。① 西方式的"崇高"美,追求"理性内容压倒和冲破感性形式",与内容形式统一的"和谐"美往往"是对立的"。中华之"大"美,建基于中华哲学天地万物相成化生之"大道",深具中华文化的独特印记。"'大'者,也是'道'(天)之义","在古人的观念里,'大'是最美的"。② "大"是刚健正大与超旷高逸的统一,是物与我、我与他、小我与大我的诗性关联及审美生成。它并不破坏事物要素间的内在联系与整体和谐,而是通过以整体涵融局部的诗性化成,达至新的更高的更大的正大之美。"大"可以是"压倒和冲破"的超拔浩然,也可以是"和谐的统一"的诗性正大,其要义是冲破一切、升华自我、直抵大道的大无畏、大涵融、大自由之美。

王国维曾在《孔子之美育主义》中说:"美之为物,不关于吾人之利害者也。"③这里的"吾人",即"我",即审美主体,后人据此常常把王国维解读为审美无功利论者。实际上王国维谈的是审美主体应超越美之于"我"的利害判断,而不是否定美之于人的普遍价值。"利害"作为偏正结构的语词,内含了辩证的尺度。以实用尺度的功利考量来替换利害考量,并不切于王国维的本义。在该文中,王国维又说:"无利无害,无人无我,不随绳墨而自合于道德之法则。"④"无利无害"指审美主体超越"我"之一己利害判断,而达"无人无我"的道德境界,实现美的道德目标。因此,王国维的美的无利害并不是康德意义上的审美无利害。在中华文化中,"道德"的最高境界乃是合于宇宙自然之大道,亦即抵达"天地之大美"。所以,中华美学的核心命题乃"美何为",而非西方式的"何为美"。中华美学必然要走向美育,以人的审美生成为最高目标。可以说,正是在这个意义上,王国维又

---

① 叶朗:《中国美学史大纲》,上海人民出版社1985年版,第54页。
② 仲仕伦、李天道:《中国美育思想简史》,中国社会科学出版社2008年版,第215页。
③ 王国维:《王国维文集》(第三卷),中国文史出版社1997年版,第155页。
④ 王国维:《王国维文集》(第三卷),中国文史出版社1997年版,第157页。

说:"观我孔子之学说","其教人也,则始于美育,终于美育"。① 如此,"之人也,之境也,固将磅礴万物以为一,我即宇宙,宇宙即我也"。② 我与宇宙万物融通之大美,超越了美对于"小我"之利害。唯此,大美与那些"逐一己之利害而不知返者"相反,是超越"有用之用"的"无用之用"。③ 前一个"用",对"小我"言。后一个"用",对"无我"言。"无我"之"我",也就是"宇宙即我"之"我",是突破了个体与宇宙之对立、实现两者和合的诗性"大我"。

对诗性大我的体悟与涵育,是中华哲学精神之灵魂,也构成了中华大美命题之神髓。道家的大美,乃宇宙自然之道。老子以"大道"论之,庄子以"天地有大美而不言"应之。④ 大美乃"大方""大器""大音""大象",乃"大成""大盈""大直""大巧"。⑤ 老子概之:"故'道'大,天大,地大,人亦大。"⑥ 儒家的大美,乃"万物并育而不相害"之"大德敦化"⑦,是由自然之道贯通人伦之德。孔子以"仁"释之。闻道知命,尽善尽美;乐山乐水,立人达人。是以"子曰:'大哉尧之为君也! 巍巍乎! 唯天为大,唯尧则之。荡荡乎!'"⑧"天何言哉? 四时行焉,百物生焉,天何言哉?"⑨ 儒道均强调主体之我应循天地、百物、人伦之规律德性,而达大道,而成大美。天地物我和合,小我才有来处,大我方具进路。大美之刚健超旷,才可行可味。诗性之快乐,才与纯粹的愉悦同一。

"大"之天地物我往还和合的宇宙根性、立人达人无利无害的道德根性、超越小我宇宙即我的诗意根性,潜蕴了与美与艺术的天然关

---

① 王国维:《王国维文集》(第三卷),中国文史出版社1997年版,第157页。
② 王国维:《王国维文集》(第三卷),中国文史出版社1997年版,第157页。
③ 王国维:《王国维文集》(第三卷),中国文史出版社1997年版,第158页。
④ 陈鼓应注译:《庄子今注今译》(中册),中华书局1983年版,第563页。
⑤ 陈鼓应:《老子注译及评介》,中华书局1984年版,第457页。
⑥ 陈鼓应:《老子注译及评介》,中华书局1984年版,第449页。
⑦ 陈戍国点校:《四书五经》(上册),岳麓书社2002年版,第13页。
⑧ 陈戍国点校:《四书五经》(上册),岳麓书社2002年版,第32页。
⑨ 陈戍国点校:《四书五经》(上册),岳麓书社2002年版,第55页。

联,也潜藏了与生命与人生的深层关联。中华美学对大美的追求及其刚健超旷的精神意趣,在对普遍超越的至美追求上与康德等为代表的西方现代美学的无利害性是相通的,但中华美学的大美意趣又有别于康德美学为代表的偏倚以美论美的纯思辨循环,而是主张美向现实人生的开放,主张真善美的实践贯通,主张创美审美的动态统一,主张美学美育的知行合一,倡扬天地运化之美、艺术创造之美、生命化育之美的融通无悖。中华大美之意趣不停留于对艺术、对形式的有限的、静态的、优美的观照,而从美的艺术教育、美的知识教育、美的技能教育走向大美人格涵育和大美人生创化,使美育开掘出广阔的视野,升华出形上之维,激荡着浩然正大之辉光。

二

在中华美育视野中,小我和大我,在大美的终极追求和理想涵成中,可以道通德成,天人合一,成就"大人(我)"。这个"大人(我)",既是中华哲学的范畴、道德的范畴,也是审美的范畴。

"大人(我)"构成了中华美育"大美"精神的人格构象。艺术并不是中华美学的终极归宿,中华美学最终要走向人,落到人的涵育上,贯通于主体的生命、生活、生存实践中,这就是生命的审美化、人生的艺术化。中华美学不局限于唯艺术而艺术的小美唯美,而是通向人的美化和人生的美育,由此,美学与美育密不可分。对大美人格的美趣致思,在20世纪上半叶生成了一定的话语谱系,如梁启超的"大我"、王国维的"大词(诗)人"、丰子恺的"大艺术家"、方东美的"大人"等,它们和现代启蒙思潮相呼应,突出体现了中华美育精神的民族传承与现代推进。

梁启超的"大我",是对其趣味精神的形象诠释。梁启超把趣味视为美的本质与本体,即以"知不可而为"和"为而不有"相统一为内核的不有之为的大美生命意趣。趣味的人乃大化化我之人,是"大我""真我""无我",是实现了个体众生宇宙"进合"的艺术化的人,是将人生的外在规范转化为主体的情感欲求的达致生命胜境的大美之人。1918年,梁启超写作发表了《甚么是"我"》一文,专门讨论了对"我""我的""我们""小我""真我""无我""大我"之理解。在他看来,没有"无我",就不可能超越"我的"。但他的"无我",又不是不要"我",也不是无视"我",而是倡扬"大我",准确地说是不执成败不忧得失的大化化"小我"之"大我",这与他所主张的"进合"论统一了起来。梁启超吸纳佛学智慧,以佛化儒道,认为肉体的"我"是最低等的"我"。"我"可以通过文化化育,不断"进合",层层升华,最终实现自我超越。故"化我"之"大我"才是"真我",是"我"的生命本真与终极归宿。他说:"此'我'彼'我',便拼合起来。于是于原有的旧'小我'之外,套上一层新的'大我'。再加扩充,再加拼合,又套上一层更大的'大我'。层层扩大的套上去,一定要把横尽处空竖来劫的'我'合为一体,这才算完全无缺的'真我',这却又可以叫做'无我'了。"①无我的趣味精神是梁启超的美之基石,也是梁启超美育思想的核心命题。在中国现代美育思想史上,梁启超第一个明确提出"趣味教育"的概念,强调以艺术美育为主要途径,辅以自然、劳动等多样方式,涵养趣味化的人,实现生活的艺术化。值得注意的是,梁启超的"趣味化"的"大我",是兴味与责任相统一的"我",是个体与社会、自我与宇宙和谐和合的"我",也是创造与欣赏在实践践行中直接同一的"我"。梁启超曾说:"人类固然不能个个都做供给美术的'美术家',然而不可不个个都做享用美术的'美术人'。"②20世纪初年,梁启超以"美术家"与"美术人"的对举,富有远见地提出了人人成为"美术人"的美育愿景,突出了美育的人文底蕴和价值向度,也突出了对生命审美化的"大我"意趣之期许。

---

① 梁启超:《〈饮冰室合集〉集外文》(中册),北京大学出版社2005年版,第767页。
② 梁启超:《饮冰室合集》(第5册文集之三十九),中华书局1989年版,第22页。

王国维较早从域外引入与绍介美育。王国维一直被看作中国现代无功利主义美学的代表人物。实际上,他虽受叔本华、尼采、康德、席勒等影响,以艺术形而上学为人生之解脱,但他从未把唯美化的超然物外看作艺术和美的终极追求。他以真情、德性、胸襟、人格等为前提,标举"境界",弘扬"大文学""大诗歌",推崇"大诗人""大词人",探索艺术之美与人生之美的融通。何谓"大词(诗)人"?王国维以为,"大"不仅是拥有艺术的技巧技能,关键是有着生命之境界。他以东坡、稼轩为例,认为若"无二人之胸襟而学其词,犹东施之效捧心也"。① 他把艺术视为生命的写照与存在方式,艺术的美境乃生命追求之标杆。他以"三种之境界"来比喻艺术和生命不断追求、层层奋进、渐次提升的三个阶段,以此为古今之成大事业、大学问者的必由之径,而"此等语皆非大词人不能道"。② 王国维慨叹:"美之为物,为世人所不顾久矣!"③他痛惜国人缺乏"审美之趣味",只知"朝夕营营,逐一己之利害而不知返"。④ 因此,他对艺术与美的思悟,也是他对学问与事业、对生命与人生的感悟。正是在这个意义上,他认为孔子思想的美育底蕴与席勒的美育理想,在对美的"无用之用"和"有用之用"的联系上,是有相通之处的。"大词(诗)人",不仅是王国维心中伟大的艺术家,也是实现了有我与无我、出与入的自由超越的审美化的人。

丰子恺是中国现代美育的重要倡导者与践行者。他提出"最伟大的艺术家",就是"胸怀芬芳悱恻,以全人类为心的大人格者"⑤,这

---

① 王国维:《王国维文集》(第一卷),中国文史出版社1997年版,第152页。
② 王国维:《王国维文集》(第一卷),中国文史出版社1997年版,第147页。
③ 王国维:《王国维文集》(第三卷),中国文史出版社1997年版,第158页。
④ 王国维:《王国维文集》(第三卷),中国文史出版社1997年版,第158页。
⑤ 丰子恺:《丰子恺文集》(第4卷),浙江文艺出版社、浙江教育出版社1990年版,第16页。

才是"真艺术家"①。他最鄙夷"小人"。"小人"不是指年龄之小,"小人"也不是那些尚存天真的"顽童",而是那些爱美体美之心蒙垢的"虚伪化""冷酷化""实利化"的成年人。丰子恺说,生活是"大艺术品",绘画、音乐是"小艺术品"。他主张通过艺术审美教育,把美的精神贯彻到生活中,涵育"生活的大艺术品",涵育趣味化的真率的"大艺术家",实现"事事皆可成艺术,而人人皆得为艺术家"的美育理想。②

方东美是新儒家的代表人物之一。他的美育思想突出体现了传统儒家以文化人的大美育理念。他说,"天大其生","地广其生","合天地生生之大德,遂成宇宙"。③ 他认为中国文化的"天人合一说",就是把"宇宙和人生打成一气","这种宇宙是最伟大的、最美满的";"人的小我生命一旦融入宇宙的大我生命,两者同情交感一体俱化,便浑然同体浩然同流"。④ 方东美以"广大和谐"来阐释宇宙精神和生命精神,倡扬"大人"之涵成。"大人"是方东美理想中的"全人"("Perfect and perfectied man"),是"尽己之性、尽人之性、尽物之性"的"至人"。⑤ 他引《周易》之"夫'大人'者,与天地合其德,与日月合其明,与四时合其序"⑥,认为"大人"乃知性人、德性人、宗教人、艺术人合一的行动人,是真善美和融的诗意化的"时际人"和"太空人",也是与天地同心之"大诗人""大音乐家""大艺术家"。"大人""大诗人""大音乐家""大艺术家",词异而意通,诠释了方东美以精神美成践行于世的美育致思。

---

① 丰子恺:《丰子恺文集》(第4卷),浙江文艺出版社、浙江教育出版社1990年版,第403页。
② 丰子恺:《丰子恺文集》(第3卷),浙江文艺出版社、浙江教育出版社1990年版,第293页。
③ 方东美:《中国人生哲学》,中华书局2012年版,第39页。
④ 方东美:《中国人生哲学》,中华书局2012年版,第161页。
⑤ 方东美:《方东美先生演讲集》,中华书局2013年版,第26页。
⑥ 陈戍国点校:《四书五经》(上册),岳麓书社2002年版,第134页。

三

大美之根本，在于对中华民族生生不息、与天地大化浩然同流的生命气韵与精神气象的激扬赏会。中华美育的大美意趣，最终体现在对大美生命的涵育上，体现在真善美和融正大的人格化成上，体现在小我大我汇通进合的自由升华上。但"大"在中国古典美育中，因为与道德、天道等的纠缠，其作为美育范畴的功能并未得到充分发挥。20世纪上半叶，伴随中国现代美学的理论自觉，"大"的话语建构和理论内涵得到了丰富推进。特别是与"新民"的时代命题相结合，在确立情的核心地位的基础上，"大美"阐发聚焦主体人格刚健、精神浩然、生命正大等美趣意向，突出了美育的道德向度、崇高向度、自由向度等。

大美弘扬了美育的道德向度，是对主体共情能力的激发。审美主体对道德律的体认，是对自然律把握的道德升华及其情感体认，大美的生成须由主体从道德体认超向情感体认，即由道德知性通达道德美感，而生成刚健超旷的情感认同和浩然正大的情感愉悦。朱光潜指出，"道德家的极境，也是艺术家的极境"。① 大美基于大爱。小我之展拓扩张，援物入我，援他入我，爱我及他。身之小我，爱披众生。通宗会源的大美至情，俱兴于纵横灿溢的高趣艺象，迹化于生生不息的生命爱境。梁启超独具慧眼誉杜甫为"情圣"，认为他常把"社会最下层"的痛苦"当作自己的痛苦"②，以"安得广厦千万间，大庇天下寒士俱欢颜"的至情，抒写了大爱之美的正大辉光。丰子恺的画作将满溢的爱意和清致的美感相交糅，"物我无间，一视同仁"，处处洋溢着美与爱的主题，浸透着"对人和生命的最深切的关怀"③，体现了

---

① 朱光潜：《朱光潜全集》（第2卷），安徽教育出版社1987年版，第77页。
② 梁启超：《饮冰室合集》（第5册文集之三十八），中华书局1989年版，第41页。
③ 何莫邪著，张斌译：《丰子恺》，山东画报出版社2005年版。

绝我不绝世的清雅超旷的大爱大美。

大美弘扬了美育的崇高向度,是对主体共情能力的锤炼。刚健超旷的大美,激扬着崇高的意趣,但不能把大美与崇高美直接画等号,也不能将大美与和谐美截然对立。大美、崇高、和谐,既有对立要素的冲突与超越,也有多元要素的融通与升华。中华文化之"大",乃万源归一。中华文化之"和",乃和而不同。大有根,和存异。没有矛盾冲突,就没有同一和谐。没有相辅相成,就没有诗意升华。有限之小我与无限之大我,在大美生成中冲突与和解,最终实现了小我的超越与诗性。梁启超以"进合"来诠释"大我"的这种超越与升华,高度肯定了悲剧精神的崇高品格与大美意趣。他高度赞赏屈原"All or nothing"的人格美,指出屈原"最后觉悟到他可以死而且不能不死",是拿自己的生命去殉改造社会的高洁热烈的"'单相思'的爱情","这汨罗一跳,把他的作品添出几分权威,成就万劫不磨的生命"。① 在他笔下,屈原既是伟大的诗人,也是大写的人。

大美弘扬了美育的自由向度,是对主体共情能力的升华。大美是纯粹之大无畏大涵融大自由的美。"大雄无畏"②;"唯大英雄能本色"③。美的实践主体,纯粹刚健而自由辉光。他向最高本体提升又践行于生命自身,非彼无我,一体俱化,同情交感,至纯至善。空灵超脱的艺术世界、巍然崇高的道德世界、澄明莹彻的真理世界,迹化于鲜活烂漫的生命世界。即小而即大,至实而至虚,无所不容而无所不可容。健进通贯,至真至纯,无畏自在。这种纯粹大美的境界,也是中华文化自古以来向往的生命审美化、人生艺术化的自由境趣。正如朱光潜所言:"伟大的人生和伟大的艺术都要同时并有严肃与豁达之胜"④;"'无所为而为的玩索'是唯一的自由活动,所以成为最上的

---

① 梁启超:《饮冰室合集》(第5册文集之三十九),中华书局1989年版,第67页。
② 方东美:《生生之德》,中华书局2013年版,第331页。
③ 朱光潜:《朱光潜全集》(第2卷),安徽教育出版社1987年版,第92页。
④ 朱光潜:《朱光潜全集》(第2卷),安徽教育出版社1987年版,第94页。

理想"①。唯纯粹而至大,唯无畏而至大,唯涵融而至大,唯自由而至大。创造与欣赏,看戏与演戏,出入自如,是谓"谈美"。朱光潜感叹,在最高的意义上,美与真与善并无区别。走向大美,正是走向伟大的人生、走向生命的纯粹与自由。

四

在当下实践中,传承弘扬中华美育的大美意趣,具有重要的现实意义和针对性,对于培养艺术家高洁的审美趣味和刚健的精神境界具有积极的引领意义。习近平总书记在谈到改革开放以来我国的文艺创作时,批评了"调侃崇高""低级趣味""形式大于内容"等现象。②文艺界的有识之士也呼吁当前艺术活动要正视"喧嚣、浮躁、浅薄化、空心化、形式化、游艺化"等现象,反对"奴颜媚骨""市侩气息""拜金主义"诸情状,关注"中华民族精神的矮化,中华民族风骨的软化,乃至中华民族生命力的退化"之忧患。③ 弘扬大美,是对艺术风骨精神的呼唤,是对旖靡媚俗、追名逐利、形式至上的反拨、超越、审思。

大美是对旖靡媚俗的反拨。先秦汉魏,中华文化不乏雄健之风。初唐盛唐,亦多雄健气象。但很久以来,西方世界包括我们自己,渐渐忘却了中华文化的阳刚之美,放大了温柔敦厚、蕴藉柔美的气息,甚至使之渐成民族文化的标记。这在中国文学史上,曾漫衍出种种偏狭和病态的趣味。梁启超曾指出,中国韵文的表情法历来"推崇蕴藉,对于热烈磅礴这一派,总认为别调"。④ 而就中国文学对女性审美的病态,他更是予以了辛辣批评:"近代文学家写女性,大半以'多

---

① 朱光潜:《朱光潜全集》(第2卷),安徽教育出版社1987年版,第95页。
② 中央宣传部组织编写:《习近平总书记在文艺工作座谈会上的重要讲话学习读本》,学习出版社2015年版,第10页。
③ 陆贵山:《刻画新人形象 树立时代典型》,《中国文艺评论》2020年第6期,第8页。
④ 梁启超:《饮冰室合集》(第4册文集之三十七),中华书局1989年版,第93页。

愁多病'为美人模范","以病态为美,起于南朝,适足以证明文学界的病态。唐宋以后的作家,都汲其流,说到美人便离不了病,真是文学界一件耻辱"。① 这种病态趣味,在当代并未根绝,"娘炮"等称谓,就是对当代性别审美的病态异化的嘲讽调侃。文艺创作要"存正气""讲品位""有筋骨"。"有筋骨,就是作品要表现崇高的理想信念、非凡胆识和浩然正气","这种精神上的硬度和韧性,正是伟大的作家艺术家之所以伟大的根本所在,也是一切伟大作品之所以伟大的艺术质地","一部堪称优秀的作品,都应该有大胸怀、大格调、大气度"。② 习总书记先后提出"中华美学精神"和"中华美育精神",高屋建瓴地指明了以民族美学和美育的优秀精神传统引领当代艺术实践发展提升的深刻意义③。王元骧谈道,席勒美育的内容包含"融合性的美"与"振奋性的美",前者"在紧张的人身上恢复和谐",后者"在松弛的人身上恢复张力"。④ 他认为,"美育问题近年来已引起学界普遍的重视并在研究上有了很大的发展",但"也存在某些认识上的不足",其中之一就是"以能否直接引起人的精神愉悦为标准,把美育等同于'美'(优美)的教育",而"美育并非只是'美'的教育"。⑤ 他引席勒的观点"假如没有崇高,美就会使我们忘记自己的尊严"⑥,进而指出"崇高感的审美价值以及它在美育中的地位一样,目前还很少为人们所认识"⑦。这类偏狭的认识,不仅影响了我们对美育的全面理解,也影响了我们对优秀民族美育资源的发掘。推动中华美育精神的传

---

① 梁启超:《饮冰室合集》(第4册文集之三十七),中华书局1989年版,第127页。
② 中央宣传部组织编写:《习近平总书记在文艺工作座谈会上的重要讲话学习读本》,学习出版社2015年版,第30页。
③ "中华美学精神"由习近平总书记在2014年10月15日《在文艺工作座谈会上的讲话》中提出。"中华美育精神"由习近平总书记在2018年8月30日"给中央美术学院老教授的回信"中提出。
④ 席勒著,徐恒醇译:《美育书简》,中国文联出版社1984年版,第96页。
⑤ 王元骧:《艺术的本性》,复旦大学出版社2016年版,第250页。
⑥ 席勒著,张玉能译:《席勒散文选》,百花文艺出版社1997年版,第109页。
⑦ 王元骧:《艺术的本性》,复旦大学出版社2016年版,第262页。

承弘扬,发掘中华民族源远流长的大美意趣,对于拨正提升当代艺术实践的精气神,夯实提振艺术家"精神上的正能量",在艺术创作中展现"大真大爱大美",具有切实的意义。

大美是对追名逐利的超越。当代社会,商业化、市场化的冲击,拜金主义、极端个人主义的滋生,使得有些艺术家、评论家失却了艺术的情怀信仰,作品粗制滥造,评论吹捧抬轿,把创作和评论"当作追逐'利益'的摇钱树"①,投机取巧,沽名钓誉。有些艺术家只抒写一己悲欢,有些评论家脱离现实大众,他们的创作和评论缺乏大情怀大格调,难以与民族同脉搏、与人民共呼吸,丢失了追求君子人格、鄙弃追名逐利的美好情操。大美要求艺术家具有博大的胸怀、高洁的情趣、高远的境界。"自我价值的过度膨胀、个人私欲的过度放纵,缺少理想和爱,难以与文艺的崇高追求合拍,也不符合人民的审美意愿,最终只能停留在粗鄙的境界之中。"②当代文艺创作应积极回应时代发展的新态势,深入结合新的时代生活,创作出体现大胸襟、大情怀、大格调的生动文本,发挥好艺术审美教育的独特作用。③

大美是对形式至上的审思。从古典到现代,中华之大美从不以形式为要。孟子曰"充实之谓美。充实而有光辉之谓大"④,他的"大"就是"充实"之内质与"光辉"之气象的统一。改革开放以来,西方现代形式主义思潮对我国文艺活动产生了一定的冲击。特别是"当前我们的一些文艺作品,沉醉于玩弄形式技巧,缺乏表现'心灵'的深度,致使作品沦为单纯的炫技表演"⑤。在文艺创作中,"单纯

---

① 中央宣传部组织编写:《习近平总书记在文艺工作座谈会上的重要讲话学习读本》,学习出版社2015年版,第10页。
② 中央宣传部组织编写:《习近平总书记在文艺工作座谈会上的重要讲话学习读本》,学习出版社2015年版,第104页。
③ 中央宣传部组织编写:《习近平总书记在文艺工作座谈会上的重要讲话学习读本》,学习出版社2015年版,第115页。
④ 陈戍国点校:《四书五经》(上册),岳麓书社2002年版,第134页。
⑤ 中央宣传部组织编写:《习近平总书记在文艺工作座谈会上的重要讲话学习读本》,学习出版社2015年版,第33页。

地、片面地、不问其他价值因素地去一味求'美',作品就容易变得苍白、流于形式、丧失精神"①。西方现代美学中的"美",很大程度上是指形式性的美,偏于感官观审的美,与之相联的美感通常指单纯的愉悦。这与康德美学将情与知意相区分所构建的判断力命题相联系,所以形式论者常将自己的鼻祖溯至康德。而黑格尔的艺术哲学,主要将"美"导向了艺术领域。他们的思辨,强调了美与艺术的独立品格,却有意无意疏离于美与人的现实关联,疏离于美向人生开放的实践品格,使得美在走向鲜活的人和鲜活的实践时,难以完全发挥其深刻的美育效能,难以充分发挥美反哺主体、涵育心灵的独特作用。

今天,对包括大美在内的民族美育资源的梳理、发掘、辨析、阐发,是传承弘扬中华美育精神的重要基础工作。我们一方面要积极梳理这些资源的发展演化脉络,摸清自己的"家底",挖掘自家的宝贝;同时要积极推动理论与实践的结合,推动优秀民族理论资源走向艺术实践、引领艺术实践,在介入实践中推动其创新性发展。

---

① 中央宣传部组织编写:《习近平总书记在文艺工作座谈会上的重要讲话学习读本》,学习出版社2015年版,第103页。

新时代·新文化·新美学*

中华传统美学精神较为倚重美善之两维关联,追求美的道德内涵与和谐意趣,在美真关联和崇高意趣上拓展不足。中华传统美学崇尚体验品鉴,强调审美和艺术活动中的生命向度和自然尺度,但也不乏朦胧、模糊,经验性强于科学性。

有生命力有穿透力的美学理论,一定是有光芒、有高度、有信仰的,这就是美的照亮,照亮我们的生命、生活、人生,照亮我们的实存和时空,引领我们向着那个美的世界提升。

"十九大"报告提出了"新时代"的重要概念,具有高瞻远瞩的战略性意义。从文化和学术发展的角度来看,我们也需要具备"新时代"的意识,打造"新时代"的目光,拥有"新时代"的思维,实现"新时代"的目标。"新时代"不能"封闭僵化",更不能"改旗易帜"。"新时代"是中华民族和中华文化合乎时代潮流,顺应历史发展,勇于改革开放,为实现伟大复兴所做出的战略性抉择。"新时代"的新文化和新学术,应抓住历史机遇,励精图治,攻坚克难,既梳理传承优秀传统资源,又在此基础上实现新突破、新发展、新提升。

---

* 原刊《中国艺术报》2017 年 12 月 22 日。

传承以美育人、美善相济的中华美学品格

中华文化历史悠久,积淀深厚,具有自己鲜明的民族特色。继承革命文化,发展社会主义先进文化,不忘本来、吸收外来、面向未来,推动民族优秀传统文化和学术思想的创造性转化与创新性发展,是文化工作者在"新时代"的责任和使命,也是美学家、艺术家的职责和使命。文化工作者、美学家、艺术家要以高度的文化自信和理论自信,在"新时代"构筑具有中国精神、中国价值、中国力量的新文化、新美学,去引领专业工作者和人民大众欣赏、传播、运用具有时代特色的新文化、新美学。

中华文化具有浓郁的人文情怀和内在的诗性品格,形成了一种泛审美、泛艺术的民族特点,重视向美尚美、立美弘美,强调以艺育人,追求美善相济。中华传统文化的重要代表——儒家文化和道家文化,都不直接以美的问题为目标,但它们都内蕴了将整个人生作为创美审美之对象的独特民族神韵。老庄以道为万物之源,追求一种无形而有形、无为而无不为的逍遥、从容之自由。孔子以仁为人伦之本,强调"道""德""礼""仁"相结合而达成的"从心所欲,不逾矩"的自在、自得。其实质都是崇尚天人合一、物我交融、有无相生、出入自由的生命诗境。这种文化精神是一种哲学、伦理、审美的深度交糅,体现了既扎根于生活的土壤又神往于超逸之境界的人间诗情。但中华传统美学精神较为倚重美善之两维关联,追求美的道德内涵与和谐意趣,在美真关联和崇高意趣上拓展不足。中华传统美学崇尚体验品鉴,强调审美和艺术活动中的生命向度和自然尺度,但也不乏朦胧、模糊,经验性强于科学性。20世纪初,西方美学的引入,中西古今美学思想与实践范式的交汇撞击,直接推动了民族美学的创新发展。中国现代美学的探索和成果,为推进当下民族美学的创造性转化和创新性发展,提供了很多有益的启思。今天,面对我们的时代,

需要进一步从当下语境出发，直面我们遇到的现实问题和具体实践，放眼人类共同的愿景，来建设发展我们"新时代"的新美学。

"新时代"的中华美学，应弘扬人生实践品格，体现责任和担当。中华美学与西方美学既有对美的问题的共同追求，也有各自不同的特点。其中一个重要的区别是：西方经典美学深受古希腊以来理性主义传统的影响，以美为真理的对象，呈现出以认识论方法、思辨性特征、科学化形态等为主要标识的学理化特征，它是一种在知情意三分独立的基础上建立的以审美观审为中心的科学化美学样态；中华美学扎根于中国哲学的人生情怀和中华文化的诗性情韵，它不将美的目光仅仅局限于哲思或艺术，而是以整个人生为创美审美之对象，将审美艺术人生相涵容，强调真善美的贯通和物我有无出入之张力，具有突出的人生实践品格和生命诗性意趣，是一种试图将创美与审美融为一体的价值化美学样态。中华美学的这种特点，突出体现了"知情意行"相统一的人生论品格，是将知情意的和谐追求践之于行，在实践中去实现。因此，美学在中国人的生活中，一直具有非常独特而重要的意义，这既是中华文化泛审美泛艺术特点的一种体现，也是中华文化精神最为独特而深刻的方面之一。在中国社会和文化架构中，美学不只是美的理论体系的思辨建设，也不只是美的艺术的总结指导，而是由美的哲思和美的艺术具体而微地切入了广阔的人生、丰富的生活、鲜活的生命，使得关于美的内涵、尺度、品格等的观念建构和理论建设，不仅直接影响着审美的尺度、风尚，也广泛、深刻、细腻地辐射了文化风尚、社会风尚。这一点不仅见于孔子的"美善相济"、老子的"大音希声"、庄子的"大美不言"等命题，也见于蔡元培的"以美育代宗教"、梁启超的人人都做"美术人"、朱光潜的"人生的艺术化"等命题。

今天，传承弘扬中华美学精神、引领提升文艺的精气神，美丽中国的环境建设、美好生活的人文建设，都与美学理论的切入、指导、引领相关联。我们应继续推进深化中华美学人生实践品格的传承弘扬,关怀人、关爱生命、关注生活,与人民大众同呼吸共践行,在国民素质的审美提升、大众文化的反思批判、民族精神的涵育引领等方面,发挥独特的功能与深广的作用,体现美学的责任和担当。

提升对美情高趣至境的追求

"新时代"的中华美学,应提升对美情高趣至境的追求,有热度有情怀。中华美学非常强调对情感、趣味、境界的陶养和提升,重视美情高趣至境之追求。它不主张纯客观、纯形式、纯技巧的美感意向,而是崇尚物我交融、形神兼备,尤以精神气韵为要的真善美相贯通的美感意趣。人文科学包括美学在内,都是应该有热度有情怀的。因为人文科学和美学关注的对象是人。面对鲜活的人与生活,我们不投入生命,不切身体味,只做冷冰冰的逻辑分析和科学思辨,是难以洞悉幽微,难以通达美情高趣至境的。我们只着眼和咀嚼一己之悲喜,传达或宣泄个人之忧乐,也是难以达至美情高趣至境的。如梁启超在品评屈原作品时就认为,屈原作品的美最根本的就在于一种内蕴的高洁情趣,即"All or nothing"的壮美风骨,一种深沉高逸的大美风范。由此,就超越了欣赏屈原作品拘泥于华美宏富之辞藻、缠绵悱恻之抒情的层面,将一己之悲喜超向民生之忧乐,推动文艺"存正气""有筋骨","彰显信仰之美、崇高之美"。

美的趣味可以多元化,既可赏会于清风明月、小桥流水之优美,也可赏会于大漠落日、电闪雷鸣之壮美。中华传统美学偏于欣赏和谐之美。20世纪初,王国维、梁启超、鲁迅等提出悲剧、崇高等美趣鉴赏和民族品格涵育的问题。今天,市场大潮、经济大潮、消费大潮、技术大潮等的冲击,使得审美情趣又产生了新的变化。追求刺激、宣泄欲望、放纵粗俗的生活场景并不鲜见,形式至上、消解意义、追名逐利的艺术现象亦纷纭缭乱。"讲品位,讲格调,讲责任","抵制低俗、庸俗、媚俗",在根子上,就有涵养美情高趣至境的问题。情、趣、境、格、韵、骨,都是中华美学的传统范畴。这些审美范畴,突出体现了中华美学重视形神兼备、虚实相生,尤以精神气韵为要的美感意向和诗性意趣,在当代,仍有其独特而重要的美学意义,但需要结合今天的审美实践、艺术实践、生活实践的发展而创化。要以创造性转化和创新性发展的精神,来推进这些传统美学范畴的发展,使之可以解释新现象,观照新问题,阐发新内涵,拓展新高度。

推动人文艺术与科学理性的深度交融

"新时代"的中华美学,应推动人文艺术与科学理性的深度交融。科学技术和理性精神是现代生产方式的重要基础。现代大机器生产需要高度的严谨、秩序、理性,但随着理性逐渐成为"世界的共性",科技理性和工具理性也开始消解人的主体性、感受力、幻想力、反思力,使人趋向于平面、机械、划一,成为"机械人""公司人""单向度的人",窒息了人通向自由、想象、情感、理想的活力。人文艺术的感性、诗性、想象、理想,既是一种补充和解放,也是一种反思和重构,在文化和精神的维度上,形成了与科学理性的一种张力,也形成了一种本质与实存的张力,使人能够获得一种情感和诗性的自由与超越,由此,不仅构筑了我们生命的一种动力机制和张力愿景,也提引推动了我们生命的丰沛与前行。中华文化在这个方面特别具有自己深厚的传统和巨大的优势。例如,对艺术化生活和艺术化生命的追求,就是中华文化的一个突出特点,自孔庄到屈子到魏晋名士,无不如此。但中国传统文人在这种艺术化理想中,也往往赋予其自适、内敛、清幽、隐逸等所谓的士大夫之趣。尤其是随着封建社会走向晚期,孔屈式的悲壮激昂已日渐失落,弥漫的更多是边缘化的个体的精致哀婉。

20世纪初,梁启超提出过"美术人"的理想,朱光潜提出过"人生的艺术化"的理想,更多的是从人文艺术的角度着眼,强调了人文艺术对现代人和现代社会的意义,洋溢着浓郁的审美主义情结和乌托邦色彩。今天,随着科技的飞速发展和时代的健步前行,人文艺术和科学理性的深度交融,已经成为一个现实的问题,不仅是文化学者、美学家、艺术家关注的具体问题,也是科学家关注的重要问题。因为,科学对人的奥秘的进一步揭示,必然要探入人的情感、思维、心灵的深处和幽微,这也是科学认知把握世界、揭示世界的重要部分。而人文艺术要发展新变,也已经无法离开日新月异的科技支撑了。新的艺术样式,网络文学、电子音乐、数媒设计等,其媒介、技巧、传播的方式,其中的科学因子都日益浓厚。人文艺术与科学理性的深度交融,显然不是硬件的或浅表的因素,而是在科学精神和艺术精神、理性精神和人文精神的深层次上,解决那种二元对立的机械观念和简单认知,从根本上推动两者的互动互益,从根源上激发出新的思想、情感、心灵、精神的活力。

中华美学传统偏于美善关联,重视德性审美;20世纪初开始引入真的维度,张扬了启蒙理性;今天,在真善美三维关系的探索上,在人文艺术和科学理性的交融上,新眼光、新视野、新理念、新方法的形成,必将有力地推动中华传统美学的创新转化,也将有力地推动中华美学对人类文化的发展做出独特的更大的贡献。

构建兼容古今汇通中西的理论体系

"新时代"的中华美学,应强化开放、包容、对话、引领的理论风采和精神力量。中华美学崇尚审美艺术人生的统一,既将多样的艺术纳入自己的视野,也将广阔的人生纳入自己的视域,由此构筑了与西方美学的粹美观、唯美观等相区别的大美观,形成了自己向着生命、生活、人生开放的多元实践场景,也建构了审美主体与自然、社会、他人、自我关联的立体美学图景,从而为自己的理论建设和精神创化拓展了丰富的可能。这种开放包容的思想智慧,在不同的历史阶段,也经历了一定的曲折。古典美学时期,我们缺少现代学科化的理论意识，缺乏系统化的明晰的理论建构。20世纪以来，我们又常常自囿于西方经典美学的既成范式，在理论创构上迈不开自己的步子，主要停留在引入绍介西方成果上。今天，中华美学的优秀资源发掘和优秀精神弘扬，都与民族化的理论话语和理论体系建设紧密关联。我们的好东西，不仅要自己知道，也要让别人了解，这就必须要有兼融古今、汇通中西的理论建构和有效对话。

同时，美学在根本上是一种价值观的呈现，一种人文精神的呈现。有生命力有穿透力的美学理论，一定是有光芒、有高度、有信仰的，这就是美的照亮，照亮我们的生命、生活、人生，照亮我们的实存和时空，引领我们向着那个美的世界提升。

中华美学风范与新时代精神*

中华美学的诗性特质和诗意向度,历经千年的发展,有丰富的表述,相关概念、范畴、命题、内涵、旨趣等,也有具体的演化。但"趣"和"境",作为具有鲜明民族特色的美感向度,则一直具有鲜活的生命力。高趣至境,是中华艺术和人格代代传承的风范和标杆,在今天,也应与新时代的精神风尚相联系,着力充实发展其内涵,积极发扬发挥其精神层面的导引意义。

党的十九大报告提出"新时代"是我国发展新的历史方位。我们的文化与学术,在这个承前启后继往开来、充满活力富有生机的时代,既要不忘初心,又要变革创新;既要珍视自身优秀的传统和已经取得的成果,不能妄自菲薄,也需要直面存在的问题和挑战,开拓前行,实现民族传统美学的创造性转化与创新性发展,以彰显新时代精神的中华美学风范,来引领当代艺术发展与生活实践,引领社会风尚与文化思潮,推动中西美学的互鉴和中西文化的对话。

一

中国古代没有"美学"的理论概念和自觉的学科体系,但中华文

---

* 原刊《文艺报》2018 年 3 月 14 日。

化有着泛审美、泛艺术的特点，形成了尚美、立美、弘美的深厚传统，在世界文化与美学之林中独具特色。但自20世纪下半叶以来，我们一度对西方美学资源过度崇信与依赖，简单搬用西方美学的原理、学说、方法、立场等，使得唯西方美学是瞻的状貌和民族美学虚无的心态滋长蔓衍，甚至大有愈演愈烈之势。

中西美学，各有自己的优长。西方经典美学以思辨性、逻辑性、理论性见长，注重认识的、实证的等科学客观的方法。中华传统美学则关注情感、诗性、价值等要素，注重体验、感悟、践行等主客合一的方法。西方经典美学以康德哲学的知情意三分为逻辑起点和理论基石，它更关注的是美真的关联，关注外在的美的真理性。中华传统美学，是在泛审美的文化与哲学背景上的生成，有着浓郁的伦理情结，更关注美善的关联，关注美对人的意义。20世纪初以来，西方美学东渐，引入了真这个新维度。20世纪上半叶，中华美学发展进入第一个自觉的理论建设期和前所未有的思想高峰期，涌现出一批迄今都堪称代表的美学大家，如梁启超、王国维、蔡元培、朱光潜、宗白华等，不仅引领了民族美学的现代风范，也产生了广泛的思想、文化、社会影响。这些大家，广纳中西，汇融古今，关注现实，关怀民生，普遍主张真善美的三维关联，主张美对于人和人生的根本意义，主张超越纯艺术论的大美观。由此，初步奠定了中华美学的基本精神风范，包括以审美艺术人生统一的大美观、真善美贯通的美情观、物我有无出入交融的美境观等为代表的民族化美趣。中华美学的这种民族风范，具有突出的人文情怀、诗性情韵、现实精神、美育向度，体现了知情意行相统一的人生论美学品格，成为民族美学最具特色和价值的部分之一。但是，长期以来以西观中、以西论中、以西证中的立场与方法，使得我们对于自己的美学资源、历史传统、优秀精神，缺乏系统的整理与深入的提炼，中国古典美学与中国现代美学之间也缺乏有效的贯通与对话，或泥于以西学之法绍介西方美学，或简单以西学之法剪裁中国古典美学，其结果都导致对我们民族自己的美学精神和美学风范视而不见。

中华美学风范,是中华美学精神在理论和实践中的呈现,代有绵延传承,时有创化发展。今天,推动中华美学风范与新时代精神的深度交融,更好地发扬、丰富、提升、光大民族美学的时代风范,切实介入、指导、引领当代美学、美育、人生实践的发展,是民族美学在新时代面临的重要课题和实际问题,也是中华美学的大有用武之所在。

二

新时代的中华美学,应弘扬审美艺术人生统一的大美风范,加强美学的现实关怀和实践导向。

中华哲学以人生关怀为内核,富有浓郁的人生情韵,深刻影响了中华美学的精神风范。中华美学不尚以美论美的纯理论思辨,不以对美的问题的纯理论探究和美学理论体系的自我完善为最高目标,而是主张将美的理论贯穿于实践,强调审美活动、艺术活动与人的生命、生活、生存实践的合一,凸显了强烈的现实精神和突出的生存关怀。中华美学的视野是开阔的、开放的。它直面广阔多彩的人生天地,涵融了人与自然、艺术、社会、自我之间创美审美的多维实践,在宇宙俯仰、时空纵横、物我交融、生命驰骋、艺术涵泳中绵展与深味。中华美学的概念命题往往不着美而言美,追求超越小艺术和纯(唯)美之阈限,崇尚审美品鉴、艺术品鉴、人生品鉴汇融的大美气象。"大艺术""美术人""大词人""大艺术家""人生(生活)的艺术化"等概念命题,都是这种美学风范的体现,非常富有中华民族的特点,同时这些概念也有着深厚而普遍的人文底蕴,有着穿越时空的鲜活强劲的生命力。

大美的风范,倡扬的是创美审美的实践主体不泥于自我小我之忧乐,不限于技巧形式之雕琢,逸出个人的小世界和艺术的小天地,关注现实,关怀民生,关爱天地万物,关切人类宇宙。人民情怀,民生关怀,都是新时代精神的重要方面,也是中华文化传统人文精神的新发展。人民大众的美好生活,不仅是指物质生活的改善,也包括基本人文素养的提升、精神世界的丰富,与自然的和谐、艺术化生活的普及等。中华美学的大美风范,在创美审美的视野、立场、方法、趣味、取向等方面,都有着积极的引领意义。我们应该不断充实其新时代的新内涵,发挥其提升当代生活、人文精神、人格修养的独特价值。

三

新时代的中华美学,应光大真善美贯通的美情风范,突出美学的情怀担当。

真善美相贯通,是中华美学与西方经典美学相区别的最为重要的理论内核之一。以康德为代表的知情意三分的经典理论美学范型,成为20世纪中国美学现代学科建设的理论基石,整整影响了中国美学近百年的主流形态。言即称康德,论即及无利害性,这在中国现当代美学界实非鲜见。由此,不仅导致了对民族美学的诸说、诸家、诸派所谓"功利主义"或"非功利主义"的简单划分与比附,也导致对民族美学的优秀精神视而不见,自卑虚无。事实上,中华美学在美论问题上,是很有自己的见地和特点的,由此也形成了对真善美关系思考、论析、表达的独特风范。其中,非常突出而有价值的一点,就是主张真善美贯通的美情品格。美情的思想,在中华文化和美学中,有一个发展的过程。中国艺术和美学,与西方艺术和美学相比较,在重情与重理上,自古就是以情为尚的,情的分量明显偏重。所以,中国传统诗学自古就讲"情动于中而形于言"。但中国古典艺术与美学,讲情是要以礼为规范的,所谓节情导欲。因此,中国古典艺术与美学中,也讲情理交融,这个理与西方式的科学理性之理不同,有着浓郁的伦理内涵。中国古典美学有个特别有名的命题,就是孔子讲的美善相济。中国古典美学的主流是以善为美的内核和前置条件的。中国现代美学从西方美学吸纳了真的命题和科学理性的研究方法。王国维第一个从现代学理意义上运用"美情"的概念，但主要是在康德的理性论的立场上。此后，梁启超、蔡元培、朱光潜、丰子恺等，虽然没有直接使用"美情"这个词，但他们关于情趣（趣味）建构和情感（趣味）教育的命题，是对中华美情思想的重要推进。

美情的意趣是中华美学独特而重要的精神风范，在理论上予以提炼建设，在实践中予以光大运用，在今天具有突出的意义。审美艺术人生统一的大美风范，其核心的理论基石乃是真善美贯通的美情论。美情是与康德意义上的无利害的粹情（美）相区别的。后者的理论前提是思辨意义上的知情意三维的独立，由此也使得西方经典美学更多的是一种书斋中的美学，哲学的美学，思辨的美学，静观（心理）的美学。而中华美学的美情风范使其具有内在的实践意趣，知情意相贯通，以情蕴真涵善，践之于行，从而走向人自身的美化，走向生活的美化，走向实践的美学、美育的美学、人生论的美学。在艺术的层面，美情也与很多具体的问题相关联，因为情始终是艺术的核心要素之一。当然，美情的理论与精神，其具体的展开，从当下来说，还很需要理论上的拓展、深化，也很需要在实践中的运用、自觉。对原生的日常情感予以加工、改造、提升、完善、传达、表现，养情、涵情、正情、炼情、提情、导情，都是创美审美实践中的美情之义，也是美情的具体指向。这对于提高艺术与生活实践的品格，提升人自身的情怀，直面当下种种所谓消解本质、悬搁价值的思潮冲击，建设新时代屹立于世界东方、彰显中国智慧的文化精神与社会风尚，均有着现实的针对性和深刻的理论意义。

四

新时代的中华美学，应拓展物我有无出入交融的诗性风范，体现民族美学追求高趣至境的张力向度。

中华文化具有突出的诗性传统。它既不从纯粹思辨去寻求人生真理，也不向彼岸世界去寻求生命解脱；而是深深扎根于丰厚的生活土壤，又神往于高远超逸的情趣境界。中华文化倡扬天人合一、物我交融、有无相生、出入自由，崇尚道法自然、生而不有、身与物游、自在自得，从而构筑了既鲜活生动又高逸超拔的生命气象，内蕴着温暖的人生情怀和深邃的诗意情韵。这种深蕴内在张力的人间诗情，深刻影响了中华美学的精神风范，突出呈现为以高趣至境为重要象征的诗性美观，凸显了对物我有无出入关系的叩问与追求。中华美学的诗性美观，既非功利亦非出世，既不因超拔功利而否弃人间情味，也不因关怀生存而庸俗媚俗。它以创造与欣赏、物质与精神、感性与理性、个体与群体、有为与无为、有限与无限的诗性张力之构筑，确立了审美主体与实践主体合一的诗性命题，超越了用和非用的直接对峙，将以无为精神创化体味有为生活的诗性价值追求，化衍为生命和人生的终极意义，由此，不仅将创美审美的实践引向广阔的人生、绚烂的生命、多姿的生活，也将美的趣味和境界确立为人生超拔、生命升华、生活提升之引领，形成了高趣至境的价值向度。

"趣"和"境"，是中华美学诗性风范的两个重要呈现维度。中国古典文论中，就有"趣"和"境"的运用。前者主要指艺术鉴赏时的主体美感取向，更多与作品的美感风格和主体的情趣指向相关联。后者主要指艺术形象的主客交融及其呈现的主体精神气象。两者都不是简单地从形式或技巧品鉴艺术之美，也不是把艺术中的诸元素分割开来做孤立的赏鉴，而是强调一种整体观，将作品与作者、客体与主体融为一体。由此，"趣"和"境"在中华传统美学中，也逸出了艺术的小天地，指向了涵育作者和作品的广阔生活，把作者和作品背后的人生，纳入了自己的视域，成为勾连美、艺术、生活的独特的民族美学范畴。20世纪，中国现代美学大家，如梁启超、朱光潜等，都尚"趣"，把"趣"和"味""情"相联系，特别是与"情"的联系，有力推动了"趣"范畴的理论提升。王国维、宗白华等，则尚"境"，把"境"与"意""界"相联系,特别是与"界"的联系,也推动了"境"范畴的理论提升。"情趣"和"境界"成为20世纪上半叶中国现代美学两大核心范畴,展现了中华民族在那个血与火的年代,对高趣至境的精神风范的诗意追求,一种超逸的人格风韵和超拔的生命姿态。中华美学的诗性特质和诗意向度,历经千年的发展,有丰富的表述,相关概念、范畴、命题、内涵、旨趣等,也有具体的演化。但"趣"和"境",作为具有鲜明民族特色的美感向度,则一直具有鲜活的生命力。高趣至境,是中华艺术和人格代代传承的风范和标杆,在今天,也应与新时代的精神风尚相联系,着力充实发展其内涵,积极发挥其精神层面的导引意义。

以情蕴真涵善育美*

中华美学主张涵美情，化美境，以情贯通知和意，最终成就美的艺术、美的人

中华文化具有浓郁的人文情怀和诗性品格，形成了一种泛审美、泛艺术的特点，这对民族美学以人生美学精神为核心的美感韵致具有深刻的影响。中华美学不尚以美论美的纯理论思辨，也不仅仅局限于艺术，而是将美的视野拓展到了广阔的人生天地，涵融人与自然、与艺术、与社会、与人自身之间具体而丰富的创美审美的多彩实践，在宇宙仰俯、时空纵横、物我交融、生命驰骋、艺术涵泳中绵展与深味。中华美学讲象、情、趣、境、格、骨、韵、味等，追求象与境、情与理、言与意、形与神、虚与实、有与无的辩证统一，崇尚"趣味—情趣""意境—境界""入乎其内—出乎其外""大艺术—大艺术家""生活—人生的艺术化"的审美境界与人生境界的合一，体现了不着美而言美、感性理性交汇、形下形上兼容的诗性特质。中华美学的核心概念和重要命题，大都是能贯通审美、艺术和人生的，不会走向形式主义和唯美主义的道路，也不喜非理性和直觉的宣泄，而是主张涵美情，化美境，以情贯通知意，最终成就美的艺术、美的人。

情，是美学的关键词之一。美情，则是中华美学的关键词之一。

---

*　原刊《中国纪检监察报》2017年9月22日。

如果说，西方经典美学的核心命题是以知（理性）来照亮情（感性），实现人的感性的理性完善；中华美学的核心命题则是以情（美情）来蕴真涵善，化育和成就美的人。由此，西方经典美学中的情是与知、意相区分的独立的心理要素，是一种粹情。中华美学中的情，则与知意相贯通，是在美的实践活动中升华和涵成之情，即美情。美情是美的实践活动中生成的诗性情感。与其相对的，是常情。常情是指日常原生状态的情感。美情则突出了美的实践活动对原生日常情感的加工、改造、提升、完善、传达、处理的能动性和创造性，强调了美的实践活动中所创成的情感的新质。美情的价值，不在于这种情在生活中是否发生过，或有无可能发生，而在于它观照、体验、反思、批判、超拔常情的诗性向度，在于它区别于常情的诗性内质。美情的概念，呼应了中华美学的核心精神，即真善美统一的人生美学精神。这种美学精神，不尚粹美，不崇唯美，不以对美的问题的纯理论探究为最高目标，而是要将美的理论彻行于人生实践中，以情为核心，养情、涵情、正情、炼情、提情、导情，使知、情、意的统一贯通于行。美的涵成，亦即和谐完美的人的审美生成。

艺术的美学价值之一就在于既使个体的真情得到传达和沟通；也使个体的真情往"高洁纯挚"提挈

中华传统文化特别重视人文教化，讲求美善相济，倡导诗教乐教，重视情之化育，可以说在本源上潜蕴着美情的意向。如老子的道法自然之乐、孔子的美善自得之乐、庄子的逍遥自在之乐，无论关涉自然之道还是人伦之道，都不脱离生命自身的悦乐。这就是孔子所说的，知之者不如好之者，好之者不如乐之者。而这种悦乐又有着浓郁的伦理色彩，将情和欲予以区分，以善为情的前置条件。因此，中华传统文化对情的认知，往往跟德性修养相关联，跟君子诉求相关联。而美情概念的出现，最早也是跟这种内蕴德性维度的君子诉求相联系。相关典籍,最早的可能是《郭店楚简》。其中说:"性自命出,命自天降。道始于情,情生于性","君子美其情,贵其义,善其节,好其颂,乐其道,悦其教,是以敬焉";"未言而信,有美情者也"。这三句话,第一句话是讲"情"源自何处,第二句是讲"美其情"乃君子的品格之一,第三句是对美情者之性质状貌的描摹。这个美情,不是我们今天讲的纯粹美学意义上的,而是一种与道德相关联的德情美,它呼应了中华文化哲学伦理化、伦理审美化的尚美传统,是民族美学美情思想孕萌的最初形态,显示了源头上的人文取向和情性相成、以情化人的民族特色。但中国古典美学主要主张以道德理性来节制疏导情感。这种美善相济的德情观,主要偏于倡导中和之美,倾向于含蓄蕴藉的情感表达。

美情的命题,进入20世纪后,由于西方美学"真"的维度引入,并与时代赋予的启蒙需要相结合,一方面继续坚持发展了民族美学对情感的道德内涵的诉求,同时也体现出对艺术情感的独立美质、对磅礴悲壮的新情感品格的探研和倡导。王国维是第一个从美学的学理意义上来探讨美情概念的,把它作为与形式的形式相对的情感的情感,可惜未及深究和具体的展开。此后,范寿康以"积极的""深的"等词汇来阐发美情之美。梁启超则以"趣味"作为美情的内在规定。他把情感视为"人的一切动作的原动力"和"入到生命之奥"的"阀门",认为"情感的本质不能说他都是善的,都是美的"。因此,他以趣为情立杆,主张高趣乃美情之内核。在中国现代美学家中,梁启超是最早明确提出情感美化和情感教育命题的。他认为艺术的美学价值之一就在于既"表"情,使个体的真情得到传达和沟通;也"提"情,使个体的真情往"高洁纯挚"提挈。对原生情感的"陶养",是艺术家"最要紧的工夫",只有这样,"向里体验","向上提挈","才不辱没了艺术的价值",实现美的艺术情感的积极的"移人"之"力",进而促进"人类的进步"。他强调,艺术是"情感教育最大的利器";趣味化艺术化的生活态度的确立,则是"最高的情感教育"。他的理想是,"今日的中国,一方面要多出些供给美术的美术家，一方面要普及养成享用美术的美术人"。"美术人"形象概括了由艺术之美情通达生命之美化的情感启蒙和人性建设的路径，这也成为中国现代美学的一个显著的理论特色和精神取向。他们指出美的情趣不是单调的，好的文学艺术可以是歌的笑的，也可以是哭的叫的，赞美艺术对刺痛、哀壮、激越、遒劲、慷慨、雄杰等具有阳刚之美的情感的表达，从而大大拓展了美情的内涵和意趣。

从民族美学的美趣意向来看，美情突出了审美情感的挚、慧、大、趣等美质特征

美情具有作为常情的美学提升，是对常情的内涵美化和形式美构的完美契合。常情可以是真实的、丰富的、敏锐的、强烈的，但不等于美情。从民族美学的美趣意向来看，美情突出了审美情感的挚、慧、大、趣等美质特征，尤其在艺术中有着突出的表现。

美情首先是挚情。挚情也是一种真情。日常发生过的情感虽是真的，但不一定是美学意义上的挚情。中国传统艺术理论中有"童心"的概念，强调艺术对真情的抒发，明代的李贽与现代的丰子恺都大力倡导。丰子恺曾举顽童的例子，来说明艺术化的"童心"并不能直接等同于小孩子的喜怒哀乐。挚情作为发自内心的真情，剔除了那些已被世俗戕残俗化的常情，它既不矫饰又具善的内涵，既是人的纯全本性的自然流露，更具内在之诚，即真在内而神动外，是比常情更为深沉更具厚度的真情。

美情也是慧情。美情在感性中潜蕴着理性，因为反思观审的诗性张力而超拔于常情。它不会像常情那样只关涉主体自我的具体需要，或拘泥于一己的特定情绪，而是借助审美距离的建构和审美心态的确立，悬隔实用利害的考量，而使主体情感进入自由超越的境界，如庄子喜鱼，屈原爱橘，抒发的是主体向往的生命理想境界。

美情还是大情。常情的发生,直接关涉于主体的具体个体体验,有相应的具体时空。美情则基于个别又涵通一般,徜徉于审美化的艺术时空。苏珊·朗格将美的艺术情感称为人类情感。康德将审美情感称为普遍情感。那些伟大的艺术作品,不一定要去描写震天动地的重大事件或呼风唤雨的英雄人物,但其创化和传达的情感,一定是能激起不同时代、不同地域、不同群体、不同种族的人们的共鸣的,是那种个别与一般、特殊与普遍交融的类情感,是群体大众甚至人类情感的代言。如屈原的上下求索之叹,贝多芬的命运交响之慨。

美情亦是趣情。常情是原生的情感,虽也有喜怒哀乐及其纠结交缠,但缺少了艺术想象和形式技巧等修饰,相对粗糙、平淡。艺术情感则以各种手段和方式来强化、渲染,使其达到更为生动、丰富、鲜明、强烈等美感效果。如中国古典诗词很喜欢抒发"愁"绪。一个"愁",可以是"一川烟草,满城风絮,梅子黄时雨"的莫名之愁,也可以是"梧桐更兼细雨,到黄昏,点点滴滴"的闺中之愁,还可以是"姑苏城外寒山寺,夜半钟声到客船"的思乡之愁,甚或是"问君能有几多愁?恰似一江春水向东流"的亡国之愁。想象、语词、修辞、结构等的综合作用,烘托提升了情感的深度、强度、力度、饱满度、清晰度等,使得我们日常似曾感知的情感,变得如此富有穿透力和感染力,如此的动人和富有韵味。

美情涵育的过程,也是贯通真善美而落实于行的过程

美情作为对常情的美学提升,有着丰富的实践意义和人学意义。正如马克思所说,人的审美感官和审美能力是需要培养的。拥有听觉器官,不等于拥有音乐的耳朵;能够察觉响动,不等于擅长欣赏音乐。在过重理性、轻视情感的文化氛围中,在只讲实效、漠视情感的客观环境中,我们对于情感的需求就会趋于麻木,我们情感的触角会

变得迟钝,我们情感的能力将逐渐退化。人的情感教育和审美生成,是20世纪初中国现代美学家就已提出的命题,在今天并未过时。

　　创美审美的实践,具有丰富的情感功能,对于美情的涵育和人的审美生成有着重要的意义。首先,美的实践可以丰富主体的情感体验。在创美审美活动中,主体可以"千百化身",突破直接生活经验的限制,为自己的情感经验增添新的东西。其次,美的实践可以加深主体的情感认知。美情作为一种慧情,它不仅是传达,也是反刍,可以因为知性的融入而对日常情感予以观照反思,拓深日常情感体验的深度。其三,美的实践可以补偿疏导主体情感。现实生活中主体情感需求的不满足或负面情感的郁结,需要有效的补偿、转移、宣泄、疏导,这既是爱情和武侠题材在艺术中长盛不衰的根本原因之一,也是艺术审美活动的本体价值之一。其四,美的实践可以提升主体的情感品格。美情涵育的过程,也是贯通真善美而落实于行的过程,它不仅是体验,也是评价,是通过情感评判来促进情感品格提升进而化人"移人"的过程。

人生论美学与中国美学的学派建设*

中国有没有自己的美学,是长期以来困扰中国美学界的难题之一。肯定派认为,中国自先秦以来,就有关于"美"的思想和文字,所以中国是有自己的美学的。否定派认为,美学是20世纪初从域外引入的现代理论学科,中国没有自己学科意义上的美学。这种争议的实质,不仅是中国有没有自己的美学的问题,还隐含着中国美学有没有自己的学派的问题。如果说中国有自己的美学,那么我们的美学,区别于西方美学的理论内涵和学理体系是什么?我们的美学学派,区别于西方美学学派的话语特征和理论特质又是什么?

上述问题的提出,不管答案何时能够令人满意,都呈现出一个事实,那就是中国美学自我意识的觉醒。这种觉醒,其意义不只在美学的民族学术话语的层面,还意味着对美学的民族学派的呼唤。如何通过美学的话语建构和学派建设,推动中国美学对于世界美学的原创性贡献,推动世界美学大家庭的多元对话、互学互鉴、精神共荣,已成为今天中国美学发展不容回避的基本课题。

---

* 原刊《社会科学战线》2017年第10期。

一

　　中国美学发展的历程,既是一部古今文化交替和中西文化交融的历史,也是一部民族美学淬火涅槃的历史。中国美学学派的自觉建设,始自20世纪初启幕的现代美学,初呈于20世纪后期迄今,影响较大的,主要有认识论美学、实践论美学、生命美学、生态美学等。此外,现象学、本体论、存在论、形式论、主体论等西方思潮,在中国当代美学中也开枝散叶,产生了诸多影响。这些学派或思潮,具体的观点、立场各异,但它们有一个共同的特点,就是其哲学基础主要来自西方。其中,认识论美学、实践论美学、生命美学、生态美学等,都不同程度地在西学基础上,融入了本土文化,取得了较为丰硕且具一定特点的理论成果。

　　认识论是西方哲学最为古老而重要的理论基石之一。认识论美学也是当代中国美学最为重要最具影响的学派之一。20世纪五六十年代名噪一时的美的本质的论战,主要就是在认识论美学的框架内展开的。吕荧、高尔泰等主张美是主观的。吕荧提出了"美的观念"的命题,认为美的本质就是"作为社会意识形态之一的美的观念"。[①] 高尔泰明确提出"客观的美并不存在"[②],"美与美感,实际上是一个东西"[③]。与之相反,蔡仪作为客观派美学的重要代表,强调"美学的根本问题就是认识论的问题"[④];"美感根本上就是对美的认识"[⑤];"客观事物的美的性质是它本身所固有的客观性质"[⑥]。调和两者的,是以朱光潜为代表的主客观统一论。他认为:"美是客观方

---

① 《吕荧文艺与美学论集》,上海文艺出版社1984年版,第402页。
② 高尔泰:《论美》,甘肃人民出版社1982年版,第3页。
③ 高尔泰:《论美》,甘肃人民出版社1982年版,第13页。
④ 蔡仪:《美学论著初编》(下册),上海文艺出版社1982年版,第568页。
⑤ 蔡仪:《美学原理》,湖南人民出版社1985年版,第111页。
⑥ 蔡仪:《美学论著初编》(下册),上海文艺出版社1982年版,第951页。

面某些事物、性质和形状适合主观方面意识形态,可以交融在一起而成为一个完整形象的那种性质。"① 认识论美学在20世纪下半叶发展为以审美反映论为中心的理论主张,体现出某种强大的生命力和不容忽视的影响力。钱中文、童庆炳、王元骧、杜书瀛等都是这派的重要拥趸者。钱中文提出了"审美反映的创造性本质"②,认为"审美反映是一种灌满生气、千殊万类的生命体的艺术反映","可使主客观发生双向变化"③。王元骧反对将认识与情感截然割裂,认为"在审美反映过程中,它的内容不是直接以认识成果的形式反映在作品之中,而是从作家的态度和体验中间接地折射出来"④。他力主"审美反映"不是"实是",而是"应是",认为反映的内容"包含着这样两个方面,即'是什么'和'应如何'"。⑤ 这些观点呈现出向生命、体验、创造、意义等维度的开放,是对传统认识论美学的某种理论深化和自我超越。

实践论美学在当代中国美学发展中的重要意义毋庸置疑。实践论美学以马克思主义实践唯物论为理论基础,初成于20世纪五六十年代,至20世纪80年代声誉日隆,在很长一段时间里都是中国当代美学中具有主导地位的学派。李泽厚无疑是中国实践论美学最为重要的代表人物,也是当代中国美学迄今最具影响力的人物之一。他提出和阐释了审美活动中的"自然的人化""积淀说""情本体""新感性"等一系列重要命题和概念。他的著作《美的历程》《美学四讲》《华夏美学》等体现了厚实的理论功底、深广的历史视野、良好的思辨能力,自问世以来一直是众多中国美学研究者和爱好者的入门书和必读书。实践论美学比较有影响的学者,还有蒋孔阳、刘纲纪等。蒋孔

---

① 《朱光潜美学文集》(第三卷),上海文艺出版社1983年版,第74页。
② 钱中文著,杨扬译,蒋瑞华校:《最具体的和最主观的是最丰富的——论审美反映的创造性本质》,《文艺理论研究》1986年第4期。
③ 钱中文:《现实主义与现代主义》,人民文学出版社1987年版,第75页。
④ 王元骧:《审美反映与艺术创作》,《文艺理论与批评》1989年第4期。
⑤ 王元骧:《论马克思主义文艺学在当代的发展和意义》,《文艺研究》2008年第1期。

阳提出了"美是劳动的创造"和美是"一种多层累的突创"等命题。①实践美学在20世纪80年代末至90年代初,开始走向后实践美学,主要代表人物有杨春时等。杨春时提出了"后实践美学"的概念,构成了对实践美学的批判与超越。此后,朱立元、邓晓芒、张玉能、彭富春等提出了对"后实践美学"的质疑,形成了"新实践美学""实践存在论美学"等后实践美学之后的开放景观。实践美学及其引发的论争,是当代中国美学理论建设中最富思辨活力的场景之一,但无论是实践美学还是后实践美学及其后,美学的理论生命力最终还是靠审美实践本身来检验。是否真正切入了当代中国大众的审美实践,是否切实回答了当代中国审美的具体问题,这恰恰是任何美学学派都需面对和解决的关键问题所在。

生命美学在当代中国美学发展中有着重要的位置。生命美学在中国美学的理论自觉与学派建设中,是很值得辨析和研究的。后实践美学也将其纳入自己的麾下。事实上,中华文化本身就是非常重视生命的。"生生"是中国古典哲学的精髓之一。但作为学科意义上的生命美学,我们很难说是中国古典美学的命题。学科意义上的生命美学,主要还是西方现代美学中的命题。对于"生命"的理解和定位,在中西文化中,几乎有着根本性的差异。中华文化很早就体现出对生命的自觉,但这种自觉,主要是一种道德理性的自觉,即把生命主体视为具有道德规定的人。这种"人",与天地同化,与万物并生,对自然、他人、社会负有自觉的责任。因此,这个"人",从来就不可能从纯粹个体的心理去解读,也不可能落脚于纯粹生理的层面。而对于西方文化来说,"生命"就是那个独立的"我",是"我"的最真实的肉和灵。对"我"的唯一性与本然性的张扬,形成了西方生命美学凸显个体欲望和身体解放的显著特点。生命美学在西方的亮相,甚至就伴随着潜意识、欲望等的登场。可以说,中国古典美学思想中,并不

---

① 《蒋孔阳美学艺术论集》,江西人民出版社1988年版,第74、136页。

乏对生命审美的凝思,但与西方意义上的生命美学相比,实质上大异其趣。20世纪始,以柏格森为代表的西方生命哲学引入,对20世纪上半叶中国现代美学的建设产生了巨大的影响。被冠以"生命美学"的美学家,重要的有宗白华、张竞生等。宗氏探究生命的"情调""意境",张氏宣扬生命的"美流""美力",内中意趣则颇相径庭。20世纪晚期,国内对"生命美学"进行自觉建设且较具代表性的,首推潘知常。他直接亮出了"生命美学"的旗帜,认为"美学即生命的最高阐释",审美活动是"人类生命的最高表现"和"普遍形式",强调"美学倘若不在人类自身的生命活动的地基上重新建构自身,它就永远是无根的美学,冷冰冰的美学"。① 21世纪伊始,姚全兴提出了"生命美育"的主张,认为生命美育是"最基本的美育",和素质教育、终身教育紧密联系。② 生命美育体现了生命美学的实践拓展。当代中国美学中的生命美学思潮,吸纳了中西滋养,呈现出较为活跃的状貌,但也体现出一定的复杂性,需要结合本土实践予以深入研究与建设。

　　生态美学与西方的生态存在论哲学、深层生态学、生态批评、环境美学等渊源颇深,在当代中国美学建设中有着长足的发展,并且与本土文化产生了较好的交融。中国古典文化虽然没有打出"生态"的旗帜,实则深深地潜蕴着生态的理念和维度。中国文化讲的天人合一,可说是最彻底的生态论。曾繁仁、徐恒醇、袁鼎生、程相占等学者,都力倡生态美学的研究和建设。生态美学是20世纪90年代中期以来最具实绩和影响的中国当代美学学派之一。据曾繁仁考证,生态美学是1994年由中国学者李欣复首次提出的。③ 而中国生态美学学者中,用力最勤、成果最为丰硕的,首推曾繁仁。曾繁仁提出要

---

① 潘知常:《生命美学》,河南人民出版社1991年版,第6、7、2页。
② 姚全兴:《生命美育》,上海教育出版社2001年版,第4—6页。
③ 曾繁仁:《试论人的生态本性与生态存在论审美观》,载《转型期的中国美学——曾繁仁美学文集》,商务印书馆2007年版,第327页。

建构具有中国特色的"当代生态存在论审美观"[①]，提倡一种广义的生态美学。他把人与自然、与社会、与他人、与自身的关系都纳入生态美学的视野中，倡导动态和谐的生态整体审美观，即大生态审美观。这种思想与他在美育中倡导"生活艺术家"的大美育观，有着内在的共通点。袁鼎生提出了"生态美场"的概念，并进而提出"依生""竞生""共生""衡生"等生态审美范式和审美理想。曾氏和袁氏还致力于生态美学学术团队的建设，功不可没。生态美学是当下中国美学领域最为活跃的思潮之一，且呈现出研究队伍的日渐扩大及与西方美学积极对话的趋势，令人欣喜。

值得注意的是，20世纪以来中国美学的一些重要理论家，应该说很难将他们锢于某一派，只能说他们主要归于哪一派，或某个阶段主要归于哪一派。像朱光潜，谈认识论美学要提到他，谈实践美学也要提到他，他无可争议也是人生论美学的代表人物之一。这既体现了中国现当代美学家思想本身的开放性，也体现了美学问题本身的复杂性和活力。对美的研究和体认，其生成演进的过程，就是人类思想、精神、韵致的多元而精彩的绽放。于个体，于学派，莫不如此。

二

20世纪迄今，中国美学发展的历史图谱中，许多重要的美学学派或思潮，主要都以西学作为理论基础。较具民族渊源且影响较大的，首推叶朗先生力主的意象美学。"意象"的范畴，中西均涉。"意象"一词在中国典籍中，很早就有运用，真正作为美学和艺术范畴，则主要始于唐代。作为对中国艺术非常重要的一种形象形态、思维特征、表现方式的概括，在中国古典文论中并没有出现系统专门的研究

[①] 曾繁仁：《生态美学论——由人类中心到生态整体》，载《转型期的中国美学——曾繁仁美学文集》，商务印书馆2007年版，第323页。

论著,这与中国古典文论偏于品评赏鉴的形态特点密切相关。同时,在中国古典文论中,"意象""意境""境界"三个概念,也一直交叉并用,未定一尊。20世纪80年代以来,经过叶朗先生的倡导,"意象"研究日渐活跃,但成果主要散见于单篇论文和一些著作的章节,大量的是结合作品的品鉴评析。这种状况使得意象美学作为对中国美学重要特点的一种理论概括,虽有一定的共识和较为广泛的影响,但总体上缺失相匹配的系统化学理阐释和专门建构。而"意象"范畴本身,其主要侧重于对艺术特别是中国古典艺术形象特征的一种概括,在客观上也限制了意象美学在当代理论创造和实践应用上的拓展空间。在《美在意象》一书中,叶朗先生说:"至今我们还找不到一个体现21世纪时代精神的、体现文化大综合的、真正称得上是现代形态的美学体系。"[1]可见他对意象美学所达到的理论高度是有自己的客观判断的。他的《美在意象》从首章"美是什么"(美在意象)始,到末章"审美人生"(人生境界)终,也呈现出一种由艺术衍向人生、从艺术入至人生出的思维路向,一种基于意象又力图超越意象的理论意趣。[2]意象美学面对当下实践的发展,如一味固守古典规范,似会有一种理论认知和实际应用的错位尴尬。其突破与发展,必然要走出古典意象论的范围,吸纳中西美学特别是现代美学发展的新成果,切入鲜活而丰富的当代实践,既继续发挥其阐释中华艺术形象特征的所长,也拓向更为广阔的当代实践天地。

人生论美学也是颇具中华文化特质的美学学说之一。人生论美学的理论基础,直接源自民族文化的精神内核。中华文化的根基,既非认识论,也非实践论,而是人生论。与西方文化不同,中华文化在始源上,并不叩问于宇宙的本质,也不自命为万物之上帝,而是温情于生。这个"生"既是最具体的人的生命、生存、生活,也是最浩渺的

---

[1] 参见叶朗:《美在意象》,北京大学出版社2010年版。
[2] 参见叶朗:《美在意象》,北京大学出版社2010年版。

天地万物。中华文化即大即小,即实即虚,即入即出。中华文化的胸怀实实在在地拥抱着生命、生存、生活,既是具体而微的生活,也是诗意超逸的人生。中华文化既倡扬爱生、护生、惜生,又倡扬大我、无我、化我,在物我、有无、出入中自在、自得、自由。由此,人生论美学既不同于认识论美学对真的倚重,也不同于实践美学对善的思辨,而聚焦于审美艺术人生动态统一、真善美张力贯通所创化的大美情韵和美情意趣。人生论美学也有别于生命美学的非理性维度、生态美学的自然维度,而强调知情意和谐统一、物我有无出入诗性交融所开掘的美境创化。人生论美学由纯审美和纯艺术的品鉴向着创美审美相谐的诗性美境的创化,既是对中国古典美学尽善尽美论的一种扬弃,也是对西方经典美学审美独立论的一种超越。我以为,简单套用一种现成的西方美学学说,是难以框范和裁剪人生论美学的理论内涵和学理特质的。

中华古典美学没有人生论美学的自觉理论建设,但中华古典文化有着浓郁的人生情韵,源远流长。中华古典人生审美情韵,为人生论美学的现代创化与理论建构,提供了重要的精神渊源。儒家的"尽善尽美"和自得之乐,道家的"天地大美"和逍遥之乐,均不尚粹美、纯美、唯美,其中所追求的社会伦理和自然伦理相洽的理想境界,潜蕴着人生审美化的内在情韵,具有中华文化独有的诗性因子,是人生论美学的重要思想渊源。

20世纪初年,西方美学东渐,直接推动了中国美学的理论自觉和学科建设。中国现代美学从西方美学所受到的最为重要的影响之一,就是对于美和真的关系的科学认知。中国现代第一代重要美学家,几乎都将中国古典美学尽善尽美的核心理念与西方美学以真证美的现代精神相结合,结合20世纪初年中国社会的现实,以极具民族特色的角度和立场,以恢宏的视野和高度的自信,开始重新阐释富有时代和民族气息的真善美关系论,审美成为基于真善而高于真善的一种富有人生价值旨向的精神追求。20世纪上半叶,中国现代美学呈现出人生论意识的初步孕萌,在基本精神、理论视野、范畴命题等主要领域,都取得了令人瞩目的成果。中国现代人生论美学家群星璀璨,可以列出梁启超、王国维、朱光潜、宗白华、丰子恺、吕澂、邓以蛰、王显诏、李安宅、方东美等长长的一串名单,他们所呈现的深邃高逸的思想情怀和生机蓬勃的理论创造力,迄今都是中国美学与文化发展的一种高度和标识。梁启超的"趣味"、王国维的"境界"、朱光潜的"情趣"、宗白华的"情调"、丰子恺的"真率"、方东美的"生生"等,构筑了中国现代人生论美学思想的绚烂世界,它们共同指向了审美艺术人生、真善美、物我有无出入、审美创美诸关系的张力统一和诗性内核,从而为人生论美学民族学说的创构奠定了核心精神品格和基本理论视野。

20世纪下半叶以来,在西学几乎一统天下的中国美学语境中,人生论美学未绝其缕,有所承化。如实践美学的代表人物之一蒋孔阳,审美教育和生态美学的代表人物之一曾繁仁,审美反映论的代表人物之一王元骧等,均体现出人生论的某些思想、立场、方法或转化,这使得他们的美学思想,在整体上呈现出一种既复杂又开放的样态。如蒋孔阳,其本人并没有提出"人生论美学"的概念。1999年,蒋氏逝世当年,他的弟子郑元者即在《复旦学报》刊文《蒋孔阳人生论美学思想述评》,将蒋氏的美学思想成就总结为"建立起以人生相为本,以创造相为动力,以美的规律和生活的最高原理为归旨的人生论美学思想体系"[①]。步入新世纪,蒋氏的另一弟子张玉能在《东方丛刊》发文《审美人类学与人生论美学的统一》,提出:"随着中国当代美学的成熟,20世纪八九十年代中国美学却正在向人生论美学回归。其标志就是蒋孔阳先生的《美学新论》的出版,此一著作标志着蒋先生的美学体系的变化逻辑:实践论美学—创造论美学—人生论美学。"该文还指出:"人生论美学这个中国传统美学的优长之处,由于西方哲学

---

① 郑元者:《蒋孔阳人生论美学思想述评》,《复旦学报(社会科学版)》1999年第4期。

美学的移置而被中断或淡漠了。"强调"实践美学在当代中国的进一步深入和发展，应该走向审美人类学和人生论美学的统一"①。2012年，张玉能的弟子黄定华出版专著《蒋孔阳人生论美学思想研究》，提出蒋氏美学以"人是世界的美"为总命题："蒋孔阳关于美的本质论、美感论、美学范畴论、审美教育理论以及艺术论，共同形成了他完整的美学思想体系，这个体系始终由一根红线贯穿，那就是人和人生，因此，我们把蒋孔阳的美学思想称为人生论美学思想。"②曾繁仁是我国当代审美教育和生态美学的领军人物，他力主大美育观和大生态观，倡导"生活的艺术家"的培育。应该说，他的整个美学思想是潜蕴着人生论的价值向度的，其相关思想观点也是当代人生论美学的重要资源之一。如他认为，美育理论的产生本身就是"美学领域由认识论美学到人生论美学"的反映。③"西方美学从1831年以后，逐步发生一种由思辨美学到人生美学的'美育转向'，到20世纪更为明显"；"从尼采直至当代，人生美学基本成为整个西方美学的主调"。④"美育的根本任务是培养'生活的艺术家'。"⑤与蒋门弟子将人生论美学视为蒋氏美学思想新发展的基本立场相通，王元骧的弟子也明确研讨了王氏美学思想的人生论转向。2014年，王氏弟子李茂叶发表《关于王元骧"人生论美学"的哲学思考》，将王氏的美学研究内容归纳为四个方面，其中之一就是"对审美与人的生存之间的关系等问题的探讨"，并认为"近几年他（指王）由探讨美学中的基本问题和个案研究逐渐转移到对美与人的生存、对人的关怀和对社会现实的介

---

① 张玉能：《审美人类学与人生论美学的统一》，《东方丛刊》2001年第2期。
② 黄定华：《蒋孔阳人生论美学思想研究》，中国社会科学出版社2012年版，第1页。
③ 曾繁仁：《马克思主义人学理论与当代美育建设》，《天津社会科学》2007年第2期。
④ 曾繁仁：《论西方现代美学的"美育转向"》，载《转型期的中国美学》，商务印书馆2007年版，第157页。
⑤ 曾繁仁：《关于当代美育理论建构的答问》，载《转型期的中国美学》，商务印书馆2007年版，第197页。

人"①。同年,王氏另一弟子苏宏斌发表《试论王元骧文艺思想的人生论转向》,认为"王先生文艺思想的人生论转向是其原有理论在社会现实推动之下发生蜕变的结果",并认为王先生这一转向的时间为21世纪初。② 王元骧本人也体现出对这种学术转向的自觉追求。2010年,王元骧参加了《学术月刊》组织的"人生论美学初探"专题讨论,发表《美:让人快乐、幸福》,提出"美学就其性质来说不是认识论的,它不只限于艺术哲学,而是属于人生论、伦理学的"③。2011年,他与弟子赵中华合作,发表《关于"人生论美学"的对话》。他在文中更为明确地提出"'人生论美学'就是从人生论的角度来探讨美对于人生的意义,具体说也就是对于提升人的生存的价值,使人具有自己独立的人格而成为真正自由的人的作用的问题"④。

中国当代美学思潮中,近年兴起的生活美学,可能是最接近于人生论美学的一种理论表述。⑤ 在英文中,单词 life 有着生命、生活、生存、人生等多种含义。生活美学的表述,从其思想源头说,应溯自19世纪末西方现代美学与艺术思想的先驱——"唯美主义"思潮。"唯美主义"主张"艺术美高于一切""艺术先于生活",倡导"为艺术而艺术""为艺术而生活",追求"形式至上"的艺术趣味和"刹那主义"的生活态度,以此来对抗庸俗的现实。唯美主义的"核心思想就是提倡生活的艺术化"⑥。其代表人物佩特、莫里斯、王尔德等,热衷于种种居室的美化、日用品的形式美改造、唯美的装扮行头等。崇尚艺术自律

---

① 李茂叶:《关于王元骧"人生论美学"的哲学思考》,载《文艺学的守正与创新》,浙江大学出版社2014年版,第244页。
② 苏宏斌:《试论王元骧文艺思想的人生论转向》,载《文艺学的守正与创新》,浙江大学出版社2014年版,第149页。
③ 王元骧:《美:让人快乐、幸福》,《学术月刊》2010年第4期。
④ 赵中华、王元骧:《关于"人生论美学"的对话》,载《中文学术前沿》第3辑,浙江大学出版社2011年版。
⑤ 国内"生活美学"的著作主要有刘悦笛:《生活美学——现代性批判与重构审美精神》,安徽教育出版社2005年版;刘悦笛:《生活美学与艺术经验》,南京出版社2007年版;张轶:《生活美学十五讲》,北京师范大学出版社集团、北京师范大学出版社2011年版。
⑥ 周小仪:《唯美主义与消费主义》,北京大学出版社2002年版,第3页。

和精英主义的唯美主义,可以说是最早走向日常生活审美化和现代消费文化的。进入20世纪以来,西方哲学"出现了明显的'生活论'转向"①,西方现代后现代诸多美学和艺术思潮也相继出现了种种生活论的转向,实用主义美学、身体美学、生存美学,行为艺术、大地艺术、装置艺术,都在呈现一种"重新进入生活"和"回归'生活世界'"的倾向。②1914年,达达主义的代表人物杜尚"直接将一个供出售的瓶架贴上了艺术的标签,也就是在艺术史上第一次将日常用品拿来直接当作了艺术品"③。"生活即审美"正在模糊"艺术、审美与日常生活的边界"④,成为一种"审美生活"或"日常生活审美化"的西方现代后现代样态。⑤但生活和审美,不可能完全同一或直接相互取代。生活美学和人生论美学,也不能直接等同。"生活美学"对"活生生""平民化""回归现实生活"等倡导⑥,对人生论美学的建设也具有重要的启益。两者的对象、方法、立场等非截然对立,但在研究视野的广度、研究方法的综合、研究立场的取向上,是有区别的。从理论意识言,"生活美学"的命名主要突出了研究对象的前置,以对象来导引方法和立场;"人生论美学"则以方法前置,以方法来导引对象和立场,从而使得后者更具理论意识和价值态度,也拓展了更为广阔的研究视野。国内生活美学的重要倡导者刘悦笛主张把"生活美学"这个概念英译成"Performing Live Aesthetics",显然这个"Performing"的限

---

① 张轶:《生活美学十五讲》,北京师范大学出版社集团、北京师范大学出版社2011年版,第2页。
② 刘悦笛:《生活美学与艺术经验》,南京出版社2007年版,第91、105页。
③ 刘悦笛:《生活美学与艺术经验》,南京出版社2007年版,第91页。
④ 舒斯特曼著,彭锋译:《生活即审美》,北京大学出版社2007年版,第3页。
⑤ 刘悦笛:《生活美学——现代性批判与重构审美精神》,安徽教育出版社2005年版,第73页。
⑥ 参阅刘悦笛:《生活美学——现代性批判与重构审美精神》,安徽教育出版社2005年版;张轶:《生活美学十五讲》,北京师范大学出版社集团、北京师范大学出版社2011年版。

定增加,可以更好地体现理论的立场,应该说是一种智慧的选择。①实际上,"生活"和"人生"的考量,在20世纪上半叶的中国知识界,就已经发生过。随着西方哲学、美学、艺术思想的东渐,20世纪20年代,生活艺术化以及相近表述,在中国知识界开始流行。1920年,田汉在给郭沫若的信中使用了"生活艺术化"的概念,用以翻译Artification,是目前所见较早的。②嗣后,20世纪二三十年代,郭沫若、江绍原、赵景深、吕澂、李石岑、张竞生、周作人等,或使用了"生活的艺术化"的表述,或使用了"美的生活""美的人生""人生的美术""人生的艺术化""生活的艺术""艺术的生活化"等种种相近相关的表述。③值得注意的是:其一,1921年,梁启超在《"知不可而为"主义与"为而不有"主义》一文中也用了"生活的艺术化"的表述,但对其精神旨趣进行了民族化的改造,成为一种"知不可而为"与"为而不有"相统一的不有之为的"趣味"精神的阐释。④其二,1932年,朱光潜在《谈美》中用"人生"取代了"生活",以"人生的艺术化"来系统阐发一种"无所为而为"的"情趣"精神,既与梁启超的趣味精神相承化,也吸纳了西方现代心理美学等成果。⑤20世纪三四十年代,"人生的艺术化"的表述逐渐定型,为当时中国的知识群体所广泛接纳。特别是宗白华、丰子恺等,主要承化梁朱一脉,共同丰富发展了这一命题。"人生的艺术化"命题的建构、定型、阐发,对中国现代人生论美学思想基本精神向度和内在价值意趣的奠定具有极为重要的意义,也凸显了中华文化吸纳、消化、新构的能力。这个融汇中西而有富有民族特色

---

① 刘悦笛:《生活美学——现代性批判与重构审美精神》,安徽教育出版社2005年版,第408页。

② 田汉1920年2月29日给郭沫若的信。参见《宗白华全集》(第1卷),安徽教育出版社1994年版,第265页。

③ 周小仪:《唯美主义与消费主义》,北京大学出版社2002年版,第224—226页。

④ 梁启超:《"知不可而为"主义与"为而不有"主义》,载《饮冰室合集》(第4册文集之三十七),中华书局1979年版,第86页。

⑤ 朱光潜:《谈美》,载《朱光潜全集》(第2卷),安徽教育出版社1987年版,第96页。

的理论表述,成为中华美学思想内涵和理论精神的一种重要民族化概括,对人生论美学的民族理论建构,产生了直接而重要的影响。

三

与20世纪上半叶人生论美学思想所取得的丰硕成果相比,20世纪下半叶我国人生论美学的发展,从整体上看有一定的泥滞状态。这种状况,进入21世纪后,渐呈回暖。21世纪以来,尤其是21世纪的第二个十年以来,随着民族优秀文化资源的价值日益得到重视,富有民族精神内质的人生论美学也重回人们的视野。人生论美学的理论自觉与相关建设渐引关注,在一定程度上形成了某些共识。

2010年第4期《学术月刊》,以《人生论美学初探》为题,率先发表了一组专题讨论,共3篇文章,分别为王元骧《美:让人快乐、幸福》、王建疆《建立在审美形态学基础上的人生美学》以及笔者的《人生论美学的价值维度与实践向度》。刊物专门为这组稿加了编者按:"从人生论的观点来看待美是中国传统美学思想的特点。20世纪,西方美学由王国维介绍到中国以来,也被许多研究者把它与解决社会人生的问题联系起来思考。只是到了50年代,受苏联美学的影响,才转向认识论视界,把它等同于艺术哲学,导致美学研究日趋高蹈和狭隘。今天回顾和总结百年来中国美学研究走过的道路和经验,在当代意义上重新探讨人生论美学的价值、形态和意义,对发扬中国现代美学的优良传统,建设符合我们时代所需的美学学科,具有重要的意义。"[①]作为"初探",这组稿在观点和论证上,并非无懈可击,甚至各篇文章在标题上也未统一亮出"人生论美学"的概念,但整组稿子以"人生论美学"为总题,作为一种引领性的学术理论探索,其立场和意义,已然自明。

---

① "人生论美学初探"栏目编者按,《学术月刊》2010年第4期。

2011年第1期《社会科学辑刊》,在"美学与人生建设"的总题下,推出了包括聂振斌《艺术与人生的现代美学阐释》、郑玉明《人生苦难与审美拯救》、朱鹏飞《美学伦理化与"人生论美学"的两个路向》和笔者的《梁启超趣味人生思想与人生美学精神》在内的4篇论文。聂振斌的论文提出"咏叹人生是中国艺术的根本主题","礼乐的艺术——审美形式成为中华民族爱美心理形成的根源之地",并探讨了中国现代文化在理论上对这一传统的弘扬。①郑玉明的文章强调了从日常生活实践出发,关注苦难与超越的永恒人生美学命题。②朱鹏飞的文章比较了西方美学的尼采之路和伯格森之路,倡导美学走向与伦理结合的高扬超越性人文价值的积极人生论美学。③笔者的《梁启超趣味人生思想与人生美学精神》以梁启超为个案,认为梁启超的趣味人生学说是一种将审美、艺术、人生相统一的大美学观,对中国现代人生美学精神的建构和演化产生了深远影响。④这组文稿未明确以"人生论美学"命名,但其问题和精神都是属于"人生论美学"的。

2014年11月19日,《光明日报》刊发潘玲妮、郝赫撰写的《人生论美学和中华美学传统》,对11月2日在杭州召开的"'人生论美学与中华美学传统'全国高层论坛"的情况予以了报道总结。提出论坛的主要学术成果:一是"明确人生论美学的理论概念,提出和进行基本学理建构";二是"发掘中国现代美学名家的人生论思想学说,梳理人生论美学的现代民族资源";三是"整理中国和西方的人生论美学思想资源,发掘其对当下人生论美学建构的启示"。该文引述拙见,强调人生论美学"是中国美学自己的民族化学说,是中国美学最具特色和价值的部分之一";应加强系统的学理建设,应从理论上辨析"人

---

① 聂振斌:《艺术与人生的现代美学阐释》,《社会科学辑刊》2011年第1期。
② 郑玉明:《人生苦难与审美拯救》,《社会科学辑刊》2011年第1期。
③ 朱鹏飞:《美学伦理化与"人生论美学"的两个路向》,《社会科学辑刊》2011年第1期。
④ 金雅:《梁启超趣味人生思想与人生美学精神》,《社会科学辑刊》2011年第1期。

生论美学"和"人生美学"的概念,"后者重在研究对象的性质,前者则突出了理论意识,具有方法论的意义。'人生论美学'可以用自己的学理原则来全面研究审美中的各种现象与问题,包括对自然、人、艺术、生活中的各种审美活动、审美现象、审美规律的研究"。① 此次论坛学术氛围浓郁,取得了一定的探索性成果。

2015年10月,中国言实出版社出版了聂振斌先生和笔者共同主编的《人生论美学与中华美学传统——"人生论美学与中国美学传统"全国高层论坛论文选集》,集子遴选收入2014年11月在杭州召开的"'人生论美学与中华美学传统'全国高层论坛"的会议论文38篇。② 本次论坛也是学界第一次以"人生论美学"命名的专题学术会议。其中的部分论文在文集出版前为各期刊先行刊用,及为《新华文摘》《复印报刊资料》等全文转载。笔者的《人生论美学传统与中国美学的学理创新》首刊于《社会科学战线》2015年第2期,论文首次尝试对中华人生论美学的民族特质予以系统的理论概括。文章认为审美艺术人生动态统一的大美观、真善美张力贯通的美情观、物我有无出入诗性交融的美境观,既是人生论美学的民族精神特质,也是当下中国美学学理创新的重要路径。③ 聂振斌的《人生论美学释义》首刊于《湖州师范学院学报》2015年第5期,文章认为"人生论美学"的提出,是中国现代美学研究的创新之点,也是与中国古代美学密切相连的传承之点,其研究内容包括涵盖审美、艺术、人生关系的四个方面,即人的生命活动和艺术的生命精神、生活与生活的艺术化、生存环境和生态环境美、文化理想与艺术——审美境界。④ 马建辉的《人生论美学与审美教育》首刊于《社会科学战线》2015年第2期,该文认为人生

---

① 潘玲妮、郝赫:《人生论美学和中华美学传统》,《光明日报》2014年11月19日。
② 参见金雅、聂振斌主编:《人生论美学与中华美学传统——"人生论美学与中华美学传统"全国高层论坛论文选集》,中国言实出版社2015年版。
③ 参见金雅:《人生论美学传统与中国美学的学理创新》,《社会科学战线》2015年第2期。
④ 参见聂振斌:《人生论美学释义》,《湖州师范学院学报》2015年第5期。

论美学的关键之一就是参与人生或建构人生的取向,审美教育是人生论美学的题中之义。① 整部文集涉及了人生论美学的概念、渊源、精神特质、理论特征、价值取向、实践意义、与审美教育的关系、与当代艺术的关系等多方面问题,也具体讨论了梁启超、王国维、朱光潜、宗白华、老庄、朱熹、罗斯金等的相关思想学说。此文集是迄今第一部公开出版的以"人生论美学"命名的专题文集。②

2010年迄今,人生论美学的建设伴随着对中华美学精神传统的再发掘,出现了令人欣喜的新面貌。20世纪上半叶我国人生论美学的成果,主要表现为人生论美学精神的初步确立,以及相关学说、范畴的初步创构。此后,经历了20世纪下半叶以来的相对沉寂后,2010年以来,人生论美学迎来了学科意义上的学理自觉。其突出特点,是将人生论美学自觉作为中华美学源远流长的精神传统与民族话语之一,开始系统而有步骤的资源梳理、理论阐释、学理建构、实践探研。当然,这个工作,现在来看,还仅仅只是开始。但我们有理由期待,人生论美学的独特资源,因为深扎于民族哲学文化的沃土,深融于民族精神心理的内核,深切于社会人类发展的期许,是可以在当代传承创化中,开出璀璨的思想花朵,结出丰硕的理论果实的。

四

任何创新都不是无源之水。中国现代美学是人生论美学的思想沃土,也是当代人生论美学建构的直接资源,但是中国当代人生论美

---

① 马建辉:《人生论美学与审美教育》,《社会科学战线》2015年第2期。
② 2017年6月,"人生论美学与当代实践"全国高层论坛在杭州召开,这是继2014年11月在杭州召开的"人生论美学与中华美学传统"全国高层论坛后的第二次人生论美学专题全国性论坛。论坛正式入选论文50篇,从人生论美学与当代艺术实践、人生论美学与当代生活实践、人生论美学与当代审美实践等方面进行了对话争鸣。文集于2018年5月中国社会科学出版社正式出版,成为继《人生论美学与中华美学传统》(中国言实出版社2015年版)后,人生论美学研究领域公开出版的第二部专题文集。

学的建设，不能机械地"照着讲"，而要在扬弃中"接着讲"。我们可以传承前人的精神、方法、立场包括概念、范畴、命题、学说等一切可以为今天所用的东西，但我们需要直面今天的语境，面对当下的现实，创造性地弘扬发展，从而使理论真正具有面对实践发言、引领实践发展的生命力。

人生论美学理论意识的自觉、民族资源的整理、话语体系的建构，在今天仍有许多基础工作要做。甚至可以说，真正从理论上自觉和系统地建设，还仅是启幕。

人生论美学不能简单等同于生活美学或生命美学。"人生"与"生命""生活"等概念，既有一定的交叉，又有不同的内涵。"生命"的概念，人和动物共用，其基础是生理的肉体维度。"生活"的概念，个体和群体共用，其基础是生存的日常维度。"人生"的概念，专门指涉人，但又扬弃了人的个体限度，而全面呈现了人的个体生命及与自我、与他人、与自然等关联所产生的丰富意义及其具体性。人生论美学视野中的人，是扬弃了感性与理性、生理和精神、个体和社会的分裂的活生生的完整的人。与"生命"和"生活"的概念相比，"人生"的概念不否弃生理的肉体维度，不否弃生存的日常维度，但又将自己的理论规定探入了人与动物生存的差别性，探入了人与世界关联的超越性。作为一个理论概念，以"人生论"来界定一种中国美学的理论创构，来阐发一种中华美学的理论精神和理论传统，可能是比"生活""生命"的界定更贴近中华文化统合的、人文的、诗性化的内质的一种表述，也是比仅用"人生"的表述更具理论意识、方法论立场、价值论意向的一种表述。

人生论美学也不能简单等同于伦理学的美学，它不仅要研究美与善的关系，也要研究美与真的关系。准确地说，它是要超越一切孤立地对待真美关系或善美关系的美学研究方法，而将真善美的立体张力关系纳入自己的视野。由此，它必然不是单纯地研究美与艺术的关联，而是要将审美艺术人生的动态关联纳入自己的视野。它要解决的问题，不仅仅是审美一维的问题，也是创美与审美的关系，是要在审美艺术人生的动态统一的大美境界中解决物我、有无、出入的诗性创化的问题。所以，人生论美学的理论建构，不仅仅是人生伦理的课题，也不仅仅是审美标准的问题，而是一种人的美学情怀与风韵气象的建设。这种情怀和气象，不仅能够涵育人升华人，也能通过人作用于实践，影响于社会，是人创化世界和美化自我的重要心灵之源和精神动力。

人生论美学呈现出极强的理论成长空间和现实针对性，它对于当代中国美学建设的意义，突出表现为人文性、开放性、实践性、诗意性等可拓展的维度。

其一，人生论美学具有内在的人文性维度。人生论美学凸显了中华文化之民族特性。与西方文化突出的科学精神相映衬，中华文化最具特色的是浓郁深沉的人文情怀。科学精神追根究底，是探寻宇宙和自然的奥秘，终以神学为信仰之依托。人文情怀穷极其奥，是对人及其生命、生活、生存的关爱与温情，终以艺术为心灵之依托。科学精神以认识论为主要方法，追求真善美各自独立的逻辑体系。人文情怀关注人在天地宇宙中的和谐，憧憬真善美贯通相成的诗性心灵。中华文化这种泛审美、泛艺术的诗性特质，自先秦孔庄以降，绵延流传，是中国心灵最恰切最深刻的写照。它自然而直接地孕育了中华美学不泥小美、崇尚大美的精神情怀和关爱生命、关怀生活、关注生存的人文情韵。这种民族特质，决定了中华美学不是纯理论的冷美学，而是关切人生的热美学。人生论美学的人文性维度，鲜明深刻地昭示了中华文化的民族精神传统和民族美学旨趣，具有传承开拓的深厚根基和大有作为的广阔天地。

其二，人生论美学具有突出的开放性维度。这种开放性，一是时空维度上向古今中西相关资源的开放，二是学科维度上向哲学、心理学、教育学、伦理学、文化学等相邻学科的开放，三是理论打开自我封闭之门，向着实践的开放。其以真善美贯通为基石的美论品格,使其不将视野局限于小美,而是将审美艺术人生、创美审美的统一都纳入自己的视野,不仅突破了西方经典美学偏于哲学思辨或艺术观审的视野,也拓展了中国古典美学偏于伦理考量或艺术品鉴的视野,建构了审美主体与自然、社会、他人、自我关联的立体图景,从而为自身的理论建设与实践应用开掘出广阔的天地。这种开放包容的理论智慧,使得人生论美学与生命美学侧重关注人自身、生态美学侧重关注自然、文艺美学侧重关注艺术等相比,呈现出更强的理论涵摄力,不仅构成与其他美学思潮学派的区别与互益,也凸显了自己包容、整合、统驭的理论特征。20世纪下半叶以来,中西文化和哲学都出现了人生论的转向。中国当代美学的一些重要学派和代表思想家,也相继出现了人生论的转向,包括实践美学、生态美学、认识论美学、意象美学等重要学派和蒋孔阳、曾繁仁、王元骧、叶朗等重要学者。这种趋势,也进一步推动了人生论美学的开放维度。需要注意的是,开放不等于放弃自己的边界,消解自己的对象、方法、特质等,而是要在包容开放中实现理论的整合、概括、深化、统驭的能力。

其三,人生论美学具有鲜明的实践性维度。人生论美学勾连了审美艺术人生的关系。它对美和艺术的叩问,必然要落实到人生之上,这就使得人生论美学把创美审美的实践问题及其人生关联,自然而必然地纳入了自己的视域,作为自身的目标指向。人生论美学的视野不限于艺术,也不限于生活,而是与文化、哲学、伦理、心理、生态、教育等交糅,直接探入了人的生活、生命、心灵的建设、涵育、提升的广阔、丰富、多样的领域,将知情意统一的美学理论命题落实于行,以"践行"来"移人"。如果说西方美学中的"移情"范畴以"情"为关注焦点,重在把握知情意中情之要素的美感心理特点,那么民族美学中的"移人"范畴则以"人"为关注焦点,将整体的人纳入自己的视野而必然触及知情意三要素在美的实践中的汇融:前者体现了心理美学的科学主义方法,后者则与诗性美学的人文精神相呼应;前者以美学研究的科学结论为旨归,后者由关怀人关爱人走向人的自身涵育与建构。由此,美育必然成为人生论美学的题中之义,使得人生论美学突出呈现中华文化以人为本、知行合一的民族气韵和实践路径,凸显了其创造性、理想性、诗意性等价值向度。由此,人生论美学的实践维度,对于引导美学理论切入当代实践具有鲜明的针对性,同时对于当下传统文化的传承创新、大众文化的批判引领、国民素养的美学提升、民族精神的涵育建设等,亦大有可为。

其四,人生论美学具有深蕴的诗意性维度。生命的诗意建构和诗性超拔,是人生论美学最富魅力的精神内核之一。应该说,只要是美学,应该都是人的生命实现现世超拔的一种精神向路,这应该就是美学的使命和宿命。美赋予人生以超拔的张力,使人的生命不至于在生活中沉沦。人生论美学的起点和终点,就是这种生命的出入、有无、物我的对峙和超越,是诗意地交融和创化,由此去建构和观审生命的自在、自得、自由。这种现世超越的生命诗性,是中华文化的信仰标识和精神标识,即以大美为核的心灵超越和内在超越,它不像西方文化的神性超越,它不从彼岸世界求寄托,而在此岸世界求自由。人生论美学创化了"境""趣""格""韵"等一系列富有人生指向和人生韵味的理论范畴,导引作为实践主体的人,切入与自然、艺术、生活的多维交融,探入自我生命和心灵的丰盈世界,创化并体味生命的诗意和超拔。这种生命的自在、自得、自由之境,既不可能在抽象的思辨中实现,也不可能将艺术和人生互相抽离而实现,而是需要融入审美艺术人生统一的艺术实践和生命践行中来涵成。

上述四个维度及其交融,呈现了人生论美学独特的民族理论特征。这种特征不是简单固守民族资源形成的,而是广纳中西古今之滋养,直面民族现实实践的需要,逐步探索、创化、发展的。同时,上述四个维度的弘扬,并不排斥科学性、概括性、理论性、现实性等相辅相成的维度,而是在呼应互融中逐步生成自身的特质,逐步凸显自身与世界美学对话的独特性和相洽性。如人文性这个维度,其核心是"情",但并不排斥"真"和"善",而是追求以"情"来贯通"真""善",努力将中国古典美学重美善两维和西方经典美学重美真两维拓展为真善美的三维立体构架,但其核心和基点则始终为"情"。再如开放性这个维度,不等于说人生论美学就没有自己的边界,有人把生命美学、伦理美学、生态美学、实践美学等都归于人生论美学,这就是对开放性的某种误解,模糊了人生论美学方法立场、价值意趣等的规定性。

人生论美学是民族文化学术和社会时代发展在美学领域的一种逻辑生成。其在当下,是生成态,而非成熟态,更非完成态。人生论美学的中心是人,是让美回归人与人生,是让人在美的人生践行中,创化体味生活的温情和生意,涵成体味生命的诗情与超拔,达成创美和审美的交融。人生论美学视野中的美,是温暖的,但不媚俗;是圣洁的,但不神秘;是接地气的,但也是超拔的。人生论美学的神髓,是向着人生开放的入世情致和生命生存的超拔情韵的相洽相融。它不仅是对美学学理问题的科学求索,更是由知到行,是知情意的贯通在人的生命的美的践行中圆成。唯此,美才成为我们生命中永不可分的部分,实实在在地融入我们人生的旅程,陪伴之、涵育之、导引之。也唯此,人生论美学才能实现美学理论和人生创化之相洽,涵成自身的理论品格和精神韵致。

20世纪初年,梁任公曾在《欧游心影录》中指出:"我们的国家,有个绝大责任横在前途。什么责任呢?是拿西洋的文明来扩充我的文明,又拿我的文明补助西洋的文明,叫他化合起来成一种新文明。"①他还具体提出了"四步走"的策略:"第一步,要人人存一个尊重爱护本国文化的诚意。第二步,要用那西洋人研究学问的方法去研究他,得他的真相。第三步,把自己的文化综合起来,还拿

---

① 梁启超:《欧游心影录》,载《饮冰室合集》(第8册专集之三十二),中华书局1979年版,第35页。

别人的补助他,叫他起一种化合作用,成了一个新文化系统。第四步,把这新系统往外扩充,叫人类全体都得着他好处。"①任公虽非专言美学,但其高屋建瓴的宏阔胸襟和意义深远的战略眼光,对于今天中国美学的民族道路和学派建设仍具重要启示,人生论美学的建设亦复如是。

---

① 梁启超:《欧游心影录》,载《饮冰室合集》(第8册专集之三十二),中华书局1979年版,第37页。

"美情"与当代艺术理论批评的反思*

"美情"是中华美学和艺术思想的民族标识之一。对美情的弘扬是中华美学和艺术精神的重要传统与核心追求之一,它对当代艺术理论批评情感品格的提振,具有根本性的意义。日常生活情感和艺术审美情感不能简单画等号。前者是"常情",后者乃"美情"。美情是在日常生活情感基础上提升起来的真善美贯通的艺术化审美化的情感,是一种以挚、慧、大、趣等为内质的创造性的诗性的情感。① 以美情来烛照和导范艺术理论批评,可以推动和引领艺术理论批评辨析,反思艺术活动中种种唯理的、媚俗的、粗鄙的、功利的等非美趋向,推动艺术理论批评的美思美质之提升和情感品格之建设,特别是对中华美学大美情韵的传承弘扬具有深刻的意义。

一

与西方美学相比较,中华美学的神髓之一就在于对美情的倡扬。西方经典美学是以知情意的区分为逻辑前提的,由此形成了以求真为核心的认识论美学传统,试图把情与美从与周围世界的复杂联系中抽取出来,进行客观科学的纯粹研究。这种立场突出了情感的独

---

* 原刊《中国文艺评论》2018年第5期。
① 参见金雅:《论美情》,《社会科学战线》2016年第12期。

立意义,但在对情感心理要素的绝对抽离中,艺术和审美或成为感性完善的理性目标,或成为潜意识的直觉宣泄。中华传统文化则强调人与周围世界的整体联系,既不将人的知情意相孤立,也不将审美与人生相割裂,这就形成了一种既重情又不唯情的美情传统,它强调知情意的有机联系,追求真善美的内在统一,崇尚审美和艺术活动中以情蕴真、涵善、立美的诗意性,由此形成了一种富有民族特质的美情意趣,突出了对情感的诗性品格、社会内涵、人文价值的关注。

艺术情感是美情的一种典型呈现。诗人艾略特曾说:"诗人的任务并不是寻求新情绪,而是要利用普通的情绪,将这些普通情绪锤炼成诗,以表达一种根本就不是实际的情绪所有的感情。"[①]在这里,"普通的情绪"就是常情,诗人的任务就是化常情为美情,"锤炼"出"不是实际的情绪"的艺术化的美的情感。因此,在艺术中,美情从根本上体现着艺术家的才情,是艺术家情感处理能力和艺术表现水准的一种尺度。美情具有超越于常情的强度、深度、力度、厚度、醇度、高度、丰满度、复杂度等,是具有创造性的挚诚、明慧、超逸、趣味化的诗性情感。过去,我们对创作、作品、作家艺术家的情感问题有所关注,但较少论及理论家批评家的情感能力。实际上,无论是艺术创造还是理论批评,情感能力都具根本的意义。美情的涵养,也是理论家批评家应该具备的核心能力之一,是理论批评美思传达和品格气象的基本保证之一。

纵览中国艺术与审美理论,不管是古典情感论,还是现代情感论,尽管存在着具体观点的差异和一定的发展演化,但主情派一直占有很重要的地位。值得注意的是,中国文论中的主情派大都不是孤立地谈"情",几无绝对意义上的崇情论或唯情论。中国古典文论提出了"性情""情志""情景""情理"等命题,认为"情"需以"志"来调节,

---

① 苏珊·朗格著,滕守尧、朱疆源译:《艺术问题》,中国社会科学出版社1983年版,第25页。

以"理"来疏导,主张以情导欲、以理节情、情理交至。这与中国文化中主张情欲区分和以道德理性来规范引导个体情感的立场是一致的,表现在美学和艺术论中,就形成了一种德情(善美)观,即以善为美的前置条件,主张尽善尽美。最有代表性的是孔子鉴乐:"子谓《韶》:'尽美矣,又尽善也。'子谓《武》:'尽美矣,未尽善也。'"[1]将善视作评鉴音乐作品之美的必要条件。20世纪以来,西方美学东渐,中国现代文论对"情"的界定,一方面吸纳了传统文论的德情观,另一方面又受到了西方现代情感论包括康德的纯粹判断力、柏格森的直觉创化论等推崇情感独立的思想观点的影响。王国维的审美"无用之用说"直接改造自康德的审美判断"无利害说",试图将康德式的粹情(真美)与传统文论的德情(善美)相嫁接,呈现出"用"与非"用"的某种纠结。梁启超比王国维更显自信与超迈。他承认情感含有一定的神秘性,不能完全用理性来解剖;主张情感的作用是神圣的,但它的本质不都是善的美的;认为情感的性质是本能的、现在的,但其力量可以引人进入超本能超现实的境界,使个体生命与众生宇宙相进合,从而达到"化我"(大化化小我)之境界。这种认识,并未将情感简单归结为感性的非理性的东西,也未简单将情感纳入理性或道德的轨道,而是初步窥见了情感的感性独特性及其与理性(真)和道德(善)之间的某种复杂关联。由此,梁启超将艺术的表情本质与其情感教育的功能相结合,明确提出艺术是"情感教育最大的利器"[2],极力倡导通过艺术审美来涵情成趣和提情为趣,化"情感"为"趣味"。朱光潜发展了梁启超的"趣味"命题,并建构了以"情趣"为中心的谈美体系,集中讨论了真善美在艺术中的融通及其审美建构。他认为艺术"都是作者情感的流露",但"只有情感不一定就是艺术"[3],要求对感情予以"客观化""距离化""意象化",从而使之升华为艺术化的

---

[1] 陈戍国点校:《四书五经》,岳麓书社2002年版,第22页。
[2] 《饮冰室合集》(第4册文集之三十七),中华书局1979年版,第72页。
[3] 《朱光潜全集》(第2册),安徽教育出版社1987年版,第19页。

美情。宗白华则提出了"情调"的概念,主张"艺术世界的中心是同情"①,艺术意境就是美的精神生命的表征,是阴阳、时空、虚实、形神、醉醒之自得自由的生命"情调"。可以说,20世纪中国现代美学与艺术思想的主流,在情感这个问题上,没有抛开古典文论的德情传统,且有了新的发展。特别是把趣(境、调等)与情相勾连,既在真善美三维关系的视野上来讨论情感的审美命题,又突出了中国文论不以纯美唯美为美,亦少迷醉于纯形式或非理性的情感论本质。可以说,中国文论的情感论不仅将艺术形象的审美创构作为自己的中心课题,也把对艺术主体的人格创构和精神涵育纳入了自己的视野,使得艺术审美实践由静态单维的科学心理观审走向了动态多维的人文生命创化,形成了中华美学和艺术思想极富民族标识的美情意趣。

二

中国古典文论非常重视情感的地位和作用,但其自身形态偏于感悟式的诗话、词话、小说评点等,对问题的阐发往往较为零散。1922年,梁启超在清华大学发表演讲《中国韵文里头所表现的情感》,对以韵文为代表的中国艺术的表情方法率先进行了理论性的梳理总结。该文近四万字,迄今都是我国学者研究艺术情感问题的鸿篇之一,也是我国文论最早以现代理论方式具体研究艺术情感问题的专论之一。关于此文的研究,大都将重点放在解读梁启超对艺术表情方法类型划分的理论贡献上,实际上在这篇文章中,梁启超针对中国艺术表情方法的总体特点,提出了一个非常重要而深刻的关键性问题,这也是他写作此文的根本目的。"我讲这篇的目的,是希望诸君把我所讲的做基础,拿来和西洋文学比较,看看我们的情感,比人家谁丰富谁寒俭?谁浓挚谁浅薄?谁高远谁卑近?我们文学家表示情

---

① 《宗白华全集》(第1册),安徽教育出版社1996年版,第319页。

感的方法,缺乏的是哪几种?先要知道自己民族的短处去补救它,才配说发挥民族的长处。这是我讲演的深意。"在文中,他明确要求艺术家向内要修养提挈自己的情感,向外要打进别人的"情阈",从而引领"人类的进步"。由此,将艺术情感的美化与民族精神的陶养,直接联系在一起,赋予艺术情感问题以宏阔的视域和高远的目标。从这样的高度出发,梁启超以对中国韵文表情法的梳理总结为基础,指出中国艺术以含蓄蕴藉的、回荡的表情法为主,这与诸夏民族温柔敦厚的文化特性和诗教传统相契合。他尖锐批评了在这种情感观濡染下形成的中国女性文学,大半以多愁恹弱为美,认为这是"文学界一件耻辱"。他提出中国艺术中有一种"奔迸的表情法",属于大叫大哭大跳一类的,情感抒发淋漓尽致,可以说是手舞足蹈,语句和生命迸合为一。他以为这类艺术是"情感文中之圣","西洋文学里头恐怕很多,我们中国却太少了",殷切"希望今后的文学家,努力从这方面开拓境界"。①

从理论史来看,梁启超、王国维、鲁迅等均是较早明确对中国古典和谐型审美情趣提出反思批评的理论家。这既是中国艺术和美学理论现代转型的需要,也是时代和社会的呼唤。中国古典美学尊崇天人合一、物我同和的原则,以中和为美。表现在艺术情感趣味上,主要追求以优美、柔美等为基调的和谐型美感。这类作品往往以情景相洽、含蓄空灵的意境营构为尚,即使是以表现矛盾冲突为依托的戏剧、小说等,虽亦讲究情节的曲折与波澜,但往往以"团圆"作结,情感脉络上虽有起伏,但终归和美。著名国学家钱穆先生曾对此做过分析:"中国民族在大平原江河灌溉的农耕生活中长成。他们因生事的自给自足,渐次减轻了强力需要之刺激。他们终至只认识了静的美,而忽略了动的美。只认识了圆满具足的美,而忽略了无限向前的

---

① 《饮冰室合集》(第4册文集之三十七),中华书局1979年版,第72页。

美。他们只知道柔美,不认识壮美。"①20世纪初年,针对中国艺术的这种情趣取向,梁启超发表《论小说与群治之关系》,提出艺术情感"刺"和"提"的美。他的《诗话》反对"靡音曼调",要求"绝流俗","改颓风",振励人心。他在《情圣杜甫》中,提出"痛楚的刺激,也是快感之一"②;诉人生苦痛、写人生黑暗、哭叫人生的艺术,与歌的、笑的、赞美的艺术,具有同等重要的价值。他的《屈原研究》,讴歌了"All or nothing"的悲壮情怀和"眼眶承泪,颊唇微笑"的从容赴死的崇高人格。梁启超的这些批评文字,呼唤艺术精神的时代新变,呼唤激越、遒劲、磅礴、博丽的情趣意向,是将传统艺术情趣和现代审美精神相结合的重要审美批评实践。王国维于1904年发表《〈红楼梦〉评论》,肯定了《红楼梦》"彻头彻尾之悲剧"美。1907年,鲁迅发表《摩罗诗力说》,高度评价了"无不刚健不挠,抱诚守真,不取媚于群,以随顺旧俗"的拜伦、雪莱、普希金、裴多菲等八位欧洲浪漫派诗人的情感指向。③

"我们的诗教,本来以'温柔敦厚'为主",批评家总是把"含蓄蕴藉"视为文学的正宗,对于"热烈磅礴这一派,总认为别调"。④ 20世纪初年,梁启超、王国维、鲁迅等中国现代美学先驱反思和关注的问题,实质上并不是含蓄蕴藉与热烈磅礴的表面对立,而是呼唤民族精神和民族情感的强健与多元。事实上,今天的艺术理论批评,早就不拘于含蓄蕴藉的单一审美标准了。但是,我们的艺术,从20世纪初年的呼唤崇高到今天的消解理性,在某些作品中,从我情到我欲,从我思到我要,矫情、滥情、俗情、媚情、糜情,浮泛粗糙,宣泄欲望,缺乏情感的热度、力度、深度、高度等,并不鲜见。当今时代,迫切需要"有

---

① 钱穆:《湖上思闲录》,三联书店2000年版,第29页。
② 《饮冰室合集》(第4册文集第三十七),中华书局1979年版,第78页。
③ 《鲁迅全集》,人民文学出版社1981年版,第99页。
④ 《饮冰室合集》(第4册文集第三十七),中华书局1979年版,第93页。

筋骨""彰显信仰之美、崇高之美""反映中国人的审美追求"的优秀作品。① 呼唤艺术中的崇高情怀、高洁情感、刚健情趣,仍然是当下艺术理论批评无可旁贷的职责。

三

挖掘发展民族美学和艺术的美情意趣与理论传统,对于当下的艺术实践及其理论批评具有重要的针对性。世界的全球化和社会的急剧变革,新的经济、技术、信息形态的兴起,各民族文化的开放和对话,都给当代艺术与审美带来了前所未有的广阔天地和丰富生机,同时也催生了许多新的现象和问题,使得艺术审美领域既绚丽斑斓又五色眩目,精彩纷呈又良莠并存。时代和实践给理论提出了严峻的挑战。理论对实践的疏离和乏力,是我国艺术领域长期存在的突出问题,也是当下极为突出的现状。究其根本原因,还在于理论自身缺少远见卓识,缺失血性筋骨,缺乏活力魅力,难以动人、撼人、影响人、引领人。

从当下艺术理论批评看,以下四个方面的问题尤须引起关注。第一是趣味不高,境界低俗。这主要表现在艺术理论批评中,存在着是非不分、善恶不辨、美丑颠倒的现象。有些艺术理论批评思想情趣不高,人文精神缺失,无力回应急剧变化的社会现实,对一些卖弄技巧、追求刺激、搜奇猎艳、粗制滥造、过度渲染社会阴暗面的作品,缺乏鉴别、分析,甚至盲目跟风追潮,为那些庸俗、低俗、媚俗的作品喝彩叫好,丧失了艺术理论批评应有的情怀与锋芒。第二是惟西是瞻,缺失根基。20世纪以来,我国艺术理论唯西方是瞻,已经成为一个非常突出而严峻的问题。一些艺术理论批评无视民族精神传统,一

---

① 《习近平总书记在文艺工作座谈会上的重要讲话学习读本》,学习出版社2015年版,第7—8页。

味简单照抄照搬西方,致使艺术理论批评严重缺失民族文化的深厚根基,滞后于鲜活的艺术实践。第三是急功近利,拜金逐名。有些艺术理论批评急功近利,使自身异化为名利之奴隶,为商业运作、金钱人情等利益与关系所左右。第四是自娱自乐,远离人民。有些艺术理论批评忽视艺术实践与人民生活的血肉联系,以理论为理论,满嘴概念术语、思潮学说,不是让读者明白,而是把人搞晕,晦涩生涩,自娱自乐,为理论而理论,只能沦为远离人民大众的呓语。

这些问题的出现,原因当然不是单一的,解决问题的药方也不止一种。其中一些问题是艺术理论批评和艺术创作共同的问题。解决这些问题,关键还是要从理论观念的根本入手,从艺术精神的根本入手,明源固本,事半功倍。我个人认为,深刻理解和传承发展民族美学的美情传统,是极具针对性的方法和举措之一。美情与粹情,是中西美学确立的重要理论基石之一。美情与粹情的不同,体现了中西美学在美的本体、内涵、价值、方法、思维等方面的差别,对中西艺术创作与理论批评,从根本上产生了深刻而直接的影响。抓住美情,不仅可以推动民族美学在基本学理上的建设,也可以有效提升理论批评的深层品格和精神气象。

美情聚焦的是艺术活动中情感美化的自觉命题,实际上也就导范了理论家、批评家以审美为中心的重要而独特的艺术职责和社会职责。美情强调了艺术审美情感的品格、内涵、价值取向、人文意义等,要求艺术情感具备挚诚、具形、蕴藉、共通、超越、创新等诸种审美品格。对于美情的深刻理解和实践运用,可以有效反思引领艺术理论批评中相关具体问题的深层拓展。艺术理论批评中的趣味不高、惟西是瞻、急功近利、远离人民,其根本原因还在于对人民大众的情感情趣体验不切,对民族独特的情感情趣理解不深,对高尚高洁的情感情趣把握不力,从而随波逐流,误以种种泛情、庸情、糜情等迎合市场口味的随性宣泄为美。西方现代后现代艺术,由崇尚粹美唯美而衍生出种种形式化、非理性的思潮,追求形式技巧的新奇,崇尚感官感性的刺激。这些艺术审美的新思潮，与市场经济的冲击、现代后现代的价值观、信息技术时代的生活方式等交糅，对于我国当代艺术实践产生了双刃效应。以艺术理论批评的趣味境界为例。一个理论家批评家如能自觉以美情为尚，就不可能为那些情感低俗、庸俗、粗俗的一味追求宣泄刺激的作品叫好，不可能为那些缺乏内涵精凿、情感肤浅浮泛的作品叫好，不可能为那些是非、善恶、美丑不辨或肆意嘲讽、歪曲诋毁人类诚挚、朴实、深沉、崇高等美好情感的作品叫好。理论家批评家如果对自己民族高洁的审美情感和精神意趣缺乏了解与认同，那就从根本上背离了理论批评之初衷，只能追新逐异步人后尘，用理论舶来品来生搬硬套生硬剪裁，难以回应解决当下民族艺术实践中的鲜活问题。

四

"美情"的神髓，在于真善美会通的大美情致。美情非个体情感的原生状态，非个人欲望的自然呈现。它对常情的诗性升华，突出了艺术活动的审美本质及其对主体情感能力的独特要求。它以情蕴理，以情涵德，强调个体与众生、个人与自然、生命与宇宙的情韵往复、进合和融；它提情为趣，融情为境，涵情为格，使主体的情感气韵成为成就艺术气象之关键。美情不以形式技巧为尚，而重象境趣格之构。在艺术实践中，美情勾连了艺术活动、情感涵育、人格精神的有机联系，也凸显了本体论与价值论相统一的理论视野。

传承发展中华美学的"美情"思想，对于推动当下艺术理论批评的品格提升，有着极为重要的意义。理论家批评家要从自身做起，加强理论修养，磨砺审美触角，提升美的情感体验、感受、鉴析、品评的综合能力。

第一，理论家批评家要回到艺术，具有精准鉴析作品情感价值观的能力。理论家批评家需要准确把握艺术形象的情感内涵，对艺形象是否呈现了适当的情感态度、情感立场、情感判断予以分析鉴别。美情非日常情感的自然宣泄或原生呈现。不能认为任何情感,只要发生过的,都可以原封不动放到作品中去。人类情感中有美好的、高洁的、深沉的、伟大的,也有卑劣的、低俗的、自私的、盲目的。从常情来说,有积极的正向的和消极的负向的两种。从理论上说,不管哪种情感,都可以成为艺术的素材和表现的对象,但艺术需要对日常情感予以审美观照,赋予审美态度,呈现审美评价,这就是从生活到艺术,从常情到美情,艺术创作和理论批评概莫能外。艺术理论批评是对作品情感内涵和情感表达的再鉴析再评价。如爱情,是艺术最为重要而永恒的主题之一。但爱有多种,有纯洁的、高尚的爱,也有自私的、欲望的爱。《红楼梦》对宝黛爱情的描写,之所以成为千古经典,就在于作品始终从心灵世界和精神层面,来展现宝黛之间特别是黛玉对爱之挚诚。当代有些年轻读者,却不能体会黛玉的这种视爱情高于生命的至情,甚至嘲讽这是一种傻乎乎的神经质的情感。这就需要艺术理论批评的正确解读和鉴赏引导了。再如,当代艺术作品中,不乏直接宣泄欲望的,展示粗俗情感的,创作者往往以真实相标榜。所谓的"下半身写作",成为赤裸裸的欲望宣泄。一些视觉艺术形象,展现血腥的场面,宣称"零度情感",这种嗜血的漠然,悬隔了美情的理性尺度和伦理内涵,也放弃了艺术的情感立场和情感判断。正如罗斯金所指出的:"少女可能会吟唱失去的爱情,但吝啬鬼肯定无法吟唱丢失的钱财。"①对于艺术理论批评来说,能否从艺术的具体描写中抓住情感的主核及其审美品质,这虽然是并不新鲜的话题,但仍然是考验其主要功力的基本标准之一。如一个表现雌性动物拼死保护幼崽的作品,批评家看到的如果是环保的主题,这也不能算错误,但这个批评无疑已经偏离了作品的审美特质,即以动物亲子之情所包蕴的对美好亲情的礼赞。这个情感内蕴及其态度取向,

---

① 罗斯金:《艺术与道德》,金城出版社2012年版,第33页。

才是引导读者品赏该作品之美的关键。偏离艺术的情感内蕴及其价值取向,不引领欣赏者去体味艺术内蕴之美情,而是以简单寻求思想启示和道德启迪等为目标,这在艺术理论批评中是一个本末倒置的低级老错误,但在今天的艺术实践中仍不鲜见。要让艺术回归自身,让理论批评回归艺术,就必须牢牢抓住美情这个根本的艺术审美要素,深切关注艺术的情感内涵、情趣态度、价值判断等内在的精神尺度。

第二,理论家批评家要回到作品,具有精到评判作品情感表现力的水准。不通一艺莫谈艺。这个话说得有些偏激。应该承认,优秀的理论家批评家,不一定就是杰出的创作者。但这个话又说得不无道理。理论家批评家一定要广泛接触作品,对于具体艺术门类和艺术作品有基本而丰富的了解。尤其对于艺术中情感的传达方式、表达技巧、表现特点等,要有敏锐的感觉和深入的把握。理论家批评家既要有深厚的理论修养,也需要有敏锐细微的艺术感受力和精湛、精准的审美评判力,能够洞悉作品情感传达之幽微。梁启超是中国现代开启艺术情感研究的重要理论家之一。他将小说的情感感染力分为"熏""浸""刺""提"四种;将中国韵文的传统表情方法概括为"奔进的""回荡的""含蓄蕴藉"的三类,在"回荡的表情法"中又区分出"螺旋式""引曼式""堆叠式""吞咽式"四种。这些分类在今天看来,理论上不一定很严密,但其研究的方向及其细致具体的评析,仍具有重要的借鉴启发意义。这方面的理论资源,还有大量尚待发掘整理,理论家批评家可以研究和运用并重,在提升情感理论修养中,推动情感批判能力的提高。此外,优秀艺术传达的人物情感和作家情感往往不是简单化的而是复杂的,不是浮在表面的而是需要深掘的,可能是悲喜交加,可能是喜怒交错,可能是似喜实哀,可能是悲喜莫名,这都需要艺术理论批评既整体把握,又细察入里。中国传统艺术很少追求纯形式或纯技巧的东西,情感传达的方式、手法、技巧等,很少与情感内涵特征相分离;当代艺术接受外来影响,有很多新的探索,也不乏重形式技巧的尝试,这些都需要具体予以鉴析和评判。当代生活的激变,新媒体的涌现,催生了新的情感体验,也催生了艺术情感传达的媒介、方式、手段等的新变化,这也要求艺术理论批评与时俱进。总之,理论家批评家首先需要回到作品,这是精到体察准确把捉作品情感水准的第一步,也是艺术理论批评的基点。

第三,理论家批评家要胸纳宇宙人生,涵养高逸的情趣情怀。中华美学与艺术最讲求主体的审美胸襟和审美人格。它不是就美论美,就艺术论艺术,局限于审美和艺术的自我天地中,而是和宇宙人生相融通,形成了一种真善美贯通的大审美大艺术的气象与情韵,追求审美至境、艺术美境、生命胜境的汇通,由此也形成了一系列富有民族特色的艺术理论批评范畴,与情感相关联的有情趣、情韵、情致、情调、情味、情采、情气、情态、情状、情性、情意、情志、情理、情景、情境等。这些范畴,关涉了情、意、理、性等关系,强调了它们的联系与互动。更为重要的是其中的大部分范畴,强调了个体之情与整体生命、宇宙运化的深度关联,突出了种种物我交融的个体情感生命的气韵况味,如情趣、情韵、情致、情调、情味等范畴,以及由个体情感生命的美构所创成的情景、情境等主客一体的至美艺术世界。冯友兰在《中国哲学简史》里曾谈道,中国艺术的"动情",往往不在个人的得失,而在宇宙人生的某些普遍的方面。由此,中国审美和艺术中的情感传达,包容了物我、有无、出入的诗性关系。理论家批评家如果没有涵育高逸、超旷的情趣情怀,光有对于情感技巧、技能的知识积累,或者对于情感内涵的客观分析,是难以真正洞悉优秀艺术作品的情感气象的,也是难以深刻把捉伟大作品撼动人心的情感美质的。

文学审美的情感功能[*]

文学作为人类精神活动的一种特殊形态，离不开人类心理的情感要素。情感是文学活动顺利展开的原动力，是文学活动能力的重要标志。它在文学活动中的切入、活跃、舒展、激扬，展现了文学活动独特迷人的审美特性与审美功能，也揭示了文学作为审美活动的人文本义。

一

情感首先是一种素质。作为对象价值与主题态度的体验，一个人情感丰富不丰富，善不善于体现与表达情感，在很大程度上具有先天的生理、心理因素。同时，情感也是一种能力。情感力是指主体对情感发生、感受、处理、表达与创造的综合能力。

现代心理、生理学研究揭示了情感的先天生理基础。心理学把情感界定为人对与之发生关系的客观事物的价值及主体态度的体验。大脑是情感心理活动的生理基础。大脑组织具有先天生理的限定，但人脑机能的发挥和实现程度更取决于后天环境的塑造。一个从小离开人群的狼孩不能使用人类的语言和情感符号，甚至不能直立行走和享受人类的食品。他的人脑机能已经完全退化。事实上，

---

[*] 原刊《江西社会科学》2003年第1期，《中国社会科学文摘》2003年第5期论点摘编。

人作为社会的动物，其一切生理、心理想象都与文化密不可分。正是在这个意义上，我们认为情感是生理、心理和文化的统一。文化塑形不仅可以促使人的情感心理的发展，同时也可以促使人的情感生理机制——大脑皮层下系统的成熟。因此，我们认为，情感力不仅是一种先天条件和素质，也是可以培养引导的。其中，生活实践是情感培养的根本途径，而文化传统与教育方式也具有不容忽视的重要意义。后者在人的情感特征形成与情感力的开拓上，都具有极为重要的意义。

东西方人由于文化背景与教育方式的不同，形成了明显的情感特征差异。如中国人一般不喜欢直率地暴露自己的情感，相对于西方人，显得更为含蓄、内敛。这在很大程度上就是由中国文化塑造的。中国传统文化讲中庸之道，不大喜大怒，注重用比较理性的东西来规范人性。这有一定的合理性。但在中国传统文化中，还常常把情和欲混同起来，似乎讲情感就不好，就比较低级。在这种文化形态的长期积淀与熏陶下，形成了中国人重理轻情、中和内敛的个性心理结构与情感方式。中国的家长最爱孩子，但这种爱更多的是伦理责任，理性成分重，较少甚至根本不注重、不知道去体验亲情中的感性愉悦与感觉状态。他们不去表达自己的情感，也不善表达自己的情感，这在文化层次较低的群体中几乎是一个普遍的现象。

情感是心灵完满和个性完善的必备条件。从康德到席勒，无一不把知、情、意的完善与统一视为人类个性心理结构的必备条件。马克思主义美学更是从人的社会历史实践和人的自我发展的现实统一高度，提出了"把人的全部精神能力——感觉、情感、理智、意志和想象——统一和融合为一个完整的统一体"，把人"作为尽可能完整的和全面的社会产品生产出来"的理想。[①] 知、情、意作为人的个性心

---

① 列·斯托洛维奇著，凌继尧译：《审美价值的本质》，中国社会科学出版社1981年版，第15页。

理结构的基本内涵与基本要素,缺一就不能成为完整的人。在现代社会转型与商品经济条件下,一方面,生产的飞速发展为人的发展开辟着物质基础与前提;另一方面,紧张的工作、功利的追逐、忙碌的生活又使人几乎无暇去顾及情感的需求与发展。情感变成沙漠中的绿洲,成为珍稀之物。散文《渴望亲情依旧》是一篇大一女生的泣情之作。作者描写家庭富裕后,父母在城里造了新房。从此,爸辞去以前的工作,自己经营了一家餐馆,成了实实在在的生意人,妈则当了地地道道的老板娘。

  爸的变化已不只让我惊异,而是让我全然陌生了。他的应酬,他的那帮朋友,早已令他失去了与女儿闲聊一会的心情和时间。偶尔他见我那怅然若失的眼神,只会抛下一句:"哦,我的宝贝女儿,想要什么,跟爸说一声,爸爸保证办到。"我失望地摇摇头,目送着爸爸气宇轩昂的背影,我感到我的心在呼喊:爸爸,你应该懂得女儿需要什么!家离我是愈来愈远了。星期天偶尔回家,那抑郁的气氛也令我有离家的冲动。于是我一个人走出来,走在五光十色的霓虹灯下,想着家,想着爸爸他们称兄道弟喝酒猜拳的声音,想着妈妈搓麻将时高叫"和了"的声音,一股强烈的空虚与寂寞感重重压向心头。一个人沿着街道缓缓地走着,茫茫然望着那被街灯拉长的影子。家啊,我真的好怀念那个被青山怀抱着的小家。

物质的丰裕不能满足作者的情感需求。作者倾诉了"家离我越来越远"的空虚与寂寞。希望回到童年时代其乐融融的家庭氛围中。在只重理性、不重情感的文化氛围中,在只讲实际、无视情感的客观环境中,我们对情感的需求必然会趋向麻木,我们的全部能力和感觉沦为只懂得占有和消费的冷漠偏见和粗野的感觉。面对中国文化所长期孕育的情感态度与情感特征,面对现代社会转型与商品经济条件,情感的培养与开发尤须引起我们的关注。要让每一个人都成为完善的人,要让每一个人都拥有丰富的情感和完善的情感能力,让人类的实践不仅成为按照"美的规律"改造外部世界的创造性活动,也成为按照"美的规律"塑造主体自我的诗意旅程。

二

情感是人性的基本要素,也是人性完善的重要基础。一个完善的人是知、情、意和谐发展的人。情感问题并不是某一个社会的特殊问题。而是人性与人类生活的共同问题。在现实生活中,一个没有情感的人,必然是没有生命活力的人,是个性不完善的人。而在文学实践中,没有情感,也就没有创造力,没有鉴赏的激情。失却情感,文学就失却了动人的魅力与感染力。情感是文学活动的基本能力,也是文学活动的人学本义。文学情感来源于生活情感,但文学情感又具有自己鲜明的特性,具有生活情感所不能取代的特质,即美的特质。

英国著名诗人托马斯·艾略特指出:"诗人的任务并不是寻求新情绪,而是要利用普通的情绪,将这些普通情绪锤炼成诗,以表达一种根本就不是实际的情绪所有的情感。"[①]艾略特的话从一个侧面指出了文学情感与生活情感之间的内在联系及本质差异。其实,文学情感与生活的差别远不止此。

具体来看,文学情感主要具有如下审美特征:第一,文学情感具有超越性。生活情感是即事的、功利的。它总是因为具体事实而产生,有特定的现实因由,并随着现实问题的解决、平息、终结而结束。文学情感则不指向特定具体的现实事件。文学情感是在一定的心理

---

① 《诺贝尔文学奖获奖作家谈创作》,北京大学出版社1987年版,第149页。

距离下,对艺术想象的移情。按照布洛的说法,"距离"就是"通过把客体及其吸引力与人本身分离开来而获得的,也是通过使客体摆脱了人本身的世纪需要与目的而取得的",即"摈弃了我们对事物的实际态度"。① "距离"是进入文学活动的必要条件,因此,它也是文学情感萌生的基本前提。在摈弃了科学的、实用的、伦理的等种种实际态度后,文学活动的主体进入到一个自由的精神境界。他以自由的心态去想象与虚构,以审美的心境去体验与感受。庄子喜鱼,屈原爱橘,激起他们情感态度的并非鱼或橘的物质属性,他们不是商人关注对象能卖多少钱,不是食客关注对象能提供多少营养,不是生物学家或植物学家关注对象的解剖和构造。他们欣赏赞叹的是鱼的自由,是橘的高洁,是对于一种精神姿态、一种精神境界的向往、想象和体认。由此,在文学活动中,审美主体身居贫寒,却可以为作品中人物的富足美满而陶醉;审美主体处境顺遂,也可以为作品中虚拟的灾难毁灭而忧惧。由于超越了直接的现实事件与利害关系,审美主体就可以摆脱实际的、功利的束缚,而进入对人生况味与底蕴的深层品鉴,由此而熔铸的文学情感也就显得更纯粹、更高洁。

第二,文学情感具有普遍性。生活情感总是个体的,是情感主体对特定对象价值与主体态度的体验,它以主体自我为中心,关注的是一己的需要或满足。文学情感则具有普遍性。文学情感是主体审美理想的体现,是对感性个体情感的超越。文学情感具有基于感性又超越感性,立足于个别又指向一般的特点。苏珊·朗格在《艺术问题》中曾指出,艺术家表现的并不是他个人的实际情感,而是他领会到的人类情感。文学情感的普遍性体现了文学活动主体高度的艺术责任感与精神使命感。在文学史上,所有伟大的作家都是人类情感的代言人,他决不沉溺于一己的情感天地中,痴迷于咀嚼个人的悲

---

① 布洛:《作为艺术因素与审美原则的"心理距离说"》,载蒋孔阳主编:《二十世纪西方美学名著选》(上册),复旦大学出版社1987年版,第245页。

欢。杜甫的《茅屋为秋风所破歌》、陈子昂的《登幽州台歌》,既包含了个人生活中的深切体验,又能超越个人的悲情愁绪,体现出广阔、深邃的人生情怀,从而能够超越时空局限,为世世代代诸多仁人志士所共鸣。

第三,文学情感具有开放性。生活情感是个体情感,是以个体为基础、为载体、为目的的,带有一定的内在性与封闭性。文学情感则超越一己的直接功利,对日常生活情感进行审美观照。文学观照的目的并不只是要体验情感、品味情感,更是要表现情感、传达情感。情感的沟通是文学情感表现的根本目的。生活情感往往自生自灭,很少人注意去刻意传达与沟通。文学则通过富有美感的艺术手段和艺术媒介来塑形、传达,从而使情感的体验观照具有可沟通性。"五四"时代,郭沫若抒发了热爱祖国、期待祖国新生的热切情感。这种深刻的情感,借助于凤凰涅槃的动人形象而获得了广泛的传播与共鸣。

第四,文学情感具有蕴藉性。生活情感与具体事物、事件相联系,是对具体事物、事件的直接态度与反映,淳朴、粗糙、自然,具有宣泄性、非还原性、即时性。生活情感总是与特定主体的情景状态相联系。情景条件变化了,具体的情感也就无从捕捉。文学情感则是对日常情感的审美反刍,它不以即时宣泄为目的,而是通过文学内容和形式的完美统一,通过文学形象的建构,通过文学媒介的塑形,来寄寓情感,表现情感,使特定的情感状态成为可供反复品鉴、体味、发掘的审美对象。对爱情的体验是人类情感生活的重要内容。失恋会给情感主体巨大的打击。在日常生活中,情感主体常常采用倾诉、哭泣、喝酒甚至其他丧失理智的行为与方式来达到情感的宣泄与平衡。但许多伟大的作家把这种最深刻的情感体验转化为优美动人的艺术形象,使自己的情感获得了超越与升华。歌德的《少年维特之烦恼》就体现了作者对爱情的深刻体验。歌德与主人公维特一样爱上一个美丽的少女,但少女已经有了心上人。歌德把所有的情感都变成笔下纯情动人的形象,拨动了古今中外无数有情之人的心弦。

第五,文学情感具有具象性。作为主体的内心体验,情感从本质上来说是抽象的、内在的。喜怒哀乐之情孕于主体心灵之中,只有主体自我才能真切地感受。但文学可以通过作家的创作与读者的接受,通过文学想象与文学技能,将抽象内在的情感转化为生动具体的形象。如"愁"是一种内在的感受,在文学作品中却化作了"一川烟草,满城风絮,梅子黄时雨",化作了"一江春水",从而使这种看不见、摸不着的内在情绪变得生动、具象、可感。

第六,文学情感具有形式美。生活情感偏于感性,形式上较为粗糙单一。虽然它也有喜怒哀乐的表达方式及交叉形态,但与文学情感相比,则远为平淡。文学可以运用各种语言手段与形式技巧来强化情感表达,使其生动丰满、鲜明强烈,充满动人的美感。如同样是"愁",既有"一川烟草,满城风絮,梅子黄时雨"的莫名之愁,也有"梧桐更兼细雨,点点滴滴"的闺中之愁;既有"夜半钟声到客船"的思乡之愁,更有"一江春水向东流"的亡国之愁。愁的内涵不同,作者遣词造境也就各具特色,给人品味与遐想的无尽空间。语言的美感、结构的美感、表现技巧的美感、修辞手段的美感,烘托强化了文学情感表现与接受的审美快感,使文学情感更动人,更精美,更有感染力。

总之,与日常情感相比,文学情感形态丰富、内涵充实、底蕴深厚、形式生动、它在感性中熔铸了理性,在激情中熔铸了美感。它比生活情感更具震撼力,更具表现力,更具感染力,更高雅纯粹,更饱满生动。

三

情感是文学活动的表现对象,也是文学活动的基本能力。作为文学活动的表现对象,情感的最终源泉在于生活;作为文学活动的基本能力,情感同样离不开具体的生活实践。生活是情感的第一课堂,而艺术实践对于情感的培养具有非常重要而特殊的意义。作为情感内涵与情感机能的综合体现,从事文学活动(创作和接受),可以使主体的情感内涵趋向丰富、高尚,使主体的情感机能获得锤炼、强化,从而使主体的情感力获得积极有效的提升与拓展。具体来看,文学审美活动的情感功能主要体现为五个方面:

其一,文学审美活动可以丰富主体的情感体验。情感是丰富多样的。朱自清《春》表现了欣喜之情,鲁迅《狂人日记》描摹了紧张与恐惧之情,恩格斯《马克思墓前的演讲》传达了崇敬与惋惜之情。清代评点家张竹坡在小说评点中提出"化身"说,指出作家可以"千百化身",去体验人物与作者的状态。现实生活中,人的直接生活经验总是有限的,文学活动给情感体验提供了广阔多样的天地,即"为我们的情感经验增添了新的东西"①。这种增添既是对直接生活经验中的原生情感体验的突破,更是因为艺术手段的审美参与而构成了完全超越于生活情感的全新体验。通过文学审美活动,可以有效地丰富主体的情感体验。

其二,文学审美活动可以加深主体的情感认知。文学的情感体验不仅是横向展开的,也是纵向拓展的;文学不仅是对情感的表现,也是对情感的反刍。文学不是单纯的生活情感,而是个体情感、生活情感与审美理想的合一。文学通过情感典型化,通过文学技巧与艺术手法生动明晰地表现出经过理性过滤、深含意蕴的艺术情感。如卡夫卡《变形记》运用变形的技巧来表现人在生活中的异化感,又运用一系列动词表现格里高尔成为甲虫后的窘境。这些艺术手段鲜明、强烈、集中地体现出作者对现实的强烈感受和深刻认知,不仅有效地激发了我们对无奈、窘迫、漠然的感知,也成功地加深了我们对异化感及其所映照的社会本质的体认。

其三,文学审美活动可以补偿主体的情感需求。文学审美的情

---

① 克莱夫·贝尔:《艺术》,中国文联出版公司1984年版,第165页。

感功能虽然不是直接的现实的情感的满足,但是它可以通过情感宣泄、表达与交流,尤其是通过情感想象,有效地补偿人对现实情感的需求。在现实生活中,人有很多情感需求是不能或难以得到满足的。长此以往,就会造成人的情感压抑状态,形成负面情感因素的郁结。文学活动通过情感的想象、表现与鉴赏,达到情感的宣泄、转移、倾诉、补偿、交流等多种效应,使负面情感得以疏导。据西方学者研究表明:一般女读者都爱读罗曼史,"因为罗曼史使她们能够暂时摆脱为人妻为人母的琐碎事务……她们从罗曼史中得到的是希望、安慰和知识"[①]。文学史上,武侠和爱情是长盛不衰的两个题材。情与侠本质上正是人对平凡生活的情感想象。西方现代心理学的重要开拓者弗洛伊德对于文学艺术的情感补偿功能与机制极为重视,认为可以通过文学艺术的"白日梦"方式来保持心理与情感的平衡。

其四,文学审美活动可以提升主体的情感品质。文学中的情感是经过审美规范的,不是生理情绪的,也不是情感宣泄。正如维戈斯基所言:"艺术情绪本质上是智慧的情绪。"[②]文学活动过程中,作者的情感体验与表达,读者的情感接受与交流,都包含了对情感的审美评判。因此,文学审美的过程也是情感提升的过程,是创作主体对情感材料、经验的分析辨别、清理评判,是对琐碎、庸碌、功利的个体情感的剥离,也是对纯粹、高洁、理想的美的情感的想象。同时,文学审美的过程也是接受主体感知、体验、反刍文学形象的情感内蕴的过程。文学活动的情感功能是双向的,既指向作者,也指向读者;既是情感发现的过程,也是情感提升的过程。文学情感经过主体审美情感、审美理想的过滤,熔铸了主体对真、善、美的理想与追求,熔铸了主体对人性的发现与思索,熔铸了主体对人生价值与意义的追寻。文学的情感是感性与理性的统一,是情感与良知的统一,它可以净化

---

① 鲍晓兰主编:《西方女性主义研究评价》,生活·读书·新知三联书店1995年版,第63页。
② 列·谢·维戈斯基:《艺术心理学》,上海文艺出版社1985年版,第278页。

人的心灵,提升人的情感品质。

其五,文学审美活动可以提高主体的情感技能。文学运用各种方法技巧来表现情感、表达情感。文学审美(创作与接受)的过程也就是感受、开发、把握情感技能的过程。现实生活中,由于社会、文化、心理等各种各样的因素,我们得以表现或表达情感的机会与场合并不多。文学是情感表现的演练场。文学作品中各种各样的人物表达情感的方式与方法各不相同。这对于作家而言,就是寻找、发现、创造表现手段与表现技巧的过程。美国著名的艺术理论家鲁道夫·阿恩海姆指出:"艺术家与普通人相比,真正的优越性就在于:他不仅能够得到丰富的经验,而且有能力通过某种特定的媒介去捕捉和体现这些经验的本质和意义,从而把它们变成一种可触知的东西。"① 对于接受者言,这是一个感受、体认、评判情感手段与表现技巧的过程。文学家是通过何种手段把内心孕育的情感转化为接受者可以理解和把握的生动形态?情感的内容与形式是通过何种途径交融在一起,而转化成读者可以感知的形象?在把握感知情感内涵的过程中,接受者也在学会情感表现的方法与技能。文学给情感表现提供了广阔的天地,也是帮助审美主体把握丰富的情感技能的佳径。

文学情感的审美特质与功能效应为开拓主体的情感世界、提升主体的情感力提供了现实而有效的途径。在人类思想史上,从古希腊、先秦至今,无以计数的伟大思想家从不同立场、不同角度探讨、研究、呼吁这一问题。但是,在人类历史实践中,审美教育与情感教育仍未获得足够的重视与广泛的展开。笔者认为,一方面,我们不能脱离生产力与生产关系发展所制约的历史实践与现实情感;另一方面,我们又不能放弃"在一切个人的自由时间内,对他们进行艺术教育和科学教育,并且使用大家都能享用的手段"②。在现代社会转型与商

---

① 鲁道夫·阿恩海姆:《艺术与视知觉》,中国社会科学出版社1985年版,第228页。
② 《马克思恩格斯论文学与艺术》,人民出版社1960年版,第371页。

品经济条件下,把人的发展从片面地注重开发外部自然和片面地开发人的内部自然的历史中解放出来,既是文化建设的题中之义,也是社会发展的必要保证。在科学教育早已深入人心的时代,面对民族传统的情感特征与商品经济冲击,审美教育与文学实践尤须引起我们足够的重视与关注。

艺术理论批评语言的美学尺度*

以往我们很少讨论艺术理论批评的语言问题,其实要表达好对艺术现象和作家作品的观点识见,理论批评的语言是不能忽视的。其中美学的尺度也是需要我们关注的艺术理论批评语言的基本尺度之一,这与我们研究和评价的特定对象本身相关联。

从美学角度看,艺术理论批评的语言可重点关注四个"度":一是精准度,二是晓畅度,三是温度,四是力度。

"精准度",要求理论批评要把话说精确、说到位,因为我们表达的主要是观点和思想,一旦表达不精准,就会产生误解,理论批评的效果也不可能达到。精准要靶向明确、靶点到位,文字少而效果好,这也是一种理论概括能力的体现,是理论的基本品格。理论是需要高度概括和凝练的,不能四处开花还没把观点亮清楚。

"晓畅度",即思想观点要让人明白。现在有些理论批评大量引进西方概念术语,很不接地气。也有一些理论家、批评家,以运用艰涩难懂的西方概念术语为高明,其目的不是让人明白其观点,而是借此炫耀其"高深学问"或"前沿学问"。

"温度",不仅要求美学要有温度,还要求人文科学都应有温度。我们的研究对象是人,因此要有人文关怀。艺术理论批评是研究和评价艺术的,而艺术的中心是人。如果艺术理论批评语言没有温度,

---

* 原刊《人民论坛》2018年1月上。

理论家批评家不投入感情,就很难体验和把握对象的精微之处。那种冷冰冰的科学批评、纯客观批评、纯形式批评等,都是远离艺术自身特点的,很难使我们的理论批评拥有烛照人性的光芒、深度、高度。

"力度",是在上面几个度的基础上的一种综合力量。好的理论批评深蕴内在力量,不一定说很多话,文字也可以平实无华,却有一种情怀,有一种感染人和穿透人心的力量。它把艺术的价值、美丑,准确明白地传达给读者,推动和引领读者精神境界和心灵世界的提升,阅读这样的理论文字,本身就是一种美的享受。

关于艺术学理论学科属性和价值维度的思考*

艺术学升级为门类,为艺术学科的发展拓展了广阔的新空间,这既是艺术学科长期自身发展的必然,也是新的形势下国家文化战略发展的需要。艺术作为人类精神的美丽花朵,不仅是人的生命活动和文化活动的一种结晶,也直接与人的生命存在和文化活动相贯通,释放着特定民族、特定时代、特定个体的心灵状态和境界。作为艺术学门类中的理论性学科,艺术学理论是对艺术问题的科学总结和理论前瞻。但是,艺术学理论所面对的对象——艺术——本身的独特性,使得这门理论学科的学科属性相对于其他理论学科来说具有更多的丰富色彩。艺术学理论是一门兼具科学维度和人文维度的理论学科。尤其在当下技术指征和经济指征日益占据突出地位的社会生活中,艺术学理论不仅具有阐释艺术规律和解决艺术技能问题的科学职责,也具有阐释建构艺术价值和生命意义的人文职责。由此,艺术学理论的学习者不仅可以成为艺术研究者、艺术管理者、艺术教育者、艺术传承者、文化阐释者、文化创意者,也应该是一个最普遍意义上的美的热爱者和最具广泛适应性的人文工作者和人文思想者。

---

* 原刊《艺术百家》2011年第6期。

一

艺术学理论是对艺术问题的理论把握。它与其他门类艺术学的区别首先就在于其突出的理论性。美术学、艺术设计学、音乐与舞蹈学、戏剧与戏曲学、广播影视艺术学等门类艺术学也要对其自身发展及其具体问题进行理论研究和总结，但它们一方面直接与各学科自身的艺术实践相结合，另一方面也以直接指导阐释总结自身的具体艺术实践为首要目标。因此，相比较而言，这些门类艺术学科的实践指征就要高于艺术学理论学科。

艺术学理论在艺术门类中属于基础理论学科。艺术学理论也应该责无旁贷地建设并强化自身的理论属性。特别是要处理好与各门类学科的理论之间的关系，处理好整个艺术学科理论总结与理论前瞻的关系。

首先需要认真思考如何与各门类学科的理论研究与总结相得益彰的问题。艺术学理论不仅应具有扎实的门类艺术理论的根基，能够切实阐释指导门类艺术实践；又必须在整个艺术学门类中真正形成理论的高地，成为门类艺术理论的理论指导。为此，艺术学理论不仅要以各门类艺术实践和思想理论为资源，更要拓展自己的学科视阈，广泛吸纳美学、哲学、数学、文化学、心理学、伦理学、宗教学等其他相关思想理论资源，使艺术学理论形成宽广高厚的思想理论根基，特别是对艺术的性质、特点、价值、形态等基本理论问题要能做出深邃的论析。艺术学理论在建构自己的学科理论体系和具体理论内涵时应注意与门类艺术学科间的理论层次和理论侧重点的区别。

其次是要努力把握好对整个艺术学科理论总结与理论前瞻的统一。艺术学理论既需要总结各具体艺术实践的普遍性经验，发现具体艺术实践的共通性问题，也需要预测引导艺术实践的整体发展方向。尤其是后者，是艺术学理论在整个艺术门类中承担的重任。艺术学理论应综合分析各门类艺术思想和具体艺术实践的发展演化，敏锐把握整个社会思潮、文化思潮的发展演变，引领推动艺术思想的变革和艺术实践的创新。艺术学理论应该成为艺术思想新变和艺术实践创新的思潮策源地。

二

艺术学理论对艺术问题的理论把握不应仅仅局限于狭义的艺术活动，尤其不能局限在艺术的技巧和技能的层面。艺术活动与人的生活具有多方面的联系，由此也形成了研究艺术的多种维度。但不管是哪种维度，都离不开与人的联系，离不开对人的观照。人是艺术活动的中心与归宿。艺术学理论的原理研究与技能研究，除了在提升艺术表现技能和艺术欣赏水平上的直接作用外，最终是为了实现艺术的人文关怀。

从学术层面看，艺术学理论研究可分为原理研究和技能研究两大基本方面。艺术原理研究主要是对艺术的本质、性质、特点、价值、对象、种类、形态、结构、媒介、语言、功能等基本问题和基本要素的研究。艺术原理研究既应对艺术的规律做出科学的阐释总结，还应对艺术的发展方向与价值旨向予以导引。关于艺术规律的认识体现了艺术学理论的科学维度，但这种研究中仍然渗透着研究者的个性和人文旨趣。而对艺术发展方向和价值旨向的导引阐发，更是充分体现了艺术学理论的人文维度。研究者自身的人文学养和情致，决定了对这一维度把握的深度与高度。而艺术技能研究则涉及各具体艺术种类的具体表现技法技巧等。对艺术技能的研究总结最忌机械僵硬，所谓"作法"即束缚。这是艺术技能研究科学属性的异化。因为艺术的技能最终还是由活生生的人来实现的，而不是由机器和机械来操作的。"作法"只能提供一种思路和可能，而不能变成一种千篇一律的套路。实际上，无论是原理研究还是技能研究，都应该充分发挥研究者的个性,充分解读原创者的个性。只有这样,才能对某种艺术理论学说、某一艺术技巧作法做出精到准确的把握。因此,艺术学理论两大基本方面的研究,都既是科学研究,也是人文阐释。

人文维度是艺术学理论学科区别于其他自然科学和社会科学学科的重要特点与特征。艺术学理论应充分尊重艺术活动的人文维度。而对中国学者来说,尤其要关注尊重中华民族艺术活动的诗性传统,尊重国人融人生与艺术生活为一体的生存方式取向和艺术审美特征,对艺术的审美内涵、伦理内涵、宗教内涵、哲学内涵、诗意内涵等给予恰当精准的阐释和积极合理的建构。艺术、审美、人生之三位一体,构成了国人生活实践、艺术实践、审美实践的独特方式和特征。庄子被公认为中国艺术精神的突出代表之一。他的逍遥游既是一种生命的境界,也是一种审美的精神。"逍遥"是对无所待的自由生命状态的体认,不受物累,不系功利,物我两忘,与道相契。在逍遥之境中个体生命与万物相融并生,从而进入原天地之美的大美境界。庄子精神主要就是对生命自由高敞精神的体认和呈现。这种精神历来被认为是中国艺术精神的一个重要方面。徐复观先生把庄子精神视为"中国艺术精神主体之呈现",即"不是以追求某种美为目的,而是以追求人生的解放为目的";并且认为"为人生而艺术,才是中国艺术的正统"。在这一点上,"庄子与孔子一样"。区别是庄子的这种人生艺术精神直接由人格中流出,儒家则需要"在仁义道德根源之地,有某种意味的转换"[①]。孔子是中国文化中第一个将德性伦理修养系统化的,而他的伦理学说也内蕴着审美的精神。孔子主张将"道""德""礼""仁"的追求和修养都内化为"游"之"乐",即经过情感的转化由外在的规范而成内在的自觉,强调在社会生活中积极进取、悉心融入的生命过程及其在其中所体会、所升华的精神愉悦。这种生命快乐的本质在于将个体生命融入群体、社会、历史、宇宙的宏大进程

---

① 徐复观:《中国艺术精神》,华东师范大学出版社2001年版,第81—82页。

和广阔图景中,从而使个体生命的得失、忧乐、存亡都有了更宽广的参照系与更崇高的目标。这是在利他中达乐,"乐"在"尽善尽美",是在道德与责任的圆成中完成人格与生命的升华,从而达到"从心所欲,不逾矩"的精神自由与情感舒逸。在此,儒家的伦理人格修养和审美人生境界也达到了统一。由于儒家伦理学说的这种特定维度,儒学也就非常重视诗教、乐教的艺术教育传统。艺术活动和艺术研究在中国文化中较少停留在纯技术层面,而大多与人生、生活相融通,从而也形成了国人独特的艺术、审美、生活会通的生命活动方式和艺术审美方式。对这种人生艺术方式和特点的体认、实践、发挥,在中国现代如宗白华、丰子恺、林语堂等艺术家或艺术理论家身上,余绪绵迤。中国学者的艺术学理论研究就应该充分尊重关注本民族的这种艺术活动特征和艺术精神传统,从而更好地体味阐释总结民族艺术实践的经验与规律,更好地建构提升民族艺术的理论体系,推进引导中华民族艺术更快更好地发展。这样的艺术学理论,也才拥有国人生活的鲜活血脉,成为生命诗学的有机部分,成为艺术和人生共同的理论导引和精神滋养。

三

艺术不仅是艺术家的专利,也应是人的基本生命滋养。20世纪初年,中国现代美学的先驱之一梁启超先生就曾明确提出:"人类固然不能个个都做供给美术的'美术家',然而不可不个个都做享用美术的'美术人'。"[①]他认为,中国人总是把"布帛菽粟"视为生活必需品,而把艺术视为"奢侈品",这是造成"中国人生活之不能向上"的重要原因之一。要通过"极优美的文学美术作品",令国民"美化",将每

---

① 梁启超:《美术与生活》,《饮冰室合集》(第5册文集之三十九),中华书局1989年版,第22页。

个人都涵养成"趣味化艺术化"的人。在这里,梁启超提出并强调了艺术的基本意义和人文维度问题,即艺术对人的养成的问题。"艺术,让人成为人",也正成为中西艺术思想家关注的共同命题。① 在根底上,艺术活动不仅仅是一种职业的劳作,艺术修养不仅仅是一种谋生的技能,更应该是一种生命的需求和精神的尺度。在这个意义上,艺术活动者能够发挥出巨大的创造激情,体验到艺术活动本身的生命诗意。这样的艺术学理论才是有光的,不仅能够引导艺术活动者在技能上更上层楼,推动艺术活动者在知识上丰富完善,也能濡染提引艺术活动者的精神境界和生命境界。而在这个意义上,艺术学理论的科学属性和人文维度也可以实现完美的融合,达成艺术活动的技能要素和精神要素的良性互动。

在艺术学理论的人文维度上,濡染人去热爱生命、享受生命、美化生命就是它的核心价值,而其中情感的研究和培育又是核心中之核心。自康德始,情感作为人的三大心理要素之一,明确地与知意相区分,成为一个与主体的快感不快感相联系的独立的领域。而在中西艺术史上,康德之前或之后,都不乏把情感视为艺术最重要因素的艺术创作家和思想理论家。如雪莱、托尔斯泰、梁启超等,他们或从艺术创作实践中,或从艺术鉴赏和理论研究中,敏锐地洞悉了艺术活动的这一重要秘密。艺术的情感功能是艺术区别于科学活动和伦理活动的本质所在。正是有了艺术对美的情感的建构,才有了艺术作为人类不可或缺的生命实践方式的重要存在意义。人的日常生活,也不乏情感的体验、宣泄或传达等。但与日常生活情感相比,艺术情感更具超越性、普遍性、开放性、具象性、蕴藉性和形式美。通过艺术活动,不管是艺术创作还是艺术接受,都可以丰富主体的情感体验、加深主体的情感认知、补充主体的情感需求、提升主体的情感品质、

---

① 参看理查德·加纳罗等著,舒予译:《艺术:让人成为人》,北京大学出版社2007年版。

提高主体的情感技能。真正的艺术情感必然超越一己的生理、私欲、知性等局限。因此,艺术情感既是智慧的情感和伦理的情感,也是美的情感。对艺术情感的本质、特征、形式、功能等的准确把握,是艺术学理论科学属性与人文维度结合的深层体现,也是艺术学理论真正切入艺术活动内部、切入自我人性深处的关键之一。在这个意义上,艺术学理论不仅是对艺术知识与经验的总结,也是对艺术活动主体生命的精神直观。

随着现代社会经济的快速发展,一方面是科学技术在社会生活中占据越来越重要的地位,另一方面是美与艺术也越来越成为人的生活的重要需求。当前,艺术对人的生活领域的介入,呈现出前所未有的丰富、多样和复杂性。艺术发展中的诸多新现象新问题亟须艺术学理论予以研究和解答。在这个新的全球化时代,艺术学理论的科学属性要求艺术活动培养具有国际视野、适合时代需求、尊重民族特色、富有创新精神的艺术学理论人才,而艺术学理论的人文维度则要求艺术活动不仅要为培养专门的艺术研究人才、艺术管理人才、艺术教育人才、文化创意人才服务,也应为当前的国民素质培育、艺术公赏力提升、情感人格美化服务,为培养普遍意义上的审美爱好者、文化工作者和人文思想者服务。艺术学理论的科学属性和人文维度的结合最终是要实现人的全面发展和个性发展,实现理智的人、道德的人和审美的人的和谐。从而使艺术学理论不仅成为艺术学科的专业基础,也成为经济社会发展、科技工艺创新和人文情感培育的普遍基础。

加强艺术学理论民族学理的建设*

作为一门年轻的人文理论学科,艺术学理论的建设任重道远,既面临着前所未有的历史机遇,也面临着来自学科内部和外部的种种挑战;既有学科自身的个性化问题,也有社会对艺术学科发展的客观要求,以及人类文化发展的长效需求。而其中,一个重要的基础问题,就是如何加强自身民族学理的建设,从而使我国的艺术理论既能在世界艺术理论之林中拥有自己的一席之地,也能更好地服务于艺术实践和文化建设的需要。

我国很早就有从综合的文化的角度认识艺术活动的传统,它源自中国哲学的人生精神和中国文化的诗性思维。艺术、审美、生活、文化紧密相连,凸显了中国艺术理论以和谐理念、人间情怀、诗性品格等为基本特征的"大艺术"理论风貌。当前艺术学理论的建设,就亟须高度重视民族艺术理论的精神传统,在广纳中西滋养的基础上,重新打通民族审美与艺术精神的血脉,夯实艺术学理论的民族学理基石,推进建设既能与世界艺术理论对话又能切实解决自身问题的中国当代艺术理论话语和学理体系。

---

* 原刊《东南大学学报》2014 年第 5 期,《复印报刊资料·文艺理论》2014 年第 12 期。

一

从世界范围来看,艺术学理论是一门年轻的现代学科。1906年,德国学者玛克斯·德索出版了《美学与一般艺术学》一书,正式确立了"一般艺术学"的学科概念和研究对象,催产了一般艺术学剥离于美学的独立。1922年,俞寄凡翻译出版了日本艺术理论家黑天鹏信的《艺术学纲要》一书,书中的"艺术学"即德索所说的"一般艺术学",由此在我国引入了"艺术学"的学科概念。20世纪20年代,宗白华撰写了《艺术学》和《艺术学(演讲)》两份讲稿,在东南大学首次开设该课程。20世纪三四十年代,张泽厚、马采的《艺术学大纲》《从美学到一般艺术学》等论著相继问世。"艺术学"学科的建设在我国初见雏形。[①] 可以说,20世纪上半叶,我国学界积极吸纳国际艺术学独立运动的理论成果,开始了艺术学理论学科建设的第一个阶段。这个阶段的主要贡献,是确立了基本的学科理念、研究对象和研究方法,为艺术学理论在我国现代学科体系中的建设打下了重要的基础。然而我们必须看到,这个基础直接来自西方相关理论的输入,而不是从中国自身的艺术实践中自然生发出来的,也不是从中国艺术思想的实际中发展建构起来的。这样说,不等于否认中国艺术思想和理论资源所拥有的相关成果和特点。事实上,中国艺术思想和观念,一直以来,就有广义的、综合的、文化的取向。但艺术学理论真正作为学科的自觉建设,是从1997年"艺术学"的名称正式列入国家的学科体制后才开始的。2011年,"艺术学"更名为"艺术学理论",正式成为一门独立的一级学科。因此,"艺术学理论"学科若从体制层面来说,还是一个刚刚落地不久的新生儿。当然,一门学科的建设与成长,绝不只

---

① 参见凌继尧:《中国艺术批评史·绪论》,上海人民出版社2011年版。王廷信:《艺术学的学科状态与新的学科设置》,载李荣有主编:《新起点上的艺术学理论》,中国社会科学出版社2012年版。

是体制的问题,它更需要来自学科自身的长期、不懈的自觉努力和科学、艰辛的理性探索。如果说,我国艺术学理论学科的最初胚胎与营养来自西方。现在,我们就非常需要中西结合,发现我们自身的相关基因,打通我们自身的学理血脉,只有这样,才能使这个新生儿在当下中国的文化土壤中健康地成长,在全球化的文化语境中茁壮地成长。吸收一切优秀的理论资源和思想养分,最终都要直面自己的现实,说自己的话,解决自己的问题。唯此,才能使我国的艺术学理论学科从嫁接到自生,对人类艺术实践与理论建设的发展,做出应有的贡献。

二

艺术学理论学科在我国的孕生和确立,是20世纪中国几代艺术学学者共同努力的结果。虽然艺术学理论学科诞生的逻辑前提是现代学科界限的明晰化和独立性,艺术学理论学科建设的理论方法却离不开综合与一般,离不开我国艺术实践和文化发展的实际情状。目前,我国艺术学整个学科门类大家庭中,集聚了艺术学理论以及美术学、设计学、音乐舞蹈学、戏剧影视学等五个一级学科。如果说,后四者是属于艺术学的分类研究,前者就是艺术学的一般研究、综合研究、基础研究。仲呈祥先生曾谈到,在艺术学升门过程中,学界曾有一些说法反对在中国建设一般艺术学,如"没有什么艺术学,只有具体的美术学、音乐学",又如"外国没有艺术学",等等。他认为"一个民族统领全局的艺术学不能没有",外国没有的中国也可以有;并指出中西艺术理论史上都有一般艺术学意义上的思想与文献。[①] 应该说,从中国艺术思想和理论发展的实际来看,对于艺术的综合研究和

---

① 仲呈祥:《中国当前艺术学学科发展的若干问题》,载李荣有主编:《新起点上的艺术学理论》,中国社会科学出版社2012年版,第10页。

一般研究源远流长，是一个比较明显和突出的特点。

从先秦始，中国艺术思想就与伦理、哲学、教育、文化等思想交揉在一起。中国艺术思想的源头，孔子、老庄的艺术思想，首先就是一种伦理思想和哲学思想。如孔子谈的礼乐关系和美善关系，老庄谈的虚实关系和道技关系，都不仅仅是从艺术着眼，而首先是对宇宙、社会、自然、人伦问题的根本性思考。孔子十分重视艺术的道德化育功能，以仁释礼，以乐传礼。他的"乐"涵盖了诗、乐、舞等多个现代艺术样式，是一种综合性艺术活动。孔子将"乐"的审美功能、道德功能、文化功能相贯通，虽然在我们今天看来，有过于重视以善立美的某种偏颇，但他从美善相乐出发，强调艺术内容与形式的和谐，强调艺术的社会责任和文化功能，强调艺术审美和人性的内在关联，对于中国艺术思想和理论的发展产生了重要的影响。如果说孔子是从个体的社会责任出发观照艺术，老庄则是从生命的自然规律出发观照艺术。与孔子从"礼"到"乐"不同，老庄是从"道"到"游"。"道"即本体，"道"在万物。"道"是有无的统一，体"道"乃是神味虚实之妙契和出入之自由。庄子赞美大美不言、得道遗技、虚静无为、心斋坐忘，追求素朴自然的逍遥至美。庄子并没有直接谈论艺术的问题，但无疑是中国艺术精神不可忽略的源头。孔庄学说构筑了中国哲学和艺术思想的根基，在几千年中国文化的发展承续中显示了强大的生命力，孕育了中国艺术思想"大艺术"的独特文化品格和审美特性。孔庄之后，从汉魏经唐宋至明清，随着艺术实践的不断发展，艺术样式的日益丰富和独立，艺术思想和理论对艺术自身构成、内部要素的关注日益加强，乐论、画论、书论等各自独立，涌现了阮籍《乐论》、嵇康《声无哀乐论》等音乐理论论著，谢赫《古画品录》、石涛《画语录》等绘画理论论著，孙过庭《书谱》、张怀瓘《书断》等书法理论著作，以及计成的《园冶》、焦循的《剧说》等园林、戏曲理论论著。这些论著不仅有对音乐、绘画等世界各民族共同拥有的艺术样式的探讨，也有对书法、戏曲等极富中华民族特质的艺术样式的探讨。同时，它们在探讨艺术问题时,也大多延续了孔庄以降将艺术放在社会文化、自然宇宙的大视野中来观照的传统。如阮籍的《乐论》,就把音乐视为"天地之体,万物之性"①,既讲乐有"常数",也讲乐以"化人",把音乐放在自然、个体、社会的大系统中。再如王羲之的《题卫夫人〈笔阵图〉后》,提出了"意在笔前,然后作字"的创作原则,有学者认为这是"书法从单纯的文字符号","朝着'人格化'方向所进行的初步转化"②。中国哲学和文化强调主客、内外、出入的矛盾统一,重视自然、社会、个体的交融和谐,以生命之眼诗情之怀观照自然、宇宙、人生的生生化演,使得中国艺术理论涌现出"大音希声""澄怀味象""气韵生动""离形得似"等一批富有人生底蕴的理论命题和"神思""风骨""玄鉴""境界""机趣"等一批富有人生情致的理论范畴。这些命题和范畴,大都把人情、物理与艺术的形象、意趣相贯通,体现出艺术品鉴与人生品鉴相统一、真善美相贯通的大审美大艺术的理论旨趣。徐复观先生在《中国艺术精神》一书中谈到,"人生即是艺术"③,"人人兼有艺术精神"④,这是自孔庄以降中国文化和艺术的重要传统。这种传统,涵育了中国艺术与思想理论浓郁的人文情韵和文化气象,使得中国艺术理论的许多范畴和命题不是专泥于某一种艺术样式,也不是仅仅局限于艺术自身。"为人生而艺术,才是中国艺术的正统"⑤,由此,也成就了中国传统艺术和思想理论"大艺术"的重要视野与风貌。

中国艺术理论在各门类艺术间的贯通,以及艺术和人生上的密切关联,都为以基础性、一般性、综合性研究为特色的艺术学理论学科的建设,打下了厚实的文化根脉,提供了丰富的理论资源。20世

---

① 王振复主编:《中国美学重要文本提要》(上册),四川人民出版社2003年版,第149页。
② 王振复主编:《中国美学重要文本提要》(上册),四川人民出版社2003年版,第194页。
③ 徐复观:《中国艺术精神》,华东师范大学出版社2001年版,第20页。
④ 徐复观:《中国艺术精神》,华东师范大学出版社2001年版,第30页。
⑤ 徐复观:《中国艺术精神》,华东师范大学出版社2001年版,第82页。

纪以来，我国艺术理论的建设，积极学习与引进西方，尤其是西方知识化、科学化、逻辑化的现代学术范式，但在本民族艺术理论及其精神传统的传承发展上，却一度着力不够，甚至不乏虚无失语之虞。今天，贯通中西资源，打通古今传统，在自觉的、科学的、逻辑的、系统的维度上推进学科化的艺术学理论民族学理的建设，既是我国艺术理论发展新阶段的必然要求，也是当下艺术学理论学科确立以后面临的迫切任务。

三

夯实艺术学理论的民族学理基石，推进艺术学理论的民族学理建设，是我国艺术学理论学科建设面临的重大任务和现实课题。否则，学术推进、人才培养、实践引领都将无从谈起。

中国艺术理论的特点与中国文化的品格密切相连。中国文化孕育了中国艺术理论"大艺术"的气象、视野和方法，涵涌了中国艺术理论以和谐理念、人间情怀、诗性品格等为重要标识的民族元素和民族气质。

中国艺术理论具有突出的和谐理念。儒家文化追求的是人与社会的和谐，道家文化突出的是人与自然的和谐。以儒道为代表的中国哲学的和谐观也孕育了中国艺术的和谐论。如《国语》曾提出："夫美也者，上下、内外、小大、远近皆无害焉。"[①]和谐要求艺术在整体与部分、语言与形象、内容与形式等各种要素的组合上都能把握相辅相成的对立统一关系。"质胜文则野，文胜质则史"[②]，这就是在文与质的关系上没有把握好对立统一的尺度。"乐而不淫，哀而不伤"，则较

---

① 王振复主编：《中国美学重要文本提要》（上册），四川人民出版社2003年版，第194页。

② 王振复主编：《中国美学重要文本提要》（上册），四川人民出版社2003年版，第22页。

好地把握平衡了音乐情感不同质感表现的差别与和谐。特别值得注意的是,中国艺术的和谐美并不是简单地把和谐理解为相同。"和实生物,同则不继。"①"和谐"是相灭相生、相反相成的辩证统一。"和谐"美揭示的是艺术中多种元素对立统一所达成的内外相谐、言意相称、形神相生、大小相应、有无相成、虚实相生的美境妙韵,是在矛盾、冲突、差异中升华的复杂美感,是艺术对事物内在规律与整体法则的深层体味。从儒道的孔庄,到现代的宗白华、丰子恺,中国艺术的和谐理想源远流长,一方面集中体现了中国文化与哲学的核心理念,突出了中国艺术理论的重要旨趣;另一方面,"和谐"的理念在艺术的发展中,也面临着实践的挑战,需要解决实践中提出的新问题。20世纪初,王国维、梁启超、鲁迅等都曾对中国艺术"悲剧""崇高"美感的缺失提出批评。实际上,包括"悲剧""崇高""怪诞""丑"等在内的现代艺术范畴,都对传统艺术"和谐"观的内涵和精神提出了发展深化的要求,需要理论工作者不断予以推进。周来祥曾针对"和谐观"的发展提出了古典素朴和谐美和现代辩证和谐美的概念,体现了理论上的一种积极探索与回应。今天,如何更好地发展提升极富民族特色的和谐美论,回应和引导艺术实践的需要,无疑是中国艺术理论应该去思考和解决的重要而现实的问题。

中国艺术理论具有温暖的人间情怀。"中国文化的主流,是人间的性格,是现世的性格。"②中国文化的理想,既不是科学实证的,也不是宗教幻想的。中国哲人的安顿不在彼岸——天堂,而在富有艺术—审美品格的现实人生中。相对于宗教的超越,艺术的情味在中国人的生活中有着更为广泛的影响。中国艺术对于人生抱着温暖的情怀,能够在矛盾冲突中体味和谐,在虚寂静笃中体味生意。中国艺术活动始终不是为了否弃人生,而是为了在自然、宇宙、个体、社会的

---

① 张岱年:《中国古典哲学概念范畴要论》,中国社会科学出版社2000年版,第128页。
② 徐复观:《中国艺术精神》,华东师范大学出版社2001年版,第1页。

审美观照中,更好地实现"生活的艺术化"和"人生的艺术化"。这就是孔子"从心所欲,不逾矩"的自由,也是庄子"物我两忘"而"道通为一"的逍遥,是一种情感的深沉与超拔,是一种生命的温情与坚守,也是一种心灵的虚静与高逸。中国的艺术理论,谈着谈着,就会逸出艺术而潜入生命与生活,把人格情怀、生命情调、时空意识、宇宙精神都涵入了自己的观照中。观画、品字、赏乐,无一不着人不著情。中国艺术理论,有"小艺术"和"大艺术"之说,"美术家"和"美术人"之喻,前者更多是从艺术的技能角度着眼,后者则涵摄了审美化的生活和艺术化的人。把生活涵成为"大艺术品",这是中国艺术理想的最高境界,由此,在对艺术性、艺术精神、艺术美的理解上也体现出相应的旨趣,在生活、人生、艺术的实践中呈现出相应的态度。中国艺术理论的人间情怀,在根子上就是真善美相贯通的审美旨趣和人生情致。所以,中国的艺术理论不会拘泥于为美而美,为理论而理论,而是体现出生命的慧眼、开放的胸襟、人文的情韵。当然,这不等于把中国艺术理论视为玄学。中国历代的艺术理论,都不乏科学的理性的逻辑的元素,不乏对于艺术技巧技能的精到认知,不乏对于各门类艺术的精深研究。如战国时期的《乐记》,就从音乐的本质谈起,较为系统地论析了音乐的情感、形式、作用、教育诸方面的问题,更不用说《文心雕龙》《艺概》等鸿篇。实际上,科学精神和人间情怀并不是也不应成为对立的因素,这也正是西方现代性发展中需要反思的重要问题。今天,我们应该将艺术理论的科学品格与人间情怀相贯通,吸纳中西艺术理论在思维方法、价值取向等方面的各自优长,结合当下艺术实践与文化建设的实际需要,予以发展推进。

中国艺术理论具有内在的诗性品格。"大艺术"的追求使得中国艺术理论非常关注艺术活动的诗性品格和超越精神,这种由艺术的具象通向精神的诗意的形上旨趣,可以追溯到老庄哲学以及儒家的有关学说。老子建构了"道"的最高哲学范畴。"道"是化生万物的本体,"道"又与万物同在。"道"是有,"道"是无,"道"是自然。体"道"

乃美,既是对形下的体认,也是对形上的妙悟。可以说,老子的至美是有无虚实相生相成的美,体现出崇无尚虚的审美旨趣。庄子进一步发展丰富了老子的思想,他以大量生动的例证,精到地阐析了"唯道集虚"的哲学观和审美理念。"原天地之美而达万物之理",万物之理和至美"道通为一"。除了老庄,以孔子为代表的原始儒家实际上也内蕴着形上之气质。儒家文化最核心的精神是生生的精神,也就是生命的精神。"道"也好,"生"也好,归根结底追问的都是人对宇宙的根源感。儒家由"生"到"仁",强调生命之爱,追求"大生"与"广生",从而由"器"达"道",乐天知命。由物、器、道之间的关系,儒道两家都进而讨论了言、象、意之间的关系,并不约而同地把意视为高于言和象的存在,主张言不尽意、立象尽意、大象无形、得意忘言,从而把审美的目光和旨趣导向了形上之维,并与实存的生活产生了亦实亦虚的诗性张力。中国艺术理论的诗性品格使其孕育了包括趣、境、韵、妙、气、品等在内的一系列即实即虚、富有延展性的民族化范畴,它们往往不是对艺术形象的某种具体技法的总结,而是对其整体性特征和诗意性情致的品鉴,并且往往由艺术而人生,把审美的目光和情怀引向更为超旷高远的天地,重视以艺术的美境高趣来引领人格的提升和人性的化育。在技与道、象与意、形与神等诸对关系中侧重后者,强调艺术创作者不是艺匠而是艺术家,重视他们在人类的精神生活中的引领意义。如宗白华的"意境"论,勾勒了艺术意境由直观感相到活跃生命到最高灵境,也即从情到气到格,从写实到传神到妙悟的美感路径,从而昭示了每一个具体的生命都可以通向最高的"天地诗心"和"宇宙诗心"的自由诗意。这不仅是对中国艺术诗性精神的深刻体悟,也是对诗意的艺术人格和诗性的艺术人生的形象标举。中国艺术理论的这种诗意取向,使得理论本身呈现出感性与理性统一、经验与超验融通的整体性特征,同时也突出了艺术对于生活的张力维度和超拔意义。这种理论方法和价值取向,对于现代社会理性务实的文化特性具有突出的针对性,切入了个体生命存在的某种根基。中国艺术理论在这方面具有较为丰富的资源和自己的优长,需要我们结合当代生活实践和艺术实践予以梳理发展。

中国艺术理论的和谐理念、人间情怀、诗性品格,渊源于中华民族文化的深厚传统,构成了与西方艺术理论认识论方法、思辨性特征、科学化品格相区别的民族化标识,并以其"大艺术"的理论气象和方法视野,凸显了独特的理论品格和突出的人文意蕴。

20世纪以来,学术文化领域漫衍盛行的唯西是瞻、以西观中的立场方法,给民族学术文化的传承发展造成了巨大的戕害。今天,我们应该高度重视民族理论资源及其精神传统的梳理发掘和丰富推进。诚如费孝通先生所言,先需各美其美,再则美美与共。只有这样,才能使我国的艺术理论学科建设,既不失现代的大气开放和国际视野,又不失自身的民族血脉与民族根基,在当前的全球化语境中实现与世界艺术理论的对话与共同发展,并能面对当下丰富多元快速发展的艺术现实予以切实而有针对的引导。

传承优秀民族文化精神
推动当代文艺创新发展*

中华民族有着自己的文化传统和精神积淀。中华优秀民族文化精神，滋养于中华民族的深厚历史土壤，几经开放汇融，是不同文明撞击化生的结晶，呈现了中华文化强劲的生命力和开放包容的襟怀。中华文化基因在历史发展的长河中优胜劣汰。那些代代传承发展、不断践行光大的优秀民族文化精神，是中华民族文化的神髓，如人文情韵、辩证思维、诗性品格等，在民族文化演进和民族文艺发展的历史进程中，产生了深刻的影响。今天，传承弘扬优秀民族文化精神，是在新的历史起点上，接续民族文化血脉，推动文艺创新发展的时代要求和现实课题。

中华文化的人文情韵

人文情韵是中华文化最具根本意义的民族精神之一。中华文化最具特色的就是对人的关怀，对人的现实生存、鲜活生命、具体生活的关切与关爱。这使得中华文化更多地富有泛伦理的色彩，甚至具有一定的泛艺术的特点。在中华文明轴心时代，老、孔、庄等先哲的

---

* 原刊《中国艺术报》2018 年 8 月 24 日。

思想,无不如此,体现出一种哲学、伦理、诗性相交融的特征。如老子的"道",孔子的"乐",庄子的"游",其含义都相当宽泛,是一种在天人合一的本真追求中对人的生存理想的概括和体认,是从哲思走向伦理而呈现诗性,体现出浓郁的人文情韵。

中华文化的人文情韵,味俗而诗情,温情而怡逸,深刻影响了中国艺术的精神气质。首先,中国艺术充盈着温暖的人间情怀,广泛表现于取材、构象、题旨等多方面的趣好。对人自身、对日常生活、对生命体验、对人伦关系等人间百态的描摹抒写,在中国艺术中占有很重要的分量。以文学论,我国最早的诗歌总集《诗经》,开篇即为《关雎》,"窈窕淑女,君子好逑",生动平实地抒写了青年男女的慕恋之情。其305篇,或以草木为名,或以劳作为名,或以动物为名,或以时序为名,均为日常物事情状。相较之下,西方文学最早的史诗,塑造的则是半人半神的英雄形象,如古希腊的《伊利亚特》和《奥德赛》。若论人间烟火之气,未及《诗经》这般浓烈。刘义庆的《世说新语》、李渔的《闲情偶寄》、林语堂的《生活的艺术》等,可谓中国文学这类日常题材和生活情趣的代表作品。而它们的一个共同特色,是在人间烟火中寻求精神之怡逸。这一点,和希腊史诗的剑拔弩张,也是两种不同的况味。日常生活,人间烟火,超旷怡逸,是中国艺术题材构象和文人情趣的重要呈现,也是中华文化人文情韵的民族传统。其次,中国艺术具有浓郁的抒情气质,这与中华文化的人文情韵也是关系甚密。李泽厚将中华文化概括为乐感文化,提出了"情本体"的概念,高度强调了中华文化的情感内核。情本论在中国艺术思想中,有着悠久而深厚的传统。从古代的陆机、白居易、汤显祖,到现代的梁启超、蔡元培、丰子恺等,都主张情感乃艺术的第一要素。中国的书法、水墨画等,无不以浓郁的抒情特质抚慰人心。即使建筑这样的实用艺术,在中国园林的表现中,也是诗情画意,温馨隽永。小说《红楼梦》、小提琴协奏曲《梁祝》、油画《父亲》等,不仅是普遍意义上的中国艺术代表作,也是中国艺术人文情韵的典范呈现,生动精到地诠释了中国艺术家对悲情、真情、深情等的深刻体认,从而超越了对日常题材的简单呈现,有力地凸显了中华人文情韵的温度、厚度、力度。

在当代艺术实践中,传承中华文化的人文情韵,不仅要关怀人,关注人的生活与情感,关爱人的生命与生存,积极推动现实题材的发扬光大。同时,要以理性精神、反思精神等的标举,来丰富艺术人文情韵的深度;以美好人情、人性、人格的引领,来升华艺术人文情韵的底蕴。特别要重视中华文化的人文情韵既是对世俗之我的关爱关切,也是将这个俗我放置在天人合一的诗性命题中,追寻其存在的普遍意义和永恒价值。故此,中华艺术历来崇尚境、趣、格、骨、韵等,着意于延展艺术言、象、意外的诗意时空。今天,推动当代中国艺术表现人文之美,就要深刻理解中华文化人文情韵的丰富内涵和民族特色,不浮不躁,不虚不骄,努力展现出深邃、深刻、深沉的民族文化气韵,形成在题材形象、表现特征、思想题旨等各方面都真正蕴溢着中华人文情韵的优秀作品。

中国艺术辩证法

中华文化高度重视辩证思维,追求张力和谐之美,这对中国艺术思维有着深刻的影响。《五经》之首的《周易》以"一阴一阳之谓道"和"生生之谓易",揭示了天地万物生成变化的根本规律,这是对天地生命本源逻辑的智慧洞悉。天地,阴阳,动静,刚柔,构成了"大生"和"广生",是谓"大德"和"至德",亦是"美在其中"和"美之至也"。这种涵摄一切、化繁驭简、多元统一、张力和谐的辩证意识,超越了哲学思辨、伦理道德、审美艺术之界域,对中国艺术产生了极其广泛深刻的影响。中国古典艺术的概念范畴、理论命题、思维方式、表现特征等,都深受其浸润,衍生出言意、文质、形神、情理、虚实、动静、巧拙、有无等辩证范畴,和大音希声、无法至法、意在言外、韵外之旨等辩证命题,几乎覆盖了中国艺术形象构造、表现形态、技巧手段等各个方面,凸显了对立生成、多元统一、张力和谐的相克相生、相辅相成的辩证神髓。这种辩证思维尊重事物内部、事物之间的丰富差别性和多样矛盾性,肯定在此基础上生成的动态统一美、多元平衡美、张力和谐美,反对将事物及其元素视为单一的、无冲突的、静止的、机械的。

"和实生物,同则不济。""和谐"之"和"早在甲骨文中就已出现,意为"相应",而非"相同",本指歌唱之应和与乐器之和声。单一则无以和,停滞则无以和。张力和谐之美,使得中国艺术的神髓,不会泥于单一因素、外在因素、机械因素。譬如,在形神关系上大多不会走上形式主义的道路,在情理关系上也一般不会崇尚直觉宣泄。宗白华总结中国艺术的特点,提出了艺术美的"复杂一致"性,即"美是调解矛盾以超入和谐",是无限的丰富、生动、冲突化为圆满的和谐,是内在的紧张又满而不溢,无论是音乐的旋律,还是绘画的墨色,高低错落、浓淡相宜,最终成就了饱满而灵动的意境,成就了气韵生动之美,不僵死、不呆板。一个优秀的艺术品,就是一个完整和谐的美的生命体,它与宇宙气象息息相通,妙契无间。艺术作品中,情节的起伏波澜、线索的多元发展、性格的复杂组合、色调的浓淡错落、韵律的变化统一、语词的多姿多彩,还有人物命运的磨难、跌宕等,都是艺术辩证法的生动呈现。

中国传统艺术偏于赏会柔美。发展到极致,就是不敢直面冲突与毁灭。中国艺术对大团圆的偏好,对女性审美的病态,都曾被王国维、梁启超、鲁迅等批评。实际上,这也违背了辩证思维的实质,违背了矛盾统一、相反相成、张力和谐的原则。简单单一,就是简单趋同,必然机械僵化,乏味枯燥。简单趋同往往流至形式上的模仿。如服饰、发型等,往往在某个时段里出现同款流行的现象,是谓时尚,难以持久。在艺术中,也不乏那些追新逐奇之作,往往流于表层庸浅,难成经典。只有参透艺术的辩证法,深刻理解艺术中各要素间的对立冲突及升华超越,理解优秀的作品总是复杂而整一,才能成就耐人品味、动人情思、余韵悠长的佳作。设想无冲突的生命和无冲突的世界,只能是虚假的和谐。生命的生成演化,就像多声部的交响乐,错落有致。心理的矛盾、情感的冲突、伦理的纠结,使人的内心世界活色生香。感性与理性、意志与欲望、意识与潜意识,使生命的展开复杂生动。重视中华文化的辩证思维,就是要超越一切单一的、片面的、机械的、僵死的预设,在艺术实践中充分尊重丰富差别性、多样矛盾性、动态统一性、张力和谐性,实现艺术对生活的升华,实现艺术美的辩证创化。

中华文化的诗性精神

中华文化标举诗性精神,追求高趣至境的在世超越。中华文化不从纯粹思辨去寻求人生真理,也不向彼岸世界去寻求生命解脱,而是既温情于现实具体的生活,又神往于高远超逸的境界。崇尚天人合一,物我交融,有无相生,出入自由,从而构筑起既鲜活生动又高逸超拔的理想生命形态及其在世超越的诗意性。老子的"道",孔子的"乐",庄子的"游",可谓这种诗性意趣的鼻祖。儒道屈禅的交融互补,共同推动了中国文化诗性精神的生成演化。理想人格实现处也即审美人生实现处,这是中华文化最为深刻的美学精神之一,也是中华美学最具特色的文化精神之一,它标举的是一种自在、自得、自由的诗性精神怡乐和诗意心灵遨游,是一种味道、体道、合道的诗性生命解放。张世英先生以万有相通之"自由"喻之。叶朗先生以美的世界之"照亮"喻之。中华文化的诗性精神,引领主体去建构一种对现实的张力尺度,不至完全附丽陷溺于现实,从而去持守一种精神的超逸和人格的超拔。

中华文化的诗性精神,深刻影响了中国艺术的美学理想与美感气质。中国传统艺术的妙悟、玄览、虚静等一系列即实即虚的审美方式,注重的不是语言、色彩、线条等外在形式或单一因素的品鉴,而是对一种整体意境、意蕴、情趣、意趣的诗意领悟,由此去构筑物我一体的诗意天地,化生自由超拔的诗性心灵。故此,中国艺术的诗性美,不仅是对艺术作品的审美创造,也是以艺术审美来超拔人生的文化智慧,是一种审美艺术人生之贯通。它倡扬艺术不将目光局限于自身,而是通向生命生活,通至人生宇宙,以大艺术为尚,重视艺术化的人格陶养,注重艺术美的境趣创构。王国维的"大词人",梁启超的"美术人",丰子恺的"大艺术家"等,都是对诗性人格的形象比喻。宗白华则以"意境""情调""韵律"等范畴,阐释了中国艺术"得其环中"而"超以象外","回旋着力量"且"满而不溢"的生命诗情。一粒沙里见世界。在宗白华看来,艺术叩问了"小己"与"宇宙""小我"与"人类"的矛盾和谐,是以艺术诗心映射天地诗心。

中国艺术在诗、书、画、舞、曲、剧,甚至器皿、建筑中,都崇尚诗意之维。中国艺术的诗性精神,其价值既在温暖的抚慰,也在超拔的力量,是在物我有无出入的两极冲突中,引领主体去把捉一种诗意的张力,既不无望消沉,也不迷失陷溺。是陶渊明的归去来兮,历之悟之,明烛照己,不逐常流,不绝俗尘。也是郭沫若的凤凰涅槃,以毁灭的悲壮,成就新生的欢乐。从中国传统艺术,到中国现代艺术,诗性精神的内涵与风范,既有传承,也有发展。特别是在20世纪上半叶中华民族血与火的年代中,诗性精神所标举的超逸人格风韵与超拔生命姿态,凸显了民族艺术的风骨气韵。

伟大的艺术,缠绵悱恻而超旷空灵,澄观一心而腾踔万象,在苦难中不让我们失去信念,在困惑中不让我们失去理想,在迷茫中不让我们失去希望。在今天这个经济和技术飞速发展的时代,在乱花迷眼的利、名、物、欲面前,在纷至沓来的痛苦、失落、磨难、压力之下,或许没有一个世俗的心灵,不需要诗性的栖息、滋养、引领。脚踏实地,仰望星空。人间诗情,既在艺术,也在人生。

马克思主义与民族文化的建设※

当前,推进民族文化的大发展大繁荣已成为重要的战略课题和迫切的现实课题。在当今世界体系中,全球化的进程必将带来新一轮世界文化交融渗透的局面及强势文化优先扩张的态势。在全球化语境中,民族文化与世界文化的关系如何处理?技术与经济暂居落后态势的民族国家文化又该如何建设与发展?这正是在国际国内形势深刻变化和我国经济社会发展进入新的历史阶段的背景下,当前民族文化建设面临的现实挑战和必须解决的重大课题。马克思主义经典作家关于民族文化建设问题的精神和论断,至今仍给我们重要启益。

一

首先,需要以世界视野发展民族文化。即民族文化建设的目的,是狭隘的民族利益还是宏阔的世界立场,这决定了民族文化建设的品位和高度。马克思指出,随着世界历史的发展,各民族的隔绝状态已经结束:"过去那种地方的和民族的自给自足和闭关自守的状态,被各民族的各方面的互相往来和各方面的互相依赖所代替了。"[①]由

※ 原刊《中外文化与文论》第21辑,钱中文、曹顺庆主编,四川大学出版社2011年版。
① 马克思、恩格斯:《共产党宣言》,人民出版社1997年版,第31页。

此,世界各民族的发展都不可避免地成为整个人类发展的一个方面。"凡是民族作为民族所做的事情,都是他们为人类社会而做的事情。"①实际上,这也就是文化开放与民族承担的关系问题,是民族文化自信、自强、自觉意识与原则的一种重要体现,既不妄自菲薄,也不盲目自大;既有民族承担,又有人类情怀。

以世界视野发展民族文化,需要开放的襟怀与高度的自信,这是民族文化自强发展的必要前提。自清末以来,一方面是异族文化的强势入侵与撞击,另一方面是中国先进知识分子对民族文化复兴涅槃的强烈呼唤与渴望。而纵观中西文明发展的历史,凡是文化繁荣发展的时期,无不是不同文明开放遇合、相触相融、化生推进的结果。如盛唐璀璨的文化正是因为有了印度文明的融入,而战国丰富的思想也是因为有了南北文明的交融。闭关锁国实际上就是一种弱势文化心态,只能成井底之蛙,最后落后挨打。中华民族在封建社会晚期渐趋封闭而终至挨打的惨痛历史教训,也给了我们足够的警示。

以世界视野发展民族文化,需要我们在多元化的民族文化之林中打造本民族文化自身的品牌,充实本民族文化独特的内涵,提升本民族文化的独有影响力。通过实现各民族文化的繁荣,来共同推进人类文化的进步与发展,从而将"为民族所做的事情",真正变成为世界为"人类社会所做的事情"。只有各民族文化的繁荣发展,才能汇聚成世界文明璀璨的景观。而在世界文化景观中,保持发扬民族文化的多元性和独特性是非常重要的。否则,世界文化就将失去其丰富的内涵和发展的内在张力。尤其在当前的全球化语境中,我们更要警惕文化的"单极化""同一化""西化"等倾向。1992年,前联合国秘书长加利在联合国日致辞时曾提出:"第一个真正的全球化时代已经到来了。"②全球化(Globalization)意味着在当代世界由于各民族国

---

① 《马克思恩格斯全集》(第42卷),人民出版社1963年版,第257页。
② 刘锡诚:《全球化与文化研究》,《理论与创作》2002年第4期。

家间的经济、技术联系的空前加强及一体化趋势,政治、文化等也都被织成或将被织成一张有机联系的网。全球化是一把"双刃剑",它既为各民族国家的发展带来了前所未有的新机遇,也进一步加剧了全球化的两极分化,为资本经济和强势文化优先扩张提供了更为便利的条件。作为"冷战"之后世界体系的新特点,全球化的进程,首先就是资本经济与强势文化的输出及世界性进程。全球化背后隐藏的最根本还是资本的利益问题。因此,在全球化语境中,如何保持文化间的相互依存而不被一体化,这将比以往任何一个时期都更为迫切、困难与复杂。因为在资本利益驱动下,在经济与技术全球化的背景下,经济指标、技术指征、消费欲望等上升为一切艺术与文化活动价值评判的首要尺度,而所谓审美的、精神的、人文的价值正在被高科技的技术支撑和商业化的利益目标边缘化。如西方文化工业批量生产出来的艺术制成品、影视大片等,正在大规模地向世界各国倾销。艺术活动的商业化品格,异化了其本应具有的情感趣味与人文价值。这种文化的商业化、实用化趋势,将会导致文化的平面化、单一化。随着它的倾销,以资本文化为核心、以物质经济和工具理性为代表的价值范型也将会得到进一步的传播扩张,而各民族文化的独特内涵、丰富情趣和多元价值将面临巨大的挑战。在"当代艺术家的工作只有当他在对世界的商品有所促进,'叫卖'或'叫座'的时候,它才实现为艺术"[①]的现实中,艺术工作的价值只是增添了经济的数据。这样的艺术家越多,艺术的追求也会越统一到商品化这个异化的单一的趋势上。这样的民族艺术创作很难保证它能为民族艺术的发展和世界艺术的繁荣做出多少自己独特的贡献。

以世界视野发展民族文化,需要一个民族对自身文化高度觉醒,对自身文化的性质、价值、目标、使命等一系列重要基本问题有准确的定位与清醒的认识。要提高对民族文化在人类历史进步中地位、

---

① 曹顺庆、吴兴明:《正在消失的乌托邦》,《文学评论》2003年第3期。

作用的认识,提高以民族文化主动担当人类历史责任的意识,即对民族文化的价值观、先进性、历史引领意义有着高度自觉的把握和深刻理性的认识。世界视野是与民族承担高度统一的。光有世界视野,没有民族承担,就会缺乏文化开放的深层价值支撑、宏阔精神视野和宏观目标导向,就可能会在五色迷离的多元文化景观中彷徨逐流。事实上,随着全球化的进程,各民族国家间的经济、政治、技术、文化的联系空前加强,强势文化的价值旨趣、格调品位等也获得了更多更有利的扩充渗透的机会和渠道。西方文化的商业原则、大众口味、科技指征等正随着现代商业运作模式和资本机制迅速扩散,人的生命情趣和格调、人的生存方式和姿态正在大幅度地被改造。可以说,中国当代文化五色纷纭的景象既是中国社会生活本身急剧变迁的现实反映,也是汹涌而来的西方现代、后现代文化与本土文化复杂交融的结果。必须承认,与中国传统文化景象相比,20世纪80年代中叶以来,中国当代文化正以前所未有的变化速度呈现出令人眼花缭乱的各种新景象、新态势。其中不乏现代性的觉醒、主体意识的强化所催生的对于生命和感性生活的高度重视,对于自我个性和主体精神的高度张扬,对于科学与技术的巨大热情。与此相伴随的还有种种物质主义、技术主义、个体主义、游世主义等文化思潮,这些文化思潮以欲望追逐、感官享乐、讲求实用、追求自我、消解意义等为价值导向,衍生出中国当代文化中颇有代表性的种种新趋势,也使得人性中的某些低、俗、粗、丑的欲望获得了滋长放纵的土壤。但是,我们不可能也不应该阻挡全球化的历史进程,恰恰相反,我们应该通过积极融入这一新的历史机遇而使民族文化的发展跃上一个新台阶。当然,在这一进程中,我们也应该对强势文化扩张、各不同价值体系文化互相渗透所可能带来的复杂影响保持足够的警醒。为此,我们不仅迫切需要在世界视野的开放前提下,积极吸纳化合中西一切优秀文化遗产与思想传统,也需要积极传承打通古往今来民族文化中的一切进步思想源流,立足当下现实进行民族文化体系与精神内核的建构,以理性前瞻和积极应对,进一步在理论和实践两个领域创造性地解决好世界视野与民族承担的关系问题。

我们只有以更积极主动的姿态迎接全球化的文化新态势,自觉将民族文化建设纳入世界文化发展的大视野大格局中,以推进整个人类文化的进步发展为己任,才能使中华民族文化的建设赢得更高的起点和更和谐的外部环境,也才能实现更高远的目标。

二

其次,需要以扬弃胸襟建设民族文化。马克思指出:"现代社会所趋向的'新制度'将是'古代类型社会在一种更完善的形式下的复活'。"[①]这里包含了对传统肯定与推进的辩证扬弃思想。在传统农业社会中,由于地域、传统、习俗等的不同而形成了各具特色的民族文化,也由此构筑了五彩绚烂的世界文化。民族文化是整个世界文化形成的不可或缺的组成部分。但对于传统民族文化,既须保持其独创性与特色,又要在新的时代环境下,在"各民族的片面性和局限性日益成为不可能"[②]的现实下,广泛吸纳其他民族文化的滋养而将其推进发展,使其更趋完善,即更符合新的时代的眼光与需求。辩证扬弃是要求在开放的前提下、世界性的视域中,实现对传统民族文化中落后消极等因素的超越和对仍然有价值有特色的成分的传承,以及符合现实需求的推进。

对于中华民族文化而言,一百多年来,古今交替与中西交融一直就是两面而一体的问题。不管被动也好,自觉也好,异族文化的融入与吸纳强力推进了民族文化的更新与发展。而扬弃应该是更完善的复活,是消除自身片面性与局限性的积极途径,它的出发点不应该是

---

① 《马克思恩格斯全集》(第19卷),人民出版社1963年版,第432页。
② 马克思、恩格斯:《共产党宣言》,人民出版社1997年版,第31页。

民族文化自信的丧失,它的结果不应该是民族文化个性与特色的泯灭,而应是民族文化新的更好的发展。19世纪末20世纪初,文化开放与中西交融的问题就逐渐由被动到自觉,引起了国人的关注。在洋务派师夷长技、戊戌变法制度改良相继失败以后,中华文化应对西方文化的态度逐渐由被动转趋自觉。梁启超是较早对民族新文化建设提出较为系统而深刻主张的思想家之一。与当时或全盘西化或盲目排外的思想方式相比,梁启超是对传统文化与西方文化的关系深入持续思考并逐渐趋于理性辩证的一位重要思想家。他尖锐地批评了文化建设中的两种奴隶性。在《中国学术思想变迁之大势》中,他指出:"凡天下事,必比较然后见其真,无比较则非惟不能知己之所短,并不能知己之所长。前代无论矣,今世所称好学深思之士有两种。一则徒为本国学术思想家所窘,而于他国者未尝一涉其樊也。一则徒为外国学术思想所眩,而于本国者不屑一屑其意也。"①前者未脱"崇拜古人之奴隶性",后者表现为"崇拜外人蔑视本族之奴隶性"。② 这两种文化"奴隶性"都是民族文化发展创新的障碍。梁启超指出当时中国的现状恰如扁舟离岸行于中流,处于中西交融古今转换的关键时刻,既要"勿为中国旧学之奴隶",也要"勿为西人新学之奴隶"。即开放而有选择,传承而有扬弃,主张在开放的前提下以扬弃的胸襟来推进民族文化的进步与建设。他在《欧游心影录》中说:"我们的国家有个绝大的责任横在前途。什么责任呢? 是拿西洋文明来扩充我的文明,又拿我的文明去补助西洋文明,叫他化合起来成一种新的文明。"③这个"化合论"的基本立场是不同的文化各有自己的优长和局限,因此,需要在不同文化的化合中扬长避短,创新发

---

① 梁启超:《论中国学术思想变迁之大势》,《饮冰室合集》(第1册文集之七),中华书局1989年版,第2页。
② 梁启超:《论中国学术思想变迁之大势》,《饮冰室合集》(第1册文集之七),中华书局1989年版,第3页。
③ 梁启超:《欧游心影录节录》,《饮冰室合集》(第7册专集之二十三),中华书局1989年版,第35页。

展。即通过引入新的文化质素来促成旧的民族文化的扬弃和更优秀的民族新文明的孕生。对于如何扬弃化合,梁启超也做了具体的设想,提出四步走的系统建设原则。他说:"第一步,要人人存一个尊重爱护本国文化的诚意;第二步,要用那西洋人研究学问的方法去研究他,得他的真相;第三步,把自己的文化综合起来,还拿别人的补助他,叫他起一种化合作用,成了一个新文化系统;第四步,把这新系统往外扩充,叫人类全体都得着他好处。"①化合与系统的方法立场,体现了梁启超对于民族文化在世界视阈下扬弃传承、创新发展的较为辩证的态度。但是,这种方法立场在20世纪中国文化的发展建设中一度没有获得较好的回应。以20世纪中国文论的发展建设为例子,19世纪与20世纪之交以来,中国近现代文论的许多重要成果都未能进入新中国成立以后当代文论的视域,使得民族文论的传统产生了严重的断裂。当代文论主要向外去另起炉灶。新时期以前,主要接受的是苏联的文论传统。新时期以后,是纷至沓来的西方现代、后现代文论。这些外来的文论确实给当代文论的建设带来了新鲜多元的文学观念与方法论,但从整体上看,尚未与我们民族自身的文学实践血肉交融,未能真正融入我们民族自身的文学实践,未能以我们民族自身的文学话语予以阐释观照并建构起真正有说服力的民族文论新系统。实际上,中华民族文论具有悠久的血脉与深厚的传统,有着体现本民族特色的独特的价值取向、范畴概念、话语方式和体系特征。古代文论的核心精神之一就是文学和人生的紧密关联,文学的境界与精神也是人生的理想与目标。艺术化的生活与人格自先秦孔庄至魏晋名士绵延以降,成为中国文学艺术精神的一种写照。即"'文'不只是文艺,而更是人生的艺术,即审美的生活态度、人生境界的韵味"。② 这种人生与艺术相统一的文学艺术主张和审美文化精神在

---

① 梁启超:《欧游心影录节录》,《饮冰室合集》(第7册专集之二十三),中华书局1989年版,第37页。
② 李泽厚:《华夏美学》,天津社会科学出版社2001年版,第296页。

中国现代文学艺术、美学、文化思想中得到了很好的发展传承,并明确形成了"人生艺术化"的理论表述。"人生艺术化"的理论主张和审美精神,就当时的社会现状来说,是比较超前的,也是无法直接解决当时迫切的社会问题的。但作为在苦难的现实中升华起来的诗性学说,"人生艺术化"主张以美的艺术为武器,以情感的发动和心灵的高翔来激发生命的热情与人生的情怀,发挥"以出世来入世"的精神,来实现对现实小我的超越,达成"大化化我"的审美化生命境界和人格情致。当然,"人生艺术化"的路径试图通过人格和心灵的艺术化来涵养个体、改变世界,这种思想学说无疑有着过于强调精神作用与审美救世的乌托邦倾向,但作为对当时国人萎靡人性和委顿生命的批判与启蒙,作为对现实中世俗物欲和功利主义的批判,作为对现代工具理性和机械理性对人性的分裂和束缚的否定,它在当时和今天都有着积极而独特的意义。因此,对于"人生艺术化"这样的理论主张,今天我们同样需要辩证扬弃。尤其是在当下高度重视技术、物质、效益的社会中,"人生艺术化"的理想和致思之径确实有着它独特的人文光芒。我们应该注重扬弃其过于强调精神作用的消极片面成分,将其置于改造外部世界和塑造主体自我相统一的现实历史进程中,发挥其应对当下新生活挑战的独特诗性价值。

打通中华民族文化的血脉,接续民族文化中一切优秀的传统并推进创新,是中华民族文化在新的时代走向涅槃新生的必要前提和必由之径,而在辩证扬弃中传承创新就是我们在这条道路上前行的阶梯。所有的经验和教训都弥足珍贵,都会给我们更好地从实际出发应对前行道路上的问题提供借鉴。

三

再次,应该重视以文学艺术为代表的民族精神文化的独特属性及其价值。马克思曾将文化分为物质文化、制度文化与观念文化三类,并将社会结构分为经济基础、上层建筑和相对独立高远的文学艺术等精神文化存在。马克思对以文学艺术为代表的民族精神文化的独特属性及其价值有着深刻的认识。他精辟地指出了物质生产的发展同艺术发展的不平衡关系:"关于艺术,大家知道,它的一定的繁盛时期绝不是同社会的一般发展成比例的,因而也绝不是同仿佛是社会组织的骨骼的物质基础的一般发展成比例的。"①马克思既强调经济基础对上层建筑的决定意义,承认艺术生产必然随着现代资本主义生产方式的出现而成为现实,同时,艺术自身的独特属性又决定了某些艺术形式及其特殊性并不会与现代生产方式的变革及其水平同步。马克思指出:"就某些艺术形式,例如史诗来说,甚至谁都承认:当艺术生产一旦作为艺术生产出现,它们就再不能以那种在世界史上划时代的、古典的形式创造出来;因此,在艺术本身的领域内,某些有重大意义的艺术形式只有在艺术发展的不发达阶段上才是可能的。如果说在艺术本身的领域内部的不同艺术种类的关系中有这种情形,那么,在整个艺术领域同社会一般发展的关系上有这种情形,就不足为奇了,困难只在于对这些矛盾作一般的表述。一旦它们的特殊性被确定了,它们也就被解释明白了。"②马克思以古希腊艺术为例,具体分析揭示了艺术生产的这种特殊性:"人类的童年时代,它的生产一般发展水平比现代资本主义社会要低,但是古希腊的艺术却出现了繁荣。"究其原因,"希腊神话不只是希腊艺术的武库,而且是它的土壤"③。希腊神话"是已经通过人民的幻想用一种不自觉的艺术方式加工过的自然和社会形式本身"④。希腊艺术"对我们所生产的魅力,同这种艺术在其中生长的那个不发达的社会阶段并不矛盾。这种艺术倒是这个社会阶段的结果,并且是同这种艺术在其中

---

① 《马克思恩格斯全集》(第2卷),人民出版社1995年版,第28页。
② 《马克思恩格斯全集》(第2卷),人民出版社1995年版,第28页。
③ 《马克思恩格斯全集》(第2卷),人民出版社1995年版,第28页。
④ 《马克思恩格斯全集》(第2卷),人民出版社1995年版,第29页。

产生而且只能在其中产生的那些未成熟的社会条件永远不能复返这一点分不开的"①。因此,希腊艺术"仍然能够给我们以艺术享受,而且就某方面来说还是一种规范和高不可及的范本"②。马克思的这些深刻见解,给我们今天如何发掘、保护、建设以艺术为代表的民族精神文化提供了启迪。第一,应重视古代文学艺术等民族精神文化的特殊魅力,发现、发掘、体认其独有的特点。如以《诗经》《离骚》、唐诗、宋词等为代表的中国古代韵文作品,把中华民族以抒情写意为重的文学风貌体现得淋漓尽致。中国文人的书画,只有黑白两色,以墨的浓淡深浅极尽五色之绚烂,呈现了重意境、轻写实的审美情趣。中国的传统建筑,往往雕梁画栋,曲径通幽,体现了将实用与审美融为一体的美感韵味。中华民族文学艺术的这种独特品性与特殊魅力,与世界其他民族的文学艺术有着一定的差异,需要我们进一步深入发掘、整理、比较、总结。第二,通过对古代文学艺术等民族精神文化的发掘研究,进一步体认特定时代特定民族的精神情状与发展脉络。文学艺术是民族精神文化的一种重要载体和象征,文学艺术作品形象地记录了民族精神文化发展演变的历史。中华民族是一个富有浓情和诗情的民族,与自然万物气息交融,情思往还,深得宇宙生命造化之韵味。宗白华认为中国古代哲人"本能地找到了宇宙旋律的秘密"③,因此,能"静而与阴同德,动而与阳同波"④,能"上下与天地同流"⑤。他把中华民族的这种诗性精神在文学艺术中的突出体现集中到意境的范畴。中国文论中的意境思想在唐代开始明晰,至王国维做了较为系统的理论总结。而宗白华则着重从意境的美感本质和诗意性质入手,进行了深刻的挖掘。他指出意境非模仿自然的客观

---

① 《马克思恩格斯全集》(第2卷),人民出版社1995年版,第30页。
② 《马克思恩格斯全集》(第2卷),人民出版社1995年版,第29页。
③ 宗白华:《中国文化的美丽精神往哪里去》,《宗白华全集》(第2卷),安徽教育出版社1996年版,第400页。
④ 陈鼓应注译:《庄子今注今译》(中册),中华书局1983年版,第340页。
⑤ 陈戌国点校:《四书五经》,岳麓书社2002年版,第127页。

景象,而是山川大地宇宙诗心的影现,"澄观一心而腾踔万象","鸟鸣珠箔"而"群花自落",表现为"直观感相的模写"到"活跃生命的传达"到"最高灵境的启示"三个层次,即由"写实"到"传神"到"妙悟",是"化实境而为虚境,创形象以为象征,使人类最高的心灵具体化、肉身化"①。宗白华说,这种深沉的境地和微妙的境界,是需要"端赖艺术家平素的精神涵养,天机的培植,在活泼泼的心灵飞跃而又凝神寂照的体验中突然地成就"的,是艺术家最深的"心源"在与宇宙"造化"接触时突然的领悟和震动中诞生的。由此,艺术可由具体的色与相直探生命的本源。如"音乐和建筑的秩序结构","直接地启示宇宙真体的内部和谐与节奏";舞蹈的"韵律""节奏""旋动",也"是宇宙创化过程的象征"。② 因此,优秀的民族文学艺术作品,也是中华民族独特的性格情状的生动深刻的写照。通过鉴赏文学艺术,我们也能体悟到中华民族那个"最自由最充沛的深心的自我"③,发现民族精神的特质特征。第三,优秀的古代文学艺术和精神文化产品,今天仍可以给我们的文化建设提供某些不可取代的借鉴与启迪。一定的文学艺术既在一定的时代中孕生,又不与特定时代成必然的对应关系。梁启超在研究杜甫诗歌时,曾经得出这样的结论:"情感是不受进化法则支配的。不能说现代人的情感一定比古人优美,所以不能说现代人的艺术一定比古人进步。"④西方古希腊艺术和先秦艺术所表现的人类童年情感的独特魅力,已经成为我们无法复制和企及的高峰,成为人类精神发展中的灯塔。庄子、屈原、李白、苏轼、王羲之、怀素、

---

① 宗白华:《中国艺术意境之诞生》(增订稿),《宗白华全集》(第2卷),安徽教育出版社1996年版,第358页。
② 宗白华:《中国艺术意境之诞生》(增订稿),《宗白华全集》(第2卷),安徽教育出版社1996年版,第366页。
③ 宗白华:《中国艺术意境之诞生》(增订稿),《宗白华全集》(第2卷),安徽教育出版社1996年版,第368页。
④ 梁启超:《情圣杜甫》,《饮冰室合集》(第5册文集之三十八),中华书局1989年版,第37页。

马远、黄公望、曹雪芹……试想中国文化中如果没有了这一串名字,将会失去多少照亮我们精神世界的光芒。这些精神的灯塔,薪火相传,体现了中华民族精神生命中高洁优美的一面,激发、引领、感染着后人的生命历程,值得我们守望、传承,并在新的时代中发扬、推进。民族文化的发展创新从来都是源流相承,不可能凭空一蹴而就的。让我们在民族文学艺术的璀璨宝库中去展开"美的历程",进行"美学散步",以美的心灵和精神来建设新的民族文化,让古典与现代的遇合在今天的时代和生活中焕发出活力与光彩。

庄子美学本体观释论*

首先,我们必须指出:庄子的美学思想并不是自觉意义上的美学,整个一部《庄子》并非为美的问题而作,庄子的学说是关于人的生存的哲学。从根本上说,就是探讨人的生与死,以及如何完美地生与死的学说。在庄子的学说中,其对理想人生的追求恰与艺术的精神达到了某种内在的神合。① 正是这种神合,才使庄子的哲学为后世无数艺术家遨游其中;也正是从这个意义上,我们才把从庄子学说中提炼出来的有关人的生存审美化本体性思考称为庄子的美学本体观。也由此,要把握庄子的美学本体观,必须将其放到庄子的哲学思想体系中,将两者联系到一起来考察。

一

通观《庄子》全书,"道"是一个贯穿始终的核心概念。何谓"道"?庄子首先做了这样的界定:

"夫道,有情有信,无为无形;可传而不可受,可得而不可见;自本自根,未有天地,自古以固存;神鬼神帝,生天生地;在太极之先而不为高,在六极之下而不为深,先天地生而不为久,长于上古而不为

---

* 原刊《杭州大学学报》1991年第4期。
① 参见徐复观:《中国艺术精神》,春风文艺出版社1987年版。

老。"(内篇《大宗师》)在这里,"道"有这样几个层次的含义:"道"虽"无为无形",但它是真实而有信验的;"道"自本自根,不生不灭,没有时间和空间的局限;先于万物,"自古以固存"的"道"衍生了天地万物,成为万物的本根。庄子认为"物物者非物",即天地万物不可能是由"物",而只能是由"非物"产生的。这个"非物"就是不可见"不可受"又"可传""可得"的"道"(《知北游》)。"天地者,形之大者也;阴阳者,气之大者也;道者为之公"(《则阳》)。"道"既是有形的天地万物的始祖,也是无形的阴阳之气的本源。"道"赋予天地万物以生命并直接地与万物的实体相同一:

东郭子问于庄子曰:"所谓道,恶乎在?"庄子曰:"无所不在。"东郭子曰:"期而后可。"庄子曰:"在蝼蚁。"曰:"何其下耶?"曰:"在稊稗。"曰:"何其愈下耶?"曰:"在瓦甓。"曰:"何其愈甚耶?"曰:"在屎溺。"东郭子不应。庄子曰:"……汝唯莫必,无乎逃物。至道若是,大言亦然。周、遍、咸三者,异名同实,其指一也。"(《知北游》)

这段对话正式以"庄子曰"的形式阐述了"道"是直接存在于一切事物之中的。它既是万物存在的始基——"天不得不高,地不得不广,日月不得不行,万物不得不昌,此其道也";同时,"道"又不是在万物以外、以上的另一个东西。正是因为万物由"道"而生,与"道"同一,故物的实体亦即"道"的实体。从本质上说,世间万物是没有区别的,所不同的不过是外在形式而已。"天地一指也,万物一马也"(《齐物论》),"自其同者观之,万物皆一也"(《德充符》)。这种"天地与我并生,万物与我为一"(《齐物论》)的无尊无卑、无贵无贱的"齐物"的境界正是庄子孜孜以求的理想化的境界。为了寻求万物平等的价值,庄子创作了这个作为万物本根的"道";有这个"道",万物也才拥有了自身独立的价值。在这里,万物与"道"终于齐同了。庄子要求

人们尊重物性,因任自然,这样就保全了物,也即保全了"道"。这样的"道"就是"天道":

> 何谓道?有天道,有人道。无为而尊者,天道也;有为而累者,人道也。主者,天道也;臣者,人道也。天道之与人道也,相去远矣,不可不察也。(外篇《在宥》)

"无为而尊",是庄子的最高憧憬。庄子崇"天道"而弃"人道"。他认为宇宙万物都处在不断的运动、变化之中,万物自生、自死、自方、自圆,都是处于无为而化的自然状态中,这是自然界的运行法则,是天地的存在法则,也是"道"的法则。"天地有大美而不言,四时有明法而不议,万物有成理而不说"(《知北游》)。只有依这个"成理"、这个"明法"而行,才能保有天地的"大美";这个天地的"大美"就是万物的不害物性、不损物身的自然本真的状态,也即无为而化的状态。反之,"人道"之所以累,其要即在"有为":

> 南海之帝为儵,北海之帝为忽,中央之帝为浑沌。儵与忽时相与遇于浑沌之地,浑沌待之甚善。儵与忽谋报浑沌之德,曰:"人皆有七窍,以视听食息,此独无有,尝试凿之。"日凿一窍,七日而浑沌死。(外篇《应帝王》)

这是一个非常有趣的故事。庄子借此生动而精辟地说明了这样一个道理:"大美"存在于自然无为的纯真状态中。"人道"的"有为"损害了物的自然天性,也即损害了物的真性,物的"大美"也就不复存在。所以,只有"无为""不作"的"至人""大圣",才能"观于天地"之"大美",才能达到"原天地之美而达万物之理"的至境。

由此,我们看到了这样一个思维的逻辑:求真即求美,求真即求自然,求自然即求"道",求"道"也就是返归生命的本真状态。

二

在《庄子》书里，"真"在相当程度上是一个与"道""自然"同义的概念。它有两个基本的方面。首先，作为一个认知概念，庄子的"真"并不是我们今天所说的宇宙的客观规律，而是庄子所塑造的那个主宰、支配着万物的宇宙究极的根源的生命本身——"道"，这是隐藏在万物的外形之下的内在的真，生命的活的真。在庄子看来，只有不损害万物的本然真性，让其按照自身固有的规律完全自由地发展，才能保有这种生命之"真"。而一切人为的东西，都会桎梏戕杀生命的"真"：鹤的颈很长，但切断一截会造成悲哀；鸭的腿虽然短，但接上一段会使之痛苦；马在野外吃草饮水，翘足跳跃，这是马的真性，高楼大厦对它并没有用处；鸟在天空自由自在地飞翔，如果把它关起来，即使让它住最美丽的鸟笼，给它吃最丰盛的食物，它也会忧郁而死。"曲者不以钩，直者不以绳，圆者不以规，方者不以矩，附离不以胶漆，约束不以绳索"（《骈拇》），这就是识达了生命之"真"。而陶者治埴，则"圆者应规，方者中矩"；匠人治木，则"曲者中钩，直者应绳"，其结果是破坏了并不欲中规矩钩绳的"埴木之性"（《马蹄》）。庄子借北海若之口谆谆告曰：

> 牛马四足，是谓天；落马首，穿牛鼻，是谓人。故曰，无以人灭天，无以故灭命，无以得殉名。谨守而勿失，是谓反其真。（《秋水》）

"反其真"，也就是返归生命之"真"。对于客体来说，也就是要因任自然，适性而行。

其次，作为一个审美性概念。"真"在《庄子》书中被训为"精诚"：

> 真者,精诚之至也。不精不诚,不能动人。故强哭者虽悲不哀,强怒者虽严不威,强亲者虽笑不和。真悲无声而哀,真怒未发而威,真亲未笑而和。真在内者,神动于外,是所以贵真也。……礼者,世俗之所为也;真者,所以受于天也,自然不可易也。(《渔父》)

"真"解为"诚",在中国古代,是一个比较常见的用法。《说文》将"真"训为"仙人变形而登天也"。段玉裁注指出:"此真之本义也。经典但言诚实,无言真实者,诸子百家乃有真字耳。……引申为真诚。"真诚,即主体对宇宙万物真挚诚信的态度。他认为,用这样的态度去行事,就能达到"功成之美,无一其迹"的至境;达到了这个至境的人,就是"法天贵真,不拘于俗"的"圣人",即"真人"。"真人"是"侔于天""天与人不相胜"的,他"登高不慄,入水不濡,入火不热"(《大宗师》),与"道"达到了冥合神通的状态。在这样的状态中,人与"道"浑然一体。对于主体来说,也就是处于无牵无挂、无隔无阂、任心而发的状态。主体与对象之间的关系不存在任何功利的目的或人为的动机。那么,怎样才能达到这样的境界呢?庄子提出了"心斋""坐忘"这两条途径。"心斋"即"若一志,无听之以耳而听之以心,无听之以心而听之以气!听之于耳,心至于符。气也者,虚而待物者也。唯道集虚。虚者,心斋也"(《人间世》)。也就是说,对于万物,不能仅用感官心灵,而要用"气"去感受。所谓"气",也就是"虚而待物",即以空明的心境去感受事物。所谓空明的心境,也就是要排除内心的一切杂念与干扰,从而与作为万物本根的"道",即生命之"真"、宇宙之"美"相融通。那么,如何才能排除内心的一切杂念与干扰呢?那就必须"坐忘",也就是忘掉自己的形体生命,摆脱由生理而来的欲望;忘掉知识,放弃知识活动,从而"同于大通",即无牵无挂,与"道"融通为一。这样,人才能完全恢复自己的本然天性,才能体悟作为万物本根的"道"——宇宙之"美",进入"美"的境界。可见,庄子的求"美"是寻求一种绝对自由的精神上的境界。可以说，这是一种排斥思维、排斥理智的神秘的直觉境界。徐复观先生指出："庄子的'离形'，并不是根本否定欲望，而是不让欲望得到知识的推波助澜，以至溢出于各自性分之外，在性分之内的欲望，庄子即视为性分之自身，同样加以承认的。所以在坐忘的境界中，以'忘知'最为枢要。忘知，是忘掉分解性的、概念性的知识活动。"①知识在庄子这里，成为生命活动的最大障碍，美的最大障碍。在《天地》篇中，庄子讲述了这样一个故事：

  黄帝游乎赤水之北，登乎昆仑之丘而南望，还归，遗其玄珠。使知索之而不得，使离朱索之而不得，使喫诟索之而不得也。乃使象罔，象罔得之。黄帝曰："异哉，象罔乃可以得之乎？"（外篇《天地》）

"知"不能得之而"象罔"得之，这就是庄子的逻辑。而事实上，我们并不能设想一种脱离知识与思维的生命的真正自由。由此推向极端，只能是对"美"的否定。

  "真"即客体自然本真的生命状态，"真"即主体真挚信诚的情感态度。两者契合，即达到了尊重物性、因任自然的自然即真、真为美的"大美"（即"道"）的境界。由此出发，庄子提出了"故为是举莛（小草）与楹（大木），厉与西施，恢恑憰怪，道通为一"（《齐物论》）的命题。厉，即丑陋的女人。她之所以与西施成为没有差别的人，正是因为她保持了生命的自然本真的状态。与此相反，东施效颦，使"其里之富人见之，坚闭门而不出，贫人见之，挈妻子而去走"（《天运》），也正是因为其违背了自己生命的本真原貌。无饰无伪，不拘于俗，是人的自然的本性；任何矫饰，任何礼义，都是伤害人的自然本性的，也就是损害生命之"真"的。庄子反复申说，用以规范人的行为的礼义，是违反

---

① 徐复观：《中国艺术精神》，春风文艺出版社1987年版，第73页。

人的本性，外加于人的自然本性美的镣铐；而制作这些礼义的人，实际上是"不能法于天而恤于人，不知贵真，禄禄受变于俗"的"愚人"。只有"法天贵真"，"不以心捐道，不以人助天"，才能使人的个性得到顺乎天理自然的发展（《大宗师》）；只有这样，人的生命表现才不是矫强的，而是"真"的，亦即"美"的。

三

"大美"的境界和美的"真人"是庄子理想人生、理想人格的写照，亦是庄子对芸芸众生、沉浊时世的返照。

据马叙伦先生《庄子年表》考证：庄子生于周烈王七年（公元前369年），卒于周赧王廿九年（公元前286年），当值战国中期。这是一个大变革的时代，也是一个大动荡的时代。奴隶制国家已趋崩溃，随着新的封建领主国家相继建立，一方面是诸侯争霸、战乱频仍；一方面是各阶级、集团间的争权斗争此起彼伏。国家间、阶级间的矛盾空前激化，在这样一个激剧动荡的强凌弱、众暴寡的离乱、痛苦的时代，到处充满了权谋诡诈，无辜者横遭杀戮，社会成了人吃人的陷阱。而庄子生活的宋国，宋王偃更是战国有名的暴君，最为荒淫无道、残杀成性。他攻袭、撵走其兄剔成自立为君之后，对外与齐、楚、魏三国为敌，对内沉迷酒色、不纳忠言，群臣有敢于劝谏的往往被他射死，诸侯皆以桀、纣称他。最后，激起了各国的公愤，齐国联合魏楚两国攻灭了宋国，杀了宋王偃。① 在《人间世》《在宥》等篇中，庄子愤慨地揭示了暴君"轻用民死，死者以量乎泽，若蕉，民其无如矣"，"今殊死者相枕也，桁杨者相推也，刑戮者相望也"的惨状。生活于这样一个"九重之渊"般的社会中，作为一个满腹经纶之士，庄子亦不免处于"家贫"（《外物》）、"衣大补"（《外物》）、"处穷闾陋巷，困窘织屦，槁项黄馘"

---

① 参见《史记·宋微子世家》，中华书局1959年版。

(《列御寇》)的窘况,生存无以保障;而作为一个耿介之士,于"游戏污渎之中"真切地体察了下层人民的痛苦生活,庄子又终不能忘怀世事。他认为人间的一切纷争都是"物欲"所累,"是非"所谴。故他告诉人们:世间万物都是由"道"而生,从实质上说,并不存在着差异。所以,一切人与物都有自己的意义和价值,不应执着于物我之别、是非之辩。一个人应该跳出功、名、利、禄、权、势、尊、位的束缚,尊重物性、因任自然,"忘身""游心",而使自己臻于无碍无挂、逍遥自在的境地。这样,才能致达生命之"真",享受人生之"美",从而成就最完美的人生。

尊重物性,因任自然,是庄子人生哲学的核心,亦是庄子美学本体观的基石。在庄子这里,尊重物性,因任自然,不仅是求"真",致"美",也是达"善"。汤一介先生认为:在庄子的人生境界中,美是最高的层次,其次是善,最后是真。也就是说,真是善的基础,善是美的基础。其实在庄子"美"的世界中,"真"是基石与途径,"善"才使最终的目的与归宿。王朝闻先生指出:善是"人对客观现实与主观目的关系的认识",即人的"实践活动的合目的性"。由于主观目的的不同,不同时代、社会,不同阶级、个人,善的观念也是各不相同的。[①] 庄子强调:

> 若夫不刻意而高,无仁义而修,无功名而治,无江海而闲,不导引而寿,无不忘也,无不有也,澹然无极而众美从之。此天地之道,圣人之德也。(外篇《刻意》)

心无所执,澹然无极,这是"天地之道",也是"圣人"致达其"美"、成就其"善"的途径。

"通乎道,合乎德,退仁义,宾礼义,至人之心有所定矣。"(外篇

---

① 王朝闻:《美学概论》,人民出版社 1981 年版,第 33 页。

《天道》确认人的本性无须外力强制的自由发展本身就"合乎德""通乎道",就是最高的"善"。

无疑,庄子"善"的观念是相当素朴的。与"真""美"一样,"善"也回到了最原始的起点——"道"之上。在"道"的意义上,善与美与真获得了统一;在"道"的意义上,真与善包融于最高的美——"大美"之中;在"道"的意义上,真与善既是自身又是美。

这种以"道"为核心的真、善、美统一的美学思想,是相当素朴的美的本体观。在这里,我们清晰地看到了庄子思想所折射的社会投影:这是对社会黑暗、君主残暴、世人互伤、人为物役的反抗与呐喊,也是对世间万物、普通百姓性情价值的肯定与爱护。在这里,体现了庄子所有的素朴与善良,稚拙与成熟。笠原仲二先生指出:"在中国,美、善、真三者关系中,美常常不一定作为善,而善却常常作为美。真在作为意味着是形而上的实体的宇宙根源的、创造性生命的概念的时候,在观念中作为伦理的概念的时候,美、真两者不仅是相一致的,而且在后一种情况下,真又常常是必须与善相一致的。"[①]事实上,在庄子"道"为核心的人生哲学涵盖下的美的本体观中,"真""善""美"三者可以说是本质上完全一致的概念。这样一个三位一体的美的本体观在那样一个时代里,虽不免呈现出划破黑暗的光芒,但终究只能是虽辉煌耀眼却难抵达的"乌托邦"。

四

庄子美的本体观,在一定程度上揭示了美的本质,并在某些方面呈示出独到的眼光和深刻的见地。如其中所包含的对美的客观属性的认识与肯定,对美的人生价值的体验与求索,对美的整体性与自然

[①] 笠原仲二:《古代中国人的美意识》,生活·读书·新知三联书店1988年版,第309页。

性的洞悉与追求,对主体修养、心态的把握与强调,都是符合美的规律的。然而,庄子又不可能真正科学地揭示美的本质。他首先假定了一个既是万物主宰又与万物同一的无为而化的完美的"道"的存在,由此生发出"道"即"自然","自然"即"真"("善"),"真"("善")即"美"的美学本体观。而实际上,这个完美的"道",就是虚缈的。离开客体的属性难以有美,离开主体的创造也难以有美。庄子一方面夸大客体的属性价值,另一方面又抹杀主体的创造意义。如果说,自然界的存在,既有无为、和谐的一面,也有有为、斗争的一面,那么,人类社会也未尝不是如此。人类社会的每一个进步,都是矛盾斗争与和谐运动的结果,都是对既存形态的历史的否定。这种否定不一定都是人类社会自然发展的结果,有时甚至要付出触目惊心却是必然的代价。即如庄子的时代由奴隶制走向封建制,其间的争霸之战,既是对百姓的无情戕杀,又是社会发展的一个历史台阶。马克思在《法的历史学派的哲学宣言》中指出:"十八世纪流行的一种臆想,认为自然状态的人的形象——巴巴盖诺,他们淳朴得居然用羽毛去遮盖自己的身体,……所有这些奇谈怪论都是以这样一种真实思想为根据的,即原始状态只是一幅描绘人类真正状态的淳朴的尼德兰图画。"[1]这种十八世纪的"臆想"与"奇谈怪论"同庄子的思想何其相似。从这种"臆想"出发,庄子要求人们走回比老子的"小国寡民"更为遥远的原始状态之中:"织而衣,耕而食,是谓同德,一而不党,命曰天放"(《马蹄》);要求人们摒弃知识、废除礼乐,从而返归无知无识、无思无虑的所谓"天放"的自然状态中。由此,庄子的人生哲学由愤世嫉俗到否定现实,到排斥理性,到主张无为,由"热肠"终至"冷眼"。[2] 庄子的美学思想从追求绝对自由的精神解放,到认客观的现实生活为丑,斥理性以伪,奉直觉为真,由执着追求美的境界终至否定美的创造。其

---

[1] 《马克思恩格斯全集》(第1卷),人民出版社1956年版,第97页。
[2] 吴调公:《古典文论与审美鉴赏》,齐鲁书社1985年版,第81页。

间,熔铸了多少的悲愤抑郁与无可奈何。对人的本性美的自由发展的孜孜以求,是人类美学发展的理想。但自由的实现,并非存在于冥冥的幻想之中,也非自然而成,恰在于对必然的不断认识、把握与超越。庄子的深刻之处,也正是庄子的不足和遗憾。在庄子的世界里,"天"终于取代了人,"无为"终于取代了创造。由此,庄子的美学理想也终由求真适性的尚实,走向自然无为的幻灭。

在中国美学与艺术发展史上,庄子是一个不容忽视的重要人物。他从本体性的自然心灵出发,力图在个体与社会、艺术与现实的对立中,借助有别于现实异己力量的宇宙自然——空泛而完美的"道"来求得精神的解脱和艺术的升华。由此,其以"道"为核心,真、善、美相统一的美学本体观既表现了对束缚个性自由、威胁个体生存的异己力量的强烈而深刻的批判精神,又弥漫着宿命的情调和虚无的色彩;既表现了对审美的艺术人生的执着追求,又表现了对伦理功利与逻辑理性的全面拒斥。事实上,以儒道为主体的先秦思想包含了中国历代美学与艺术思想发展的一切可能与萌芽。庄子作为道家思想的重要代表,其良莠驳杂的美学思想在汉末以后与先秦各家思想相融、相渗、相异、相斥,对中国美学思想与艺术实践的发展产生了深远而瑕瑜互见的影响。故我们在具体分析评价庄子的美学思想时,必须在知人论世、识书披文的基础上,从庄子美学思想本身出发,结合具体的史实与实际,力求做出客观、公允的考察。

梁启超：以趣味超拔人生*

梁启超、王国维、蔡元培对中国现代美学的重要开拓之一在于积极引入西方哲学、文化与美学的新观念，对中国古代审美与艺术思想予以改造更新，并试图以已所新构阐发的美与艺术的精神启蒙民众、培育民族新人格。他们的这一思路为中国现代美学的建设确立了人生美学的基本格调，而他们各自所阐发的"趣味"精神、"境界"理想、"美育代宗教"理论等，不仅开拓与丰富了中国美学的审美理念与审美精神，也成为中国现代人生论美论的突出代表。

但因为种种原因，梁启超的美学思想屡遭误读。20世纪80年代以来，梁启超美学思想的研究有了一定起色。进入21世纪，特别是近些年，对梁启超"趣味"学说的研究与推进，使其美学思想的特色与价值开始得到较深入、充分的发掘，展现出其较为完整、客观的面貌。

从当下现实和人生立论

梁启超美学以趣味主义人生观为根基，以趣味精神为审美与人生立论。趣味是其美学最为核心的范畴与命题。我曾将梁启超美学思想的发展演化分为萌芽（1896—1917年）和成型（1918—1928年）两个阶段，但不赞同简单将其定位对立为功利主义美学和超功利主义

---

* 原刊《中国社会科学报》2011年3月29日。

美学的观点。事实上，不论是早年从事政治活动，还是后期重点转向文化与学术建设，梁启超对学术、文化问题的思考始终与他对整个民族命运乃至人类命运的思考联系在一起，从当下现实和人生出发来提问。因此，不管是前期突出"移人"与"力"的范畴，还是后期突出"趣味"与"情感"的范畴，梁启超的美学都指向人的启蒙与人格的改造提升，在这个意义上，梁启超绝不是一个唯美的美学家；同时，其现实维度与人生维度又与真情高趣相融，因此，梁启超虽肯定美的功用，但不会成为简单意义上的功利美学家。

梁启超从未专为论美而论美，也没有刻意建构一种静态的美学理论体系，但他随时随地在谈美，他以专题论文、演讲、诗话、词话、书信等不同形式，在谈哲学、文学、艺术、教育、文化、学术乃至宗教、地理时，都不同程度地涉及美与审美的问题，体现了美对人生的介入，关注艺术在审美中的作用，主张以艺术的情感感染力来移人，并最终将这种情感感染力确立为趣味，以趣味人格的建构与趣味人生的建设为最高的目标与宗旨。

以趣味为核心

什么是美？梁启超提出了"趣味"即美的本体性界定。他从中西文化中借用了"趣味"一词，但注入了新内涵，使之既非中国传统文论中单纯的艺术情趣，也非西方近现代美学中纯粹的审美趣味，而是一种潜蕴审美精神的生命意趣，具有鲜明的人生实践向度与精神理想向度。

梁启超认为，趣味的本质就是"无所为而为"与"为而不有"的统一所达成的不有之为。他把"为"视为人类个体存在的本然姿态，把"不有"之"为"视为人类个体存在的理想姿态，强调个体之"为"要超越"有"的两个迷障，即"成败"之忧与得失之"执"，从而达成"不有"的境界，即不执小我之有的趣味美境。而趣味的核心不是有与不有、用与非用的问题,而是小有与大有、小用与大用的问题。在趣味之境,个体可以实现并体验自我与众生、宇宙"迸合"之大有大用,从而体味并享有生命的"春意"即至美。不有之为的趣味之境既是梁启超的理想人生,也是其审美至境,在其艺术视域中突出表现为一种崇高意趣,追求作家人格与作品精神的高尚性;在现实(生活)审美中集中表现为一种创生乐生的生命情怀和超越小我、纵身大化的人格情怀。

以移人为目的

怎样培育趣味人实现趣味人生?梁启超曾提出"美术人"的概念:"人类固然不能个个都做供给美术的'美术家',然而不可不个个都做享用美术的'美术人'。"这可以理解为审美—艺术人格即趣味人格的建构,由此在趣味美和理想人之间架设了一座艺术的桥梁,把趣味化、艺术化的生活视为最高的情感教育与生命教育,认为趣味人格的建构可以在生活实践特别是艺术审美中去涵养。梁启超早起曾提出"力"与"移人"的命题,意识到艺术有独特之"力",可以"移人",但对于"力"的本质和"移人"的核心目标究竟是什么,直到后期"情感"与"趣味"范畴的提出才逐渐丰满明晰起来。"情感"的范畴解释了艺术之"力"的本质规定,"趣味"的范畴使"移人"有了核心归宿。通过趣味,梁启超真正贯通了审美、人生与艺术,并从前期较为狭隘的文学视阈逐步拓展到丰富多样的整体生活与艺术实践领域,从前期较为外在的社会性功能视阈逐渐深入到人与人生的本体性价值视阈。

审美、人生、艺术的同一构成了梁启超美学思想的重要理论特色与价值向度,哲学美论与艺术美论构成了梁启超美学思想的重要两翼。虽然梁启超未刻意去营构理论体系,但其美学思想仍呈现出以趣味为核心、情感为基石、力为中介、移人为目标,融求是与致用为一体的趣味主义人生论美学话语体系,富有自身内在逻辑联系,并折射出鲜明的时代特色、主体特征,折射出中国传统艺术与人生理想和西方经典美学与现代学术文化的多重特征。但是,对艺术在审美提升人生作用中之地位的突出强调,也暴露了梁启超过于强调审美(艺术)救世和精神作用的乌托邦倾向。

整体而言,作为中国现代美学的初创者,梁启超去旧立新的功绩远远超出了其不足与局限,他是第一个明确将趣味由审美和艺术拓展至广阔人生领域的中国现代美学家。"趣味"精神及由此衍化的"生活的艺术化"理想,对中国现代美学与艺术精神传统的发展产生了重要影响。"人生(生活)的艺术化"在20世纪三四十年代成为中国美学、文论、文化思想中的一个重要命题,并以创生、乐生、超我、化我的核心精神弘扬了审美意义与人生价值的统一。

梁启超文论创构与当代文论建设*

随着20世纪中国近现代思想文化发展的历史整体性日益引起国内学界的关注,作为中国近代文论的重要代表和现代文论的重要奠基之一,梁启超文论的学理意义亦日渐凸显。

梁启超在19至20世纪之交的中国艺术变革与文化演化中发挥了重要的作用。今天,面对文化会通与理论流变的现实语境,总结梁氏文论的内涵与特点,追寻梁氏文论的精神与方法,不仅是还梁氏文论以客观原貌,我以为,这也将是对以梁氏文论等为代表的中国近现代文论传统的总结与发掘。这种总结与发掘,对于当前民族文论话语的重构与民族文化建设,应该是具有积极的意义的。

一

从19世纪末到20世纪20年代约30余年间,梁启超写作和发表了一批与文艺有关的文字与言论。首先,大家较为熟悉的有成于19世纪末至20世纪前十来年的《译印政治小说序》(1898年)、《论小说与群治之关系》(1902年)等。这批文字是我们过去研究最多并据以给梁氏文论定性的主要材料。其次,20世纪20年代,梁启超集中发

---

* 原刊《广州大学学报》2006年第2期,《复印报刊资料·文艺理论》2006年第10期全文转载。

表了一批关于艺术与文学的专论,如《中国韵文里头所表现的情感》(1922年)、《屈原研究》(1922年)等。这批文字最具理论内涵与价值,体现了梁氏对文艺问题的深入认识与文艺现象的独到感悟。特别重要的是这批文字具体集中体现了梁氏力求融会中西,以解决中国文学、艺术、审美诸问题的实践与探索。这批文字是梁氏留给我们的关于文艺与审美问题的最宝贵的财富。此外,梁启超与文艺联系密切的文字还有零散的《书籍跋》(1893—1928年)、《画跋》(1924—1928年)等以及绝稿《辛稼轩先生年谱》(1928年),这些文字不仅见出梁氏广泛的艺术兴味与良好的艺术修养,也常可领略他的洒脱性情与独到见地。

总的来看,梁氏文论主要涉及了以下重要命题。

首先就是对于文学观念更新与文体审美理想变革的呼唤。戊戌变法失败后,改良派把主要精力由政治改革转向思想启蒙,从而启动了以文学改革为载体的近代文学革命。具体来看,文学革命主要体现为诗界、小说界、文界这"三界革命"。"三界革命"在配合资产阶级思想启蒙上确实起到了重要的作用。同时,就文学自身发展来看,"三界革命"在文学观念更新与文体审美理想变革上,也具有不容忽视的重要意义。这一点过去发掘得还是有限的。梁启超是"三界革命"的领军人物,他对于诗、文、小说等三大文体,均提出了新的美学构想。关于新诗,他提出:诗歌改革的根本在于精神的变革;精神变革在作品中的体现主要是"新意境"的创造;新意境在形式风格上应符合国人的审美传统,在语言上应倡导以俗语为标志的"新语句"。关于新体散文,梁启超提出:散文创作的目的不为传世,而为觉世;散文变革要从内容到形式实行全面的变革;散文语言应力求通俗化,可兼容中西。关于新小说,梁启超则提出:小说可借"写实"与"理想"两种基本手法构造"现境界"与"他境界"两类艺术境界;可借"熏""浸""刺""提"四大艺术感染力,达成强大的"移人"之功;悲剧与崇高应成为新小说的重要美学取向。可以说,在"革命"的旗帜下,梁启超推出了新的文体审美观:即弘扬觉世之文,欣赏悲剧与崇高的美感;主张形式与语言的革命,提倡自由多样的表现方式与艺术风格;颠覆传统文坛的文体价值定位,将小说推上文坛正殿,使诗、文、小说并列为中国现代文学的三大基本文体。"三界革命"虽不是一次完全彻底的文学革命运动,却是中国有史以来第一次将文学观念的变革置身于中西文化撞击的大背景中,以异域文学为参照系,自觉追寻中国文学观念变革与新生的思想运动。梁启超关于"三界革命"的思想倡导与理论实绩,在客观上破开了钳制中国文坛千年之久的传统观念与价值体系,推进了以西方哲学、文化、美学、文学思想为重要质素的新的文学观念的破土与文体理想的萌发,从而在客观上构筑了20世纪中国文学观念与艺术审美理念由传统向现代演进的必要阶梯。①

其次就是关于文艺实践中情感与个性的问题。梁启超强调情感是文学的生命,明确提出了"艺术是情感的表现"②的重要命题。他认为情感之真是艺术之美的基础,而想象力的活跃又是艺术情感的基质。同时,他指出情感需借精到的技巧才能表现到位。他对中国韵文及其表情方法做了较为系统的总结,归纳出中国韵文"奔迸的""回荡的""含蓄蕴藉的""写实派的""浪漫派的"等五种表情方法,还就杜甫等重要古典作家的表情方法做了具体的研讨。此外,梁启超不将情感神秘化、抽象化,而是坚持艺术情感与生活的现实联系。他辩证地指出,情感与生活既互相联系,又有各自运行的规律。艺术作为情感的表现,不与生活本身的客观价值成正比。梁启超也明确提出"作者个性"是文艺批评的重要着眼点之一,指出光有体现共性的时代背景或时代思潮不能构成文学的特质。有个性的文学家,其作品必须具备内质之"真"与表现之"不共"的完美统一。同时,梁启超还把艺术的情感表述为"个性的情感",强调艺术实践中情感体验与

---

① 参看金雅:《文学革命与梁启超对中国文学审美意识更新的贡献》,《云梦学刊》2003年第3期。
② 梁启超:《饮冰室合集》(第5册文集之三十八),中华书局1989年版,第37页。

生命的"迸合"，要求在艺术审美中陶养情感，从而达成人生的真趣味。从这个标准出发，梁启超对屈原、陶渊明等古典作家做出了深入的解读。梁启超对于艺术情感与个性的弘扬，实质上也是对以善为根基的中国传统文学审美理念的冲击，呼应了近现代世界文学发展中关于"人的解放"的呼唤。①

其三是关于艺术崇高精神与风格的弘扬。从第一篇引起广泛关注的文学论文《论小说与群治之关系》始，梁启超就把艺术精神与风格的变革提到了重要的位置上。他对中国传统文学的精神弊病多有抨击，其最厌恶的就是游戏恣肆、赏心乐事、厌世萎靡之态。他批评中国传统文学"缺少高尚的情感与理想"②。如传统文学中的女性形象，乃以恹弱病态为美，充斥的是猥亵绮靡之情。梁启超谈道，奔进的表情法"西洋文学里头恐怕很多，我们中国却太少了。我希望今后的文学家，努力从这方面开拓境界"③。正是在中西比较和古今变革的宏阔文化视野下，梁启超提出了艺术精神与风格变革的重要问题。在多篇论文与演讲中，梁启超均提出了对"可惊可愕可悲可感之作"的弘扬，对"精深盘郁，雄伟博丽"之气的激赏，对艺术中的"痛"与"泪"的肯定。他甚至把黄公度创作的军歌誉为"中国文学复兴之先河"。在艺术精神与风格审美中，梁启超所提倡与弘扬的是与传统的和谐型审美理想相对举的崇高型美学理想。梁启超虽然并未直接以"崇高"来命名他所标举的艺术精神与艺术风格，但他以所评析的多种艺术境界和概括的审美意象，弘扬了艺术的崇高新境。

四是艺术中的真善美关系及艺术教育的问题。梁启超强调，求

---

① 参看金雅：《梁启超"三大作家批评"与20世纪中国文论的现代转型》，《文艺理论与批评》2003年第2期；金雅：《梁启超的"情感说"及其美学理论贡献》，《学术月刊》2003年第10期。
② 梁启超：《饮冰室合集》（第5册文集之四十三），中华书局1989年版，第71页。
③ 梁启超：《饮冰室合集》（第4册文集之三十七），中华书局1989年版，第72页。

美先从求真入手,"真"的要点就在于细致的观察和客观的态度。同时他又指出,艺术之真不仅是把握自然之真,更是表现心灵之真。值得注意的是,梁启超还进一步指出,真文艺不一定就是美的艺术。他说:自然派文学"把人类丑的方面、兽性方面,赤条条和盘托出,写得个淋漓尽致,真固然真,但照这样看来,人类的价值差不多到了零度了"①。这段话不仅触及了生活之真与艺术之美的关系问题,实际上亦引入了艺术中美与善的关系问题。融真善美为一体,是梁启超对艺术的一种根本性追求。真在梁启超的文艺思想中主要表现为对情感与个性的呼唤,善在梁启超的文艺思想中则主要体现为对人生责任的呼唤。梁启超非常重视与强调情感的意义和价值,但他又提倡情感教育;他高度肯定人生的趣味,但又倡导有责任的趣味;并且认为情感与趣味的陶养是艺术家的基本职责。艺术家应该以美的艺术去陶养受众,实现艺术情感教育与趣味教育的真谛。

五是艺术审美品格与主体趣味生命建构的问题。艺术的意义与价值是什么?这是伴随梁启超艺术思想发展演化的一个根本性命题。早年的梁启超把艺术视为启蒙的工具,体现出艺术观上的他律论倾向。晚年,梁启超对艺术则逐渐转向本体性思考,提出了趣味与情感这两大本体性范畴。总的来看,情感是梁启超艺术美论的中心范畴。由情感的实践功能,梁启超把"力""移人"等范畴统一到具体的艺术活动中,不仅研讨了三者之间的关系,实际上,也考察了由情感到移人的具体路径,从而也贯通了艺术与人生同一的重要命题,把艺术审美实践提升到陶养主体趣味生命、培养人生趣味姿态的重要价值定位上。艺术、人生、审美的有机融合,不仅提升了人生实践的美学意蕴,也提升了艺术实践的哲学意蕴。梁启超关于艺术审美品格和主体趣味生命建构的思想,实际上也是中国现代文艺与美学思想中"人生艺术化"命题的一个重要渊源。这个命题最为集中鲜明地

---

① 梁启超:《饮冰室合集》(第7册专集之二十三),中华书局1989年版,第13—14页。

体现了梁氏文论的人生论特色。

作为中国现代文论的开新之人,梁启超所论问题较为驳杂,理论建树与缺欠也相互交杂。但综观梁氏文论的主要命题及观点,我认为它在以下几个方面对于中国现代文论的建设具有重要的意义:一、对艺术情感问题做出了富有现代意义的较为系统的论释。涉及了情感的本质、特征,艺术情感的表现类型、作用特征、价值功能等重要问题。其中相当一部分观点具有理论的深度与创新意义。二、明确肯定了作家个性在艺术中的意义与价值,并将其作为艺术美评判的一个重要标准。以此为理论基础,对中国古典代表性作家做出了新解读,使这些耳熟能详的传统作家凸显了全新的价值意义。三、弘扬艺术精神新变的意义,尤其是对崇高型艺术精神风格的发掘与肯定,有力地冲击了传统的和谐美理念,推动了艺术美意识的丰富与变革;四、提倡文学文体的探索与变革,高度肯定了在中国传统艺术中长期没有地位的叙事型文学体裁——小说的价值,第一个较为深入且颇具系统地探讨了小说的艺术特征与艺术感染力。五、强调了艺术实践与审美教育的重要意义,将其视为趣味主体建构的重要实践途径,突出了文学不仅是一种鉴赏性实践,也是主体心灵与人格建设的本体性活动。

二

梁氏文论是上一百年之交的历史产物。反思梁氏文论,也是对20世纪中国文论的一次理论寻根。梁的理论意义主要表现为中国文论现代转型的一个重要的历史阶梯,而不是过程的完成。我们无须讳言它的某些不足与局限。扬弃为了新生。这正是梁氏文论研究的当代意义,也是梁氏文论研究的基本立场。

在中国现代文论初创期,梁启超自觉地以现代西方学术范型为参照,对于中国传统文论的思维模态、概念范畴、理论范式、研究视阈及研究方法等予以了拓展。同时,梁启超并非一味崇洋,他对中国传统文化予以了高度的重视,并力图融汇古今而创成新格。尽管作为先驱者,其理论建设在诸多方面有所不足,但在客观上对于中华民族文论的创新起到了重要的探索与示范的作用。具体而言,我以为这种作用主要表现在以下四个方面。

首先,梁氏文论拓展了中国古典文论的思维模态。中国古典学术思维是一种重整体把握、重直觉体悟的思维方式,较少逻辑分析与理性推理。这种思维方式的优点是凸显了研究对象的具体特征,但带有模糊性、朦胧性与随意性。清代重要的思想家叶燮在《原诗》中对文学理论研究的对象进行了分类,他将客体对象分为理、事、情三类,将主体能力分为才、胆、识、力四种,不再把对象作为混沌的整体来把握。但《原诗》式的理论思维方法在中国传统学术中实为异类。梁启超在《科学精神与东西文化》中对中国传统学术的病症进行了尖锐的批评,指出中国传统学术的第一个毛病就是思维的笼统,它表现为"标题笼统""用语笼统"和"思想笼统"。近代以后,随着西学传入中国,尤其是西籍的翻译,与西方科学相联系的逻辑思维方法才真正传入中国。在此,梁启超、王国维等现代文论先驱都对文学研究思维模态的变革做出了重要的贡献。《论小说与群治之关系》《中国韵文里头所表现的情感》《美术与生活》等文是梁启超借鉴西方思维模态的重要文本,他在论文中主要运用了逻辑思辨的方法,分类剖析,条理清楚。梁启超的文章流播甚广,他对文学研究思维方式变革的意义不能忽视。思维方式的转换是深刻的观念转换。章亚昕先生在《近代文学观念流变》一书中指出:"梁启超以新思维见长",是"近代文坛上承前启后的人物"。[①]

其次,梁氏文论融汇吸纳了中西文论中的概念范畴,并将其纳入自己的理论体系中,对其内涵做出了富有特色的新的界定与阐释。

---

① 章亚昕:《近代文学观念流变》,漓江出版社1991年版,第112页。

如趣味、力、熏、浸、刺、提、移人等范畴。这些范畴从文字术语来说，不是梁启超的首创，但梁启超很好地抓住了这些字词的固有特质，又从自己对艺术的理解与感悟出发，做出了独到的阐释。同时，在梁的文论体系中，这些范畴互为贯通，它们的共同特点是关注艺术审美心理，重视艺术审美实践，强调艺术审美功能，体现出富有时代特色的人文倾向与科学精神，从而也推动了中国现代文论范畴的开拓与创新。譬如1902年，梁启超在《论小说与群治之关系》一文中，第一次涉及了"理想派"与"写实派"的划分。1919年，梁启超在《欧游心影录·文学的反射》中，以"浪漫派（即感想派）"和"自然派（即写实派）"来概括19世纪欧洲文学思潮。1922年，梁启超又在《中国韵文里头所表现的情感》一文中再次提出了"浪漫派"与"写实派"的概念，并就其创作方法与表情特点做了进一步研究。"浪漫派"与"写实派"的区分可以说是20世纪中国文论的核心范畴"浪漫主义"与"现实主义"的鼻祖。虽然，王国维在《人间词话》（1908）中也涉及了"理想与写实"的划分，并有巨大的实际影响，但这组概念在中国的理论滥觞当在梁启超。从现有资料来看，首先是梁启超从日文翻译的西文术语中借用演化过来。这组概念虽非梁启超原创，但对20世纪中国文艺美学思想与理论批评产生了极为重要而深刻的影响。

再次，梁氏文论突破了中国古典文论的理论范式。与研究思维相联系的是理论的形态。思维特征决定了理论表述的形态特征。与整体把握、直觉感悟的思维方式相联系的就是中国古典文论的代表形态——诗话、词话与小说评点。它们注重对作品的具体赏鉴，零星而不系统，很少提高到理论的高度进行分析、总结、研究。梁氏文论则主要采用了专题论文的形式，对一个问题进行相对集中的研究，既有概括论证又有条分缕析，体现出与传统文论不同的范式特征。如《论小说与群治之关系》《中国韵文里头所表现的情感》《中国之美文及其历史》等文，中心论点明确，思路清晰，有分析有论证，理论色彩较为鲜明，与中国古典文论的鉴赏式批评有了很大的差别，其对中国文论理论形态的丰富与发展无疑有着重要的推进作用。当然，梁氏文论中也有少部分《诗话》与《小说丛话》等非现代理论文本形态。还有相当一部分专题论文在论证上有粗疏之弊，或在多篇论文中谈及同一个理论问题，他的论文还饱含着浓郁的感情色彩，这些都在某种程度上冲淡了其文论的理论色彩。但是，梁氏的大多数专题论文每篇均有自己的中心论题，有自己的明确观点，有自己的论证层次。应该承认，梁启超实际完成的大量文论文本明显地体现出自觉向西方现代学术范式靠拢的努力。梁启超文论对于中国古典文论理论范式的突破，对中国现代文论形态的建构具有重要的转型意义。

此外，梁氏文论积极拓展了艺术研究的视阈与方法。19世纪中叶以后，随着现代科技的发展及其对思维方式的冲击，西方艺术研究的视阈与方法有了极大的变化。心理学方法、结构主义方法、发生学方法、人类学方法等都在艺术研究中占据了一席之地。传统艺术研究的一统模态逐渐被打破。随着西方思潮的涌入，中国传统艺术研究的视阈与方法也有了突破。作为一位善于吸收与化合的思想家，梁启超是较早吸纳运用现代西方心理研究、比较研究等方法，进行具体的艺术研究与批评实践的理论家与批评家之一。如他在《屈原研究》中运用了心理研究的方法对屈原及其作品进行阐释评价。他对屈原作品本身内涵的分析所花笔墨不多，而将主要精力放在作家个性的解读及作品与作家个性的关系上，为我们描画了一个内心充满矛盾、个性鲜明强烈、具有满腔的爱国热情与远大的政治抱负的多情、多血、多才的性情中人的形象，从而提纲挈领，将屈原的人品与作品贯通起来，精辟通透地把握了屈原及其作品的特质。这样的研究完全不同于传统的局部感悟与评点，确实为中国文学艺术审美与批评带来了新的视阈。因此，梁启超的《屈原研究》被某些学者视为"最早全面评价屈原其人及其作品""突破前人传统格局"[①]的新范本，是

---

① 肖承罡：《论梁启超评屈原》，《嘉应大学学报》1997年第4期。

"楚辞研究史上方法论的一大飞跃"①。

关于梁氏文论在中国文论发展和现代性转型中的重要意义正日渐引起学界的关注。有学者从中西文化交汇、引进西方文论入手，也有学者从古今文化传承、革新中国文论入手，还有学者从梁氏自身的理论个性与理论创构入手，对其进行了分析与评判。实际上，作为一个承前启后、开一代风气之先的先驱人物，其不足与局限几乎是必然的存在。梁氏文论中思维的偏激、分析的粗疏、认识的局限都屡有所现。但我以为，这并不妨碍其成为中国文论现代转型的重要开拓者与奠基人之一。其文论的发展演化为20世纪中国文论的现代转型提供了重要的先导，成为20世纪中国文论模态孕生的重要渊源。

三

自鸦片战争始，救亡图存的严峻社会主题，中西撞击的复杂文化环境，中国传统文化日趋泥滞缺失生气的现实，使得中国思想界的一批时俊不约而同地把目光投向了民族命运之复兴和民族文化之新变相统一的历史性课题中。执着地为建设一个新的富有生命力的民族新文化而论争、探索、开拓，是中国近现代民族文化的主要价值走向。在这个呼唤激情与责任、呼唤热血与睿智的民族性思想文化旅程中，梁启超正是其中的一个承前启后、开创风气之人。他积极吸纳呼应"西学"又不轻易盲从时流，他具有坚实的民族立场又始终对民族文化的新生保持了热切的诉求。同时，作为一个思想家型而非书斋式的学者，梁启超总是从当下的现实出发来思考与提问，具有自觉而强烈的问题意识。综观梁启超的文论建设，其贯穿始终的两大问题，一是新的民族人格与民族精神的建设问题，二是中西交融与民族性的关系、古今交替（转换）与当代性的关系问题。

---

① 徐志啸：《近代楚辞研究述评》，《思想战线》1992年第5期。

梁氏文论的精神内核是什么？那就是艺术、人生、美之同一的诉求。艺术是生命情感与趣味之美的重要实践途径。通过艺术实践与审美鉴赏来追寻、品味、创造生活之美，培养高尚的人格精神，是梁氏文论的核心追求。梁启超强调艺术不是少数人的专利，不是高高在上不食人间烟火的存在。他认为"人类固然不能个个都做供给美术的'美术家'，然而不可不个个都做享用美术的'美术人'"，因为"'美'是人类生活一要素——或者还是各种要素中之最要紧者"。① 梁启超接受了康德美学对人的心理要素的智情意三分法，认为美感与美感的"业果"——文学艺术，作为精神的表现形态之一，主要联系于情，是人类精神获得"解放"与完善的必要途径。特别是后期，梁启超突出了文艺实践中的情感范畴与趣味范畴，从而使得艺术实践与人生的同一不仅在感性具体的层面上来践履，同时也上升到哲学的高度，成为人生境界的终极性理想。梁启超提出人生的艺术化就是"劳动的艺术化""生活的艺术化"，是"把人类计较利害的观念变为艺术的、情感的"。这样的生活才是"最高尚最圆满的人生"，才是"有味的生活"。② 情感与趣味的思想提升了梁启超文艺思想的哲理意蕴与美学意蕴，也使其艺术与人生同一的思想体现出自身的特色。梁启超的人生论艺术精神不是一般地强调人生与艺术的同一，而是强调艺术直接面向最广大的低层民众、强调艺术关注人的个体生命的完善、强调艺术关注个体生命与众生宇宙运化的联系，同时他又敏锐而牢牢地抓住了艺术本身的情感特质，强调艺术自身的美学规律。中国传统文化是非常重视人生艺术化的。梁启超对儒、道、释三家文化传统都有涉猎。他的人生艺术化直面个体生命活动和社会人生实践的同一，期冀以高洁的艺术精神来改造重建个性化与社会化相统一的理想人生。这种极富启蒙意向的人生论艺术精神在20世纪中国

---

① 梁启超：《饮冰室合集》（第5册文集之三十九），中华书局1989年版，第22页。
② 梁启超：《饮冰室合集》（第4册文集之三十七），中华书局1989年版，第66页。

现代艺术和美学精神的发展中留下了深刻的烙印。但是梁氏文论的这一精神资源的价值在当代文论建设中远未获得充分的发掘。

梁氏文论的方法特色是什么？强调开放与新变，重视化合与新构，力求融时代、民族、主体需求为一，是梁氏文论创构的基本方法立场。19世纪20世纪之交，西方思想文化对中国传统思想文化产生了强势冲击，中西撞击催生的也是古今的交替。流亡日本尤其是欧游后，梁启超接触了大量的西方文化。他本人国学根底非常深厚，又兼收并蓄自信独立，且敢"与古今中外贤哲挑战决斗"。他指出："我国文学美术，根柢极深厚，气象皆雄伟，特以其为'平原文明'所产育，故变化较少，然其中徐徐进化之迹，历然可寻。且每与外来宗派接触，恒能吸收以自广。清代第一流人物，精力不用诸此方面，故一时若甚衰落，然反动之征已见。今后西洋之文学美术，行将尽量输入。我国民于最近之将来，必有多数之天才家出焉，采纳之而傅益以己之遗产，创成新派，与其他之学术相联络呼应，为趣味极丰富之民众的文化运动。"①对于文学艺术，梁启超也是既讲化合，又重创新，希望融会中西文化与自身体验，创构适合民族现实的新的文论体系。中国传统文论主要运用赏鉴的方法，采用即兴式的点评，表达对于作品形象、情境、语言、技巧等的感悟。西方文论则以逻辑思辨为基础，注重理论分析与论证，强调理论本身的科学性、严密性和结论的明确性。梁启超的文艺研究也试图把中西文论的基本方法特征融会贯通。他的大量文艺论文都注重逻辑框架的搭建，并运用逻辑思辨的方式，分类剖析，概括总结，有清晰的层次条理和明确的观点结论。同时，梁启超的艺术感觉非常敏锐，艺术感受力极强，他也运用诗话、词话等传统文论模式点评作家作品。总的来看，前期文论两种形态都有运用，后期文论在基本框架上大都采用西方逻辑模式，对一个问题进行集中研究，理论色彩较为鲜明，但同时文中又屡有精彩的赏析与点

---

① 梁启超：《饮冰室合集》（第8册专集之三十四），中华书局1989年版，第79页。

评。再如在《屈原研究》中,梁启超独辟蹊径,从屈原的自杀入手,研究屈原的个性及创作特色,并引入了浪漫主义、现实主义等全新的概念范畴,指出:"屈原是情感的化身";"欲求表现个性的作品,头一位就要研究屈原"①;"楚辞的特色,在替我们文学界开创浪漫境界"②。这种研究角度与结论,既吸纳了西方的艺术观念与理论术语来阐释屈原的创作与作品,强调个性、情感与创作方法的运用;同时也延续了中国传统文论的体用理念与人生倾向,融入了发自内心的感悟与体会。再比如,梁启超在文论概念的创构上也注重化合创新,富有自己的特色。他将趣味、力、熏、浸、刺、提、移人等中西文化中的名词术语吸纳过来,重新进行艺术上、审美上的阐释与界定,从而使得这些概念术语成为中国文论中的新范畴,也成为其论析文学审美价值与情感功能的重要范畴。

四

20多年来,文学理论在新时期改革开放的时代背景下,有了长足的发展。与此同时,各种纷至沓来的新思潮、新观念、新方法也常常令人有目眩五色之感。其实,开放、创新、发展都是必然的。但作为一个理论工作者,我们也始终要追问:我们创新的根基是什么?我们创新的目的是什么?

过去很长一段时间里,我们常常以功利主义与非功利主义的简单划分来臧否各种文艺思想,判定其价值意义。问题如此简单吗?我以为,不管研究哪种思想与理论,首先必须确立两个基本前提。其一是必须还原到其萌生的具体历史文化语境中去认识。其二是必须还原到其特定的学科特质上去认识。不必讳言,梁氏文论的一个突

---

① 梁启超:《饮冰室合集》(第5册文集之三十九),中华书局1989年版,第49页。
② 梁启超:《饮冰室合集》(第4册文集之三十七),中华书局1989年版,第81页。

出品格就是追求思想与实践、学术与人生的统一，也就是强调学术的求是与致用的统一。求是与致用的关系问题在一定程度上也是20世纪以来中国包括文学在内的诸多学科所面对的普遍性问题。尤其在20世纪前半叶民族矛盾尖锐的现实背景下，这个问题有着更为突出的意义。学术应该回归自身，这是学术的本义与使命。然而，不论在哪一个时代，脱离人生的学术实际上都是无法想象的。作为人类文化的一种结晶，学术不能脱离人所生存的现实历史环境。而作为人文学科，文学所呈现的必然是人的价值向度，是与人的生存与生命息息相关的意义视阈。在这样的一个领域，我们应该弘扬的并不是不食人间烟火的所谓纯学术，而应是以人生为终极关怀的人文学术。这种学术旨向决不能与学术自身的使命相背离，不能与学术的本性与规律相背离。它应该在坚持学术规律的基础上体现人文关怀与人生旨向。这种学术旨向与将学术作为政治手段、无视学术自身特点的工具主义倾向具有本质的不同。应该承认，在梁启超的早期文学论文中，致用性非常突出。他又喜作惊人之语，把文学的社会功用几乎强调到无以复加的地步。这种偏激的言辞使人印象深刻。尽管在早期的论文中，梁启超也注意到了求是与致用统一的问题，并且在观点的论证上力图以学术话语作为背景。他注意到并重视学术的内在逻辑问题。对文学尤其是小说的艺术规律有较精到的见地，体现了很高的美学修养。但是这种努力及其成果由于其前期突出的社会政治目的和极力强调这种目的的话语方式，而多为人所忽视或诟病。同时，梁启超与一般的政治实用主义不同。梁启超的政治功利取向又始终与人文启蒙理想相统一，使其文论走向带有一种内在的人文意蕴。特别是进入20世纪20年代后，梁启超虽仍坚持学术的致用性，但已从直接的政治目的中剥离出来，以人文建设为底蕴，将学术思考与文化思考相统一，在文艺思想建设上取得了丰富的成果和突出的贡献。梁启超从审美的角度研究、阐释、批评文学，系统地建构了艺术趣味与情感的理论，并将审美鉴赏与人格建设相统一，为文学艺术的审美功能和启蒙功能的统一开辟了一条自己的道路。中国传统艺术理论主要是创作论与鉴赏论,很少从本体论、价值论乃至存在论的角度,将艺术、美、人相关联;传统批评主要是对艺术技法、艺术形象的品鉴,很少对作家个性与精神特质予以解读;传统批评主要是对作品的具体品评,很少从整体上观照作家与作品的精神关联。梁启超则以趣味原则为核心,冲破了传统文学考据与品评的基本方法,以宏观的视阈与气度着重对作家的精神个性做出解读。梁启超的文艺思想重视审美实践与美育实践的内在统一,建立了美—人—人生之间的逻辑链条,既强调美对于人的本质意义,也强调个体对于社会的责任与价值。我以为,对于当下生存的关怀、对于理想人格的憧憬至今仍是艺术学科必须面对的重要理论问题与实践问题。新的世纪之交,中华民族已经以自己崭新的形象崛起于世界历史舞台。我们所面对的历史文化语境与梁启超的时代早已不可同日而语。但是,梁启超文艺思想所关注的国民性即现代人格建设的问题,审美、艺术、生活的关系问题,在当前仍然是一个现实而迫切的问题。人文学术的人生走向和文化走向在当前仍然具有现实的意义。当然,我们不能以现实问题来取代学术问题。对于文艺学科来说,一方面是如何坚持其艺术与审美的特质,另一方面则是如何弘扬其作为人文学科的价值指向与实践导向。不管建设的具体道路如何,文学理论作为人文科学,应该真正融入现实的生命历程与人生实践中。艺术和美不仅是一种风雅,也应该成为我们生命本身的姿态。在这个问题上,梁启超文艺思想的具体发展演化也已经为我们提供了正反两方面的有益启思。

在梁启超的时代,面对西方文化,全盘西化者有之,盲目排外者有之,而与这两种倾向比之,梁启超对传统文化与西方文化则表现出一种更为清醒而辩证的姿态。他的文化建设"三论"和"四步走"策略,具体体现了其对民族新文化创构中中西交融与民族性的关系问题、古今交替(转换)与当代性的关系问题的深刻思考与远见卓识。

第一是文化"结婚论"。梁启超认为中国文化应迎娶西方优秀文化（即"西方美人"）为自己的文化育出"宁馨儿"。第二是文化"化（冶）合论"。梁启超认为要将不同文化的特质化（冶）合，产生第三种更好的特质。第三是文化"系统论"。梁启超指出中华文明的责任不仅仅是建设自我，还要对人类全体有所贡献，要把中华文明融入到世界文明的大系统中去。而从世界文明的视阈来看中华民族文化的建设，梁启超认为要坚持"四步走"策略：即第一步要尊重爱护本国文化；第二步要用西方方法去研究西方文化以求得其真相；第三步要把自己的文化综合起来，用其他文化来补充，最终化合成一个新文化系统；第四步要把这个新文化系统往外扩充，使全人类获益。梁启超还指出这样的一个新文化系统不是一蹴而就的，要花几十年的时间去建设与实现。他以饮茶为例，对民族文化的承续关系做了生动的比喻，指出茶精之不灭，颇似一国文化之特质，是历史的沉淀，欲避不能。因此，梁启超认为要光大民族文化，最佳的方法是在民族文化特质的基础上"淬历之而增长之"。应该说，在梁启超的时代，一大批有识之士都将民族文化变革与新生的希望投向了西方文化。引入异质文化作为参照系，确实对中国近现代文化的新变产生了极为积极而重要的作用。梁启超曾是这个领域中的一个急先锋，主张要"无制限"地吸入。然而，正是在对西方文化大量吸纳的现实过程中，梁启超又发出了"今日非西学不兴之为患，而中学将亡之为患"的独到警示。这一警示，不仅在梁启超的时代，在"五四"以后的文化环境中，在整个20世纪中国学术文化发展的历史进程中，都具有振聋发聩的意义。就20世纪中国学术文化发展演化的整体历史进程而言，我们无须讳言"五四"以后民族文化精神的某种断裂。在20世纪中国文论发展的历史进程中，西方模式与话语难道不是逐渐占据了压倒性的地位，日渐置换了我们自身的话语意识？开放是历史的必然。但我们是否需要思考如何开放？在什么立场上开放？开放的最终目标又是什么？在上个世纪之交，梁启超、王国维等一代宗师率先以宏阔的胸襟奠定了中国近现代文论的开放视阈,并实践着化合与新构的探索。当然,开放的具体形态与新构的实践模式在不同思想家那里,有着各自的具体特点与各不相同的实际面貌。若就学术创构中的民族性、民族立场与民族意识而言,梁启超在那一代文论开拓者中无疑具有突出的鲜明性与自觉性;而就学术创构中的世界视阈而言,梁启超也毫不逊色。民族性不是我们拒绝外来文化的理由。民族文化的世界视阈也必然是民族文化新生的重要内质与指向。在现当代文论发展的很长一段时间里,由梁启超等所代表的具有世界性视阈的自觉的民族性立场未能获得很好的传承与弘扬。我们常常顾此失彼。以致在20世纪末,许多学者纷纷惊呼中国文论的"失语"。当然,梁启超的文论创构并非完善完美。作为先驱者,他有时代的局限;作为理论家,他有个体的局限。但是,他以富有生气与特色的理论成果,为我们展示了一个思想家的真实探索步履,也为我们留下了一些值得深思的话题。

丰子恺：真率之趣构筑的大人格 *

日本学者吉川幸次郎说，丰子恺是中国现代最像艺术家的艺术家，非因多才多艺，而在其真率。真率之趣，是丰子恺追求的"远功利""归平等"的艺术精神、艺术之心、艺术之美的要旨。

丰子恺虽以漫画最负盛名，但广涉艺术领域，在画乐诗书中穿梭自如，画境、乐韵、诗意、书情相融相通，构筑了一个充满真率之趣的艺术审美世界。在丰子恺笔下，"童心"是真率的生动画卷。丰子恺赞誉"童心"不经造作，纯洁无瑕，天真烂漫。"童心"无所为，无所图，故能清晰看见事物的真态。"童心"物我无间，一视同仁，故万物均有灵魂，能泣能笑。丰子恺把"童心"看作人生最有价值的最高贵的本心真心。但他倡导"童心"，并不是要人真的回到生理意义上的孩童状态，而是标举一种自然热情真率的"孩子般的心眼"，倡导一种艺术化、审美化的真率心灵。丰子恺认为，这是"人生的根本"，也是成就"大艺术家"的"大人格"之根本。

丰子恺将"儿童"与"顽童""小人"相区别。先来看"顽童"："一片银世界似的雪地，顽童给它浇上一道小便"；"一朵鲜嫩的野花，顽童无端给它拔起抛弃"；"一只翩翩然的蜻蜓，顽童无端给它捉住，撕去翼膀"。"顽童"是非艺术的，缺乏"艺术的同情心"和"艺术家的博爱

---

* 原刊《文汇报》2018 年 12 月 7 日。原题"丰子恺诞辰 120 周年之际，再度回望他的艺术审美世界：真率之趣构筑的大人格"。

心",常常"无端破坏"与"无端虐杀"。"顽童"虽顽劣可恼,但尚存一丝天真,那颗爱美体美的"童心"暂时蒙垢,尚未激活。在《少年美术故事》中,丰子恺刻画了一个叫华明的男孩,本来是一个"毫无爱美之心,敢用小便摧残雪景"的顽童,但通过和一对酷爱美术的柳家姐弟的交往,从只喜欢美女月份牌和红红绿绿的花纸,到情不自禁陶醉于水门汀上的参差竹影,提升了艺术修养和审美情趣。因此,"顽童"是可以教育陶染的。

丰子恺最憎恶的是"小人"。"顽童"是少不更事的孩子,"小人"则是自甘沉沦的大人。他们在成人的过程中,"或者为各种'欲'所迷,或者为'物质'的困难所压迫",渐渐"钻进这世网而信守奉行","至死不能脱身,是很可怜的、奴隶的"。"小人"完全失却了真率,虚伪化、冷酷化、实利化,是顺从的、屈服的、消沉的、诈伪的、险恶的、卑怯的、傲慢的、浅薄的、残忍的。对"顽童",丰子恺是惜之;对"小人",丰子恺是不齿。"小人"与真率、与美的艺术精神完全背离。

丰子恺将艺术家称为"大儿童",区别于生理意义上的孩童。"大儿童"以真率抵御功利和欲望,抵御"大人化"的社会,而保有美之"童心"。因此,艺术家这个"大儿童"比起真正意义上的小孩子,具有更高的自觉的美(艺术)的修养、品格、境界。丰子恺提出"最伟大的艺术家"就是"胸怀芬芳悱恻,以全人类为心的大人格者",是"真艺术家"。"真艺术家"即使不画一笔,不吟一字,不唱一句,其人生也早已是伟大的艺术品,"其生活比有名的艺术家的生活更'艺术的'"。

以"真率"之"童心",创化艺术之生活,这是丰子恺恢复人之天真和人性之美的要途,也是他憧憬的万物一体的最高的艺术论和人生论。在丰子恺诸多极具个人风格的散文作品中,生动描摹传达了这种平凡、诗意、动人的真趣。《颜面》《楼板》《梦痕》《看灯》《吃瓜子》《两场闹》《胡桃云片》《野外理发处》等,无不是我们身边的寻常物事、寻常场景、寻常人物。那些在一般人眼里不免流俗的生活和平庸的人物,丰子恺用他的真率之心体之、感之、观之,竟丰盈了不一般的情趣与味道。20世纪20年代，丰子恺曾写过一篇短文《姓》，全文仅500多字。开篇先说自己姓丰，交代这个姓在其故乡只他一家，且只有他父亲一人中了举人，跑到外面也很少听说此姓，故全家很为自己的姓氏自豪。在他十来岁时，有一次听闻米店新来一个姓丰的伙计，母亲大姐都很好奇，一定要寻根究底查验清楚。文章满溢温情与机趣，人物栩栩如生，触手可及。丰子恺调侃自己说，"一向何等自命不凡地做人，总做不出一点姓丰的特色来，到现在还是与非姓丰的一样混日子，举人也尽管不中，倒反而为了这姓的怪癖，屡屡大麻烦"，人家或"误听为冯"，或疑"造假"。结尾写道："最近在宁绍轮船里，一个钱庄商人教了我一个很简明的说法：我上轮船，钻进房舱里，现有这个肥胖的钱庄商人在内。他照例问我'尊姓？'我说：'丰，咸丰皇帝的丰。'大概时代相隔太远，一时教他想不起咸丰皇帝，他茫然不懂。我用指在掌中空划，又说：'五谷丰登的丰。'大概'五谷丰登'一句成语，钱庄上用不到，他也一向不曾听见过，他又茫然不懂，于是我摸出铅笔来，在香烟篚上写了一个'丰'字给他看，他恍然大悟似的说：'嗄！不错不错，汇丰银行的丰！'嗄！不错不错！汇丰银行的确比咸丰皇帝时髦，比五谷丰登通用！以后别人问我的时候我就这样回答了。"自然流畅，平而不凡。如话家常，妙趣谐思。有点点尖刻但更蕴温馨温情，极具生活化又洞明通达。画龙点睛，但不着说理之痕。寥寥数语，人性之秘卓然目前。作者以真率洞透平凡琐细甚至委琐痛苦，字里行间蕴溢的则是幽默恬淡、自然悠阔。一如他脍炙人口的画作，《晓风残月》《翠拂行人肩》《花生米不满足》《宝宝两只脚，凳子四只脚》等，有生活，有性情，有诗意，简单，自然，真率，让人不动容都难。

  思念，关爱，欢愉，悠然，惆怅，悲郁，旷怡，丰子恺以真率之趣、精妙之笔触摸生命，真切蕴藉，深挚浓契。让我们不由感叹，这个场景，这个物事，这个人物，就在我们身边，存在了好久，发生了好多次，相遇过那么多，我们却忽略了。我们的心蒙翳，无以相感，无以共情，不闻鸟鸣，不视花颜。因为我们在"成长"的过程中，渐渐丢失了"童心",失却了"真率"。

真率即美,可谓丰子恺一切学说与思想的要义,也是他艺术作品的神核。"人生的滋味在于哀乐。"哀乐就是生命的真实状态,就是精神的真切感受。"拿这真和美应用在人的物质生活上,使衣食住行都美化起来;应用在人的精神生活上,使人生的趣味丰富起来。"梁启超主张美趣不应是单调的,真美既可轻松愉悦,也可刺痛激越。与梁启超相比,丰子恺更钟情自然悠阔之美。他不回避生活的委琐与痛苦,但不主张以牺牲或毁灭个体的悲剧性方式来实现超越。丰子恺追求的是在真实自然的生活中,以平凡普通的姿态,创化、丰富、提升、体味无穷之真趣。贴近芸芸众生,满含人间烟火,艺术生活和世俗生活浑然一体,真率之趣和艺术之美贯通无间,这就是丰子恺展示给我们的独特而有魅力的世界。

2

第二部分
艺·探

艺术"空白"浅探*

"空白"作为一个艺术概念,已越来越引起人们的关注。确实,当我们把它从自然领域引入艺术领域后,它也给我们带来了富有意味的艺术创造观和审美价值观。

考察艺术作品,我们发现,在艺术传达媒介和艺术内容之间,远非一对一的机械对应。在艺术中,有这样一种现象——某些艺术形象不是借助于特定的艺术媒介材料来直接体现的。比如绘画本是依靠色彩和线条的组合来完成画面形象的,但在国画大师齐白石的《墨虾图》中,空明澄澈的柔"水"却不着一点笔墨;而每个欣赏《墨虾图》的人都会真切地看到它。不着笔墨而毕真如现——这就是本文力图探讨的艺术现象——"空白"。

《墨虾图》中,虾是一种形象,"水"是一种形象,两者的有机融合构成了完美的艺术总体形象。"水",是无影无踪的"空白";虾,活跃于"空白"的水中。可见,"空白"是总体形象的有机组成部分,而就其自身形象特征来说,它是"有"与"无"的辩证统一。

所谓"无",指的是"空白"形象的形式特征。它是艺术家对某种艺术内涵的直接表现进行省略的结果。"不着一字",便是"空白"的"无";但体现在不同的艺术中,其形态不是划一的,而是和各门艺术自身的形式特征相一致的。在绘画中,它是对色彩和线条的省略;在音

---

* 原刊《台州师专学报》1987年第1期。

乐中,是对声调音符的省略;在文学中,是对语言文字的省略;在电影戏剧等综合性艺术中,它可以是多样的,是道具,是动作,是语言……总之,"空白"的"无"是这种种省略的结果,但这些省略并不是纯粹意义上的省略。纯粹的省略不是"空白",那是艺术家对于素材加以取舍的结果,舍本身就是目的,所舍弃的是这一艺术品不需要表现的内容。"空白"的省略,准确地说,是艺术家有意为之的特殊减笔,所舍弃的并非不需要表现的内容。"空白"的目的仍然是表现,而且往往是更完美的表现;省略只是其实现目的的创造性手段。"空白"是形"无"而实"有"。

"空白"的"有",首先是艺术家艺术构思的"有",然后是欣赏者审美想象的"有",在这样的层次上,它完成了自身形象的生成,获得了生命。拿齐白石的另一幅画作《蛙声十里出山泉》来说,"蛙声"显然是作者力图表现的内容之一,但作者把它处理为"空白"(也必须处理为"空白",这个下面再谈),而在蝌蚪、山石、泉水的幽深画面中,整个画题完成于欣赏者审美想象的世界。这幅画含蓄而明朗,恰切而超脱。在这里,我们看到,"有"与"无"的辩证统一,从其有机联系的整体性说,是艺术家艺术构思之"有"与表现形式之"无"的辩证统一,是欣赏者感官感受之"无"与审美想象之"有"的辩证统一。"空白"形象的生成是"有"—"无"—"有"的辩证系统。艺术家对生活和艺术的深刻把握,及其杰出的创造力,欣赏者丰富的知识阅历及其高超的审美力是整个过程得以顺利完成的根本保证。

"有"与"无"的辩证统一,是"空白"形象的根本属性,只有从这个基础上来认识"空白",才能比较准确地把握它。

"有"与"无"的辩证统一,决定了"空白"可以作为一种独特的艺术形象存在于艺术品之中,而不能成为一个独立的艺术形象完成整个作品。任何"空白"都必须是特定艺术品中的"空白","空白"的形式特征决定了它的依附性。当一个艺术家确定了一个作品的表现内容后,他将其中一部分付诸相应的传达媒介来直接表现("非空白"),

而使另一部分通过与这一部分的各种联系获得间接体现("空白")。没有前者,后者就无所依附,也无从体现。假如《蛙声十里出山泉》中,画的不是蝌蚪,我们又何从去听"蛙"声？没有"着"的"非空白","空白"就只能成为真正的空白。否则,艺术也就无须艺术家的创造了。有了"一枝红杏",才有"满园春色";也唯其如此,在形式上共同呈现为"无"的"空白"才会获得各不相同的内涵实质。于是,在吴镇的《洞庭渔隐图》中,"空白"化为天空,化为湖水;而在黄宾虹的《五龙潭小景》中,我们则"看"出了倾泻的瀑布、弯曲的山径、缭绕的云雾。"非空白"是"空白"之"有"的基础。在这里,欣赏者的再创造亦是至关重要的。显然,"空白"的形式特征亦决定了它的另一个依附性,即它的艺术生命的实际肯定和发挥,必须通过欣赏来实现。只有欣赏者依赖于自身的生活经历、知识修养、审美能力,理解认识了"非空白",然后通过联想、想象完成了"空白"的再创造,作品的有之"无",才成为欣赏的"无"之"有","空白"的艺术生命才能获得实际的肯定。"空白"必须借助于欣赏者的再创造,而各个欣赏者生活修养等各不相同,又必然导致其理解认识、联想想象的差异。乐府民歌《陌上桑》将主人公罗敷的外貌处理为"空白",但读过这首诗的人都会感到罗敷是美丽的,而各人心目中的美丽的罗敷又不可能是完全相同的。无疑,每一个读者都必然在罗敷形象的再造中注入自己的经验、知识、爱好、趣味。当然,"空白"的再造只要建立在对"非空白"的正确把握上,其差异是不会从根本上偏离作品的。正如罗敷在任何时代任何人的心目中都不会变成丑女。在这样的再创造中,作者的一个"无"便成为千万个本质相同而又各具欣赏者个性色彩的"有"。"空白"作为"非空白"的延伸,富有艺术形象的再造性。

"有"与"无"的辩证统一,是"空白"形象根本的属性和独特的个性。它决定了"空白"的依附性和差异性,带来了其内涵的规定性和丰富性。"空白"既受制于特定的"非空白",又在不同欣赏者审美创造力的广阔天地中自由飞翔;"空白"中既有艺术家创造的天地,又为欣赏者的理解、充实提供了可能。

丰富的艺术实践为我们探索"空白"的特性和作用提供了许多有价值的材料。

俞成的《萤雪丛说》中记载了一个人尽皆知而又很能说明问题的故事："尝试'竹锁桥边卖酒家',人皆可以形容而无不向酒家上着工夫,唯一善画者但于桥头竹外挂一酒帘,书'酒'字,便见得酒家在竹内也。""空白"的特点和作用于中可见一斑。

画家们对于画中"空白"的经营是颇为重视的。我国画论早就指出要"计白为黑",使"空白"成为"画中之画""画外之画",这样才能虚实相生,尺幅千里,有景有情,有意有境,使整幅画活起来。有人在评价马远的《寒江独钓图》时就指出画面中大片的"空白"有力地衬托了江面上空旷渺漠、寒意萧条的气氛,它和扁舟、渔翁、微澜组成了一幅完整而和谐的艺术图像。失去了"空白",就失去了这幅画特有的气氛和意境。其实,在这幅画中,"空白"本身也是江水,是天空。在许多作品中,"空白"的意义和艺术总体形象一样,是多层次的。它可以表现具体物象,可以体现抽象情思,也可以两者兼而有之。

"空白"活跃的足迹遍布了各种不同的艺术样式。

在电影艺术中,就有许多独特而成功的"空白"尝试。例如,电影中经常有"空镜头"的运用——只出现景物,而不出现人。我们从故事片叙述事件、表现人物的角度着眼,可以说,这是一种"空白"。但高明的"空镜头"并不空,它是塑造人物形象的手段,是与人物的思想情感密切相关的。电影《人生》中德顺大爷回忆往事时出现的那一串"空镜头"——长长的马路,静谧而空旷;浑厚的画外音,深情而和缓。深深地,我们感受到了德顺大爷那么纯朴而美好的感情,无尽的马路正是他无尽的思念。

在中国古典戏剧中,"空白"也是一种具有普遍意义的表现方式。一桌两椅,可以生出帝宫深院,也可化为平舍茅屋;《七品芝麻官》中"唐知县"下乡,我们从他和轿夫配合默契的表演中完全能"看"到那颤悠悠的"轿子"和乡间坎坷不平的"小路"。而在现代戏剧中，合理的"沉默"已引起了人们的关注。这种语言形式的"空白""往往蕴含了极其丰富复杂的生活和性格心理的内容"，因为"保持沉默常常是（人们）一种故意的、生动的、富有表现力的动作，而且它经常代表某种十分明确的心理状态"[①]。

在文学中，"空白"也颇受青睐。侧面描写、比喻、象征等艺术手法的熟练运用，为"空白"创造了不可言喻的审美意境。刘熙载在《艺概》中强调："律诗之妙，全在无字处，每上句与下句，转关接缝，皆机窍所在也。""词之妙莫妙于以不言言之，非不言也，寄言也。"叶圣陶先生在谈自己的创作体会时也指出："我的期望常常包含在没有说出来的部分里"，主意"寄托在不著文字的处所"。[②]

"别有幽愁暗恨生，此时无声胜有声"，可以说，《琵琶行》中这两句诗生动而准确地表述了"空白"的艺术表现力和审美效应。"空白"不是"无声"，而是"有声"；"空白"不仅仅是"有声"，还能"胜有声"。这就是"空白"所以能在艺术中普遍存在的价值基因。

"空白"有着自身独特的艺术价值。

首先，"空白"能够表现由于传达媒介的限制而无法直接表现的内容。

任何艺术内涵都必须借助一定的媒介材料来体现；任何艺术品在传达媒介上又都有一定的质和量的限制。如何突破这种限制，在艺术表现上超越形态之"不全"而达到本质之"全"，是艺术创作的首要课题。"空白"为解决这一问题提供了有效的途径。

《蛙声十里出山泉》的"蛙声"和"十里"就是运用"空白"形象完成的。这种处理既突破了绘画材料和画幅空间的限制，又完成了"声音"和意境的表现。这幅画不借助于"空白"，画题就难以体现。

[①] 巴拉兹著，何力译：《电影美学》，中国电影出版社1982年版，第239页。
[②] 《叶圣陶选集·自序》，开明书店1951年版。

其次,"空白"能够表现由于某种社会因素和环境限制而不便直接表现的内容。

鲁迅先生的笔力向来是为人称道的。他曾在《为了忘却的记念》一文写道:"洋饭碗可曾收到了没有？……"其实,鲁迅惦记的并不是洋饭碗,而是被捕在狱中的柔石等人的情况——生活如何,有无受到非人折磨？这在当时的环境下不便直言,此处虽用省略,关怀、担忧之情却溢于言表。但是,柔石他们被杀害了！柔石身上"中了十弹","原来如此！……"这里的省略则包蕴了对敌人的多少愤慨,无法直言。但我们可以想象,如果作者直接说出来,也许达不到这样强大的冲击力。

在特定的情境中,"空白"能产生一种独特而微妙的表现力,其效应往往超过直接表现。

在艺术中,"空白"运用还能够帮助艺术家实现独特的美学意识和特定的艺术追求。

艺术的本质不是机械地模仿生活,突破形式限制是艺术创作的第一步。在此基础上创造性地表现生活是艺术的基本追求。每个艺术家,总是力图在他的作品中实现自己独特的美学意识和特定的艺术追求。

哈代小说《德伯家的苔丝》的副标题是"一个纯洁的女人",电影《苔丝姑娘》沿用了这一主题。于是,影片在表现纯洁、美丽的苔丝杀死曾经诱奸过她的恶少亚历克时,就没有采用电影手段来直接描述,而是借助女佣人发现天花板上的血斑扩大和安吉尔看见苔丝裙边上的血迹来暗示。这组镜头既完成了影片所要表现的苔丝杀死亚历克的内容,又无损于苔丝这个"纯洁的女人"的纯美形象。这部影片一个突出的特点就在于对"美"的全面而执着的追求。当然,作者的追求也有偏颇之处,但就作者自身的美学意识和艺术美感目的来说,此处的"空白"运用,其作用显然是积极的。

最后,我们还应看到"空白"运用在欣赏过程中的能动作用。"空白"能够激发欣赏兴趣,调动欣赏者的艺术创造力,实现仅仅依靠直接表现所不能达到的艺术效应。

对于欣赏在整个艺术过程中的重要作用,丰富的艺术实践和深入的理论研究早已做出论证。当代西方符号学和接受美学就着重探讨了这一方面的问题。可以肯定,欣赏的兴趣越浓,创造性越大,形象的艺术功能和社会效应也必然越大。

"空白"是艺术品激发欣赏兴趣的一个重要因素。兴趣的产生,从心理上说,一个很重要的机制就在于探究和创造的欲望。"凡是说得过多的都无味而可嫌"①,"一切审美活动总需要有所发现,有所增添,才能产生新鲜的愉快的感受"②,从而激发欣赏者去探索,去想象,去再创造艺术总体形象。"空白"肯定了欣赏者的创造力。它在艺术品中的出现,使整个艺术形象有隐有现,若即若离,这是"形成审美过程中的丰富联想与想象的最佳心理条件"③。在丰富的联想与想象的过程中,对象与主体的联系密切了,情感共鸣加强了,作品的内涵充实了,作品的审美和社会效应扩大了。

契诃夫的短篇小说《万卡》用绝大部分篇幅描述了小男孩万卡给远在乡下的爷爷写信,诉说自己寄人篱下的种种辛苦,要爷爷前来带他回去。最后,这封只写了"乡下爷爷收"的没有姓名、地址、邮票的信投进了邮筒……作者至此戛然而止了。显然,爷爷是无法收到的。等待着万卡的是什么?苦难中的万卡充满了希望和憧憬,我们的心却在加倍颤抖。这里的"空白"真是生花妙笔,它强烈地激发了读者的想象力,加强了读者与小主人公的情感共鸣。

当然,由于各人的经历、知识、修养、能力等的不同,对"空白"的再创造以及由此获得的整个艺术形象的诸种效应也不会完全相同。有的可能达不到原作者的追求,有的可能超越原作者。然而,不管对

---

① 伍蠡甫主编:《西方文论选》(上),上海译文出版社1976年版,第291页。
② 王朝闻:《美学概论》,人民出版社1981年版,第104页。
③ 樊辛森、高若海:《美与审美》,福建人民出版社1982年版,第192页。

"空白"的再创造以及由此所获得的效应如何,就"空白"运用对欣赏兴趣的激发,对欣赏创造力的肯定和发挥来说,其意义都是积极的。在这一点上,一个艺术品若仅仅依靠直接表现是难以企及的。

至此,我们似乎可以用"不着一字,尽得风流"来表述"空白"的风采;可用"此时无声胜有声"来表述"空白"的价值。但这么说,并不等于任何内容都可表述为"空白"了,"空白"创造必须视具体内容和表现需要而定。成功的"空白"创造,必然建立在艺术家对艺术作品的总体构思上,建立在艺术家对"空白"与"非空白"关系的恰当处理上。它必然是艺术家对于生活和艺术本质的深刻认识,对欣赏心理和水平能力的准确把握的产物,是艺术家心血和才智的结晶。一个作品如果在"空白"处理上失之偏颇,就会使整个艺术形象不是浅薄浮泛,就是隐晦艰涩,从而影响整个作品的艺术表现和艺术魅力。

"空白"的创造渗透了深刻的艺术辩证法;"空白"的思维是积极而深刻的创造思维。作为一种普遍的艺术原则,作为一种深刻的艺术思想,我们可以断言,只要艺术存在,"空白"就不会丧失生命力。

古诗文今译为何不如原文有味*

许多青年朋友都提出这样一个问题：为什么我国的古典名著，原文读起来津津有味，而它们的白话译文却往往淡而无味，甚至味同嚼蜡？这个问题很有意思，下面我想就此谈谈自己的一点体会。

古诗文今译是对古诗文的白话翻译。从根本上说，它和注释一样都是帮助读者理解原文的一种辅助手段。因此，它首先要求忠实原文，体现原著的风貌；其次才能谈及艺术表现和"滋味"问题。比如，译一首古诗，首先要将每一句诗的意思都准确无误地译出来，然后再考虑修辞、音韵等。而当这两者有矛盾时，就必须先满足前者的要求。这样，也就势必影响了译文的"味道"。而且，译文作为帮助理解的辅助手段，一般要求直译，每个字都有对应。只有个别实在难以直译的，才能采取意译的办法。这样，译文往往就不如原文含蓄，有时也就不够流畅了。

当然，更重要的原因还是由于文字和语言自身的一些特点而造成的。

一个成功的文学作品总是内容和形式的完美融合，它是一个和谐的整体，任何一点都不能随便更改，而古诗文今译要保持原作的韵味，又要改变整个体现媒介——语言体系，这是很难做到的。特别是那些注重意境和感情表现的诗文，形式和内容的结合尤其紧密，往往

---

* 原刊《东方青年》1985 年第 8 期。

是浑然一体的,在用字和表现上也往往是非此无彼的。如王维的"大漠孤烟直,长河落日圆",温庭筠的"鸡声茅店月,人迹板桥霜",诗句本身很通俗,恰到好处的组合却完美地表现出一种意境、氛围和情思。你硬要再一个字一个字地加以翻译,当然"没味"了。

同时,从古汉语到现代白话,经历了几千年的演变,在各方面都产生了差异,两者已经不能完全对应了。要准确地把原作译出来,完美地体现原作的风貌就有了困难。

词汇的变化是最快的。古汉语的词汇以单音字为主,而现代汉语的词汇则以复音词(主要是双音词)为主。这样,原文中只要一个字就能表现的意思到译文中就需要两个甚至更多的字来表现了,译文也就往往没有原文含蓄精炼了。柳宗元的"小石潭记"写到"隔篁竹闻水声,如鸣佩环,心乐之"。于在春的《文言散文的普通话翻译》就将其译为:"隔着大片竹林听到水的冲激声,好像玉佩玉环在碰响,觉得这些声音很好听。"这种情况在诗歌里就更普遍了,尤其是绝句和短律。其次,有些古义已经很难用确切的现代汉语来解释,特别是词的感情色彩。如指示词"彼",在古汉语中有贬的色彩,但又不完全是贬义,对应现代汉语,只能译为"那个",显然没有原文生动。

在语法上,古今汉语也有许多不同。如古汉语中有许多省略,形成了句式的精炼、意义的含蓄。而译文却往往要将它们补出,有些是为了帮助理解,有些是为了符合现代汉语的规范,苏轼的《赤壁赋》写到他和客人们一起到赤壁下面的江上游玩,"于是饮酒乐甚,扣舷而歌之。"于在春译为:"这时候,大家酒喝得高兴极了,苏子就向船舷上打着拍子唱起歌来。"这两句的主语若不译出来,就难以理解,补出来后自然影响到原文的含蓄和精炼。

一个作品是否有"味",和音韵的关系也是极为密切的,和谐流畅,朗朗上口的诗文读来就有味多了。但古今汉语在语音上也出现了变化,如读音的变异和消亡,单音和复音的变更,而且翻译时又首先照顾到意义的表达。这样,往往就无法达到原文的那种韵律美。

这在韵文和诗词的翻译上尤为明显。

最后,一篇译文的好坏还与译者本身的水平有关。有些译者自己文学修养不高,对原文理解不准、不深、不透,又没有很好的表现能力,这样就很难将原著深邃的思想和高超的艺术修养体现出来。我们读来当然也就没有原著有"味"了。

总之,译文不如原作有"味"的情况是存在的。但在这里,还要指出一点:并非所有的译文都是无"味"的。译文既然是给读者阅读的,在坚持忠实原著的基础上,也应适当注意译文的美学价值,提高译文的欣赏价值。许多译者在两者结合上做了努力。郭沫若的《楚辞今译》、袁阊琨的《白话聊斋》、于在春的《文言文的普通话翻译》等,都是比较好的译文。

但是,无论如何,译文最终还是无法取代原文的。一个译者可以创作一个新作品超过那个作者,却很难翻译他的作品而力图赶上超过他。古诗文今译作为帮助理解古典名著的一种手段,我们不能要求译文和原著水平相等,也不能纯粹从"味道"上来评价译文的高低,而应以是否忠实原作、能否体现原著的精神风貌为主要衡量标准。

现代女性迷失何方
——评《婚姻相对论》中的女性形象*

婚姻爱情,是文学中的一个永恒主题。作为人类社会中最激动人心、最具普遍意义、最富深刻意蕴的人生现象,它辐射着广泛的社会关系、生活内容,折射出社会与时代的变迁,也将男女主角的种种性格、心理、志趣、品性的实质与差异凸显无遗。由此,在婚姻爱情小说中,我们也常常能逼视男女主角的心灵深处,探询这些男人与女人对生活、事业、幸福、荣誉及人生意义、生命价值的终极追问。

张欣新作《婚姻相对论》①是一部颇有力度的关于爱情婚姻问题的中篇小说。作者选择了一个社会变革、观念更替的时代背景,即20世纪80年代后中国社会的改革开放,由此,注定那些开始于老套、本来也可能结束于老套的爱情婚姻故事显示出不平凡的波澜和结局。在作品所展示的种种爱情婚姻画面中,刻画最成功、最引起我关注的是那些女性的形象。

蔡浮萍,是作品中血肉最丰满的一个形象。她和艾强的婚姻生活本来完全可以归入中国传统小说中屡演不衰的"痴心女子负心汉"的故事模式,然而,蔡浮萍的见识毕竟不是一个封建时代的"痴心女子"可以比拟,所以,她的故事的演绎虽开始得俗套却落幕得惊心

---

* 原刊《当代文坛》2000年第1期。
① 原刊《十月》1998年第5期。文中引文均出自原文,不另加注。

动魄。

蔡浮萍与艾强从小青梅竹马。两家父亲是至交,又同住在一个小县城,所以,走动频繁,感情益笃。艾强11岁时,父亲病故。这时,蔡家父母对艾强母子伸出了无私的援助之手。艾强在蔡家帮助下,完成中学学业。蔡家母亲颇费周折搞到一个保送上大学的名额,蔡浮萍毫不犹豫地将名额让给了艾强。从此,一个"怀揣将用毕生的努力来回报女友的豪情,来到了广州中山大学",一个则在"小地方"读了"一个会计培训班"。其间,蔡浮萍一心一意节衣缩食,省下钱来寄给艾强。艾强也不是一个不知感恩图报的人,偏偏这个"朴实、刻苦,又有几分腼腆的努力进取的好青年"遇上了"气质优雅中又略带几分飘逸"的"散文"女孩孟小湖。平心而论,艾强对孟小湖的情感并非出自世俗的欲念与偏见,然而,孟家高雅的环境与氛围、孟小湖的飘逸与灵秀对初入都市的艾强无疑具有"大观园"对"刘姥姥"般的冲击力。艾强的心灵失去平衡,情感与良心艰难地搏斗。"系我一生心,负你千行泪",毕业前夕,艾强的"良心"终于无奈地挣扎出来。蔡艾缔结百年之好。蔡浮萍得到了"好报"。艾强毕业后先当副处长,后做总干事,配了车,买了房,生了女,可谓称心遂愿。然而,这场婚姻所埋下的危机已不言自喻。蔡浮萍不缺朴实、勤劳、忠贞、坚忍、刚烈,但她色相平庸,不解风雅。所以,当"特别老土"的丈夫从大学校园里敢想不敢做的文人雅士终于成了现实社会中"活得多精彩"的"新潮"男人时,这个乐于奉献的贤妻良母终于在丈夫的背叛面前失去了平静的心态。应该说,故事至此,并无多少新鲜的东西。然而,蔡浮萍从此迈出的人生脚步,就颇有些惊人心魄了。首先,她"大义灭亲",举报了丈夫的"不法"行径。亲手把丈夫送进监牢;而后,她又买凶杀人,泼硫酸,试图毁掉丈夫的容颜与肢体。此等举措,不是为了谴责丈夫的无情,而是为了拉回丈夫离去的脚步。小说描绘了她"告发"后又为丈夫四处奔波求助的"真诚",可惜心知肚明的丈夫却不顾一切要与她决绝;因而,她只能毁掉丈夫招引女孩的最后资本——容颜与肢体。此时的浮萍无疑与狂人无异。她唯一的目标是,艾强能回到她身边。用她自己的话说:"即便是艾强残废了,只要能回到她的身边,她都会对他好。"

然而,艾强会回到她身边吗?蔡浮萍的悲剧,与其说是艾强对她的背叛,毋宁说是她自身性格的悲剧,思想的悲剧。

从小说情节来推算,蔡浮萍大约是个50年代出生的女性,由此,她还赶得上推荐上大学这样的好事。但这辆末班车她让给艾强搭了。这是她对艾强的爱,更是她(也是中国传统女性)对男女差别的某种根深蒂固的认识的必然选择。小说写她鞠躬尽瘁,"在艾强上大学的日子里,她要照顾好两家的寡母,不厌其烦地干着家务琐事,还要从牙缝里省出钱来寄给艾强;艾强的妹妹受人欺侮,她还要像男子汉一样去讨回公道"。从这里,我们看到,蔡浮萍贤惠,但并不是一个弱女子(她在厂里也是一个风风火火、敢出头、能挣钱的角儿)。可惜,她一门心思想着"两家人的心血供出一个艾强必定会改变她的生活"。她从一开始就把自己摆在了弱者的位置上,希冀着作为男人的艾强能知恩图报来改变她的命运。而当艾强真的与她结婚后,她赢得丈夫的爱的唯一方法是进一步吃苦耐劳。她甚至不惜天天干活到半夜,挣得一点可怜的外快让丈夫第一次有了光鲜的西装。有文凭、"才貌双全"的艾强在时代的洪潮中脱颖而出,财权日重;而蔡浮萍却红颜老去,大脑麻木。她只知奉献,却不知外面世界的精彩。在令人眼花缭乱的新的现实面前,蔡浮萍并不自信的女性角色定位更是一落千丈。于是,她像许许多多这个年龄的怨妇一样,先是捕风捉影,侦查丈夫与其他女人的亲密之举。她的目的并不是求证罪状,而是求证清白,以给自己虚弱的心灵一丝安慰。然而,被捧坏的丈夫如何受得了这等诋毁,干脆暴露一丝"蛛丝马迹"令她欲罢不能。蔡浮萍不懂得现代"御夫术",所以,她选择的第一个反击工具是舆论。她走到哪儿都诉说艾强的"臭事",使成功的男人颜面失尽。"舆论"的力量未能束缚艾强,艾强的良心却得到了解脱。他还真的"红杏出墙"

了,这令蔡浮萍始料不及。事实上,男女主角日渐拉大的文化与精神差距从一开始就给这场婚姻投下了不容忽视的阴影。应该说,蔡浮萍直觉地意识到了却没有理智地认识清。所以,她的努力方向一错再错。蔡浮萍把自己全部的聪明才智都投入到对艾强的爱情追逐和婚姻保卫战中,却不懂得通过自身素质、修养、社会地位的改变来获得真正的爱与尊重。小说最动人心弦的描写就是蔡浮萍对艾强既爱又恨的复杂心理及其变态表现。哪怕权财全无,哪怕肢体残废,蔡浮萍也要夺回艾强这个人。可想而知,这种扭曲的令人窒息的爱如果不是一方的毁灭,也必然是双方的俱焚。作品虽然没有设置一个明确的结局,但从蔡浮萍那几近疯狂的偏执情感中我们已可窥见这个可怕的"前景"。蔡浮萍失去自我的爱从一开始就把自己推向了悲剧的深渊,不管她如何泼辣、刚烈、敢作敢为,她已在男女关系中完全失去平衡的人格意识不可能给她带来更好的命运。但蔡浮萍毕竟不是一个封建时代的"痴心女子",她在无奈中也决不会选择自戕(如杜十娘、霍小玉等)作结,寄希望于冤魂报仇。蔡浮萍是一个现代职业女性,是一个在社会变革与观念冲撞中由传统向现代过渡的矛盾女性,她失落的自我在纷纭复杂的新的现实面前被爱情的背叛激醒了,她要通过自己(个人)的力量去夺回叛逆的爱,却没有足够成熟的心态去面临这一既古老又新潮的挑战,所以,她所选择的解决方法在迷乱中不免疯狂。"成也萧何,败也萧何",蔡浮萍不是一个无能的女性,她的悲剧的根源在于她把自己人生的全部价值与意义都捆绑在艾强身上,这与她缺乏宽容的人生态度一脉相承。然而,读完小说,我们对蔡浮萍却恨不起来。像她这般含辛茹苦、鞠躬尽瘁的女性对爱情与家庭的忠贞确实是发自内心的,不管她们有多少能耐,她们都甘愿屈居"后方",并为丈夫在社会上的"出头露脸"而由衷地欢欣鼓舞,因为这就是自己人生价值的最好写照。而不管丈夫们能否"出头露脸",这类女性的人生悲剧几乎都无可避免;"出头露脸"的,往往嫌弃她"上不得台面";未"出头露脸"的,她又失却心理平衡。因此,蔡浮萍错的不是这份忠贞，而是她的整个人生理念。蔡浮萍的形象在这一代女性身上具有相当的代表性。作品对人物性格与心灵的写实笔法使得这个人物形象具有相当的丰满与可信度，也是这个人物成功的重要基础。

林紫淑，是作品中另一个较为复杂的女性形象。她出身于城市中的工人阶级，受到良好的大学教育。小说写她"是个心思重的人"，"早已盯上"了"出生在知识分子家庭，个头挺拔，剑眉星目"的尹修星。她一心要脱离那个"很底层的"，"为一个废瓶子的价钱争得面红耳赤"的"东风里"。其实，作为一只"从东风里飞出的金凤凰"，紫淑完全有能力改变自己的命运（从尹代职、组阁基金会等关键的问题上，林所起的举足轻重的作用完全可见她的才干）。也许那种"给父亲买二两下酒的烧鹅"便是"最体面的事"，除此之外，就是"母亲带着她去卖破烂"的"东风里"的生活，给她留下的记忆太深刻了，她急于找到一条永远脱离"东风里"的捷径。这位昔日的纺织女工虽然"全凭吃苦耐劳，表现突出""硬碰硬"被选为"工农兵学员"，但似乎没有比把赌注压在男人身上更为快捷的方法了。紫淑的这种选择虽与她的家庭背景不无关系，但更与女性根子上的弱者意识不可分割。

小说中，浮萍对艾强的爱毕竟是真诚、自然的，因为艾、蔡之间至少有童年、少年时代的无邪情感作为基础。而紫淑对尹修星的"一往情深"应该说只有目的没有爱。紫淑一厢情愿地"盯上"了已有女友的尹修星。但她工于心计、巧于伪饰，不露声色、釜底抽薪，以致尹修星失了恋人（紫淑买凶强暴了尹的恋人寒棣）还把她当作落难中的知己。更为可怖的是，她与尹十几年举案齐眉，把尹照顾得无微不至（尹半夜醒来要冲澡，浴室门后居然已挂好了换洗的衣衫）。本来极为钟爱寒棣的尹虽然"意难平"，也不敢"再有非分之想"，因为"那就太说不过去了"。小说写紫淑是个"没有缺点的女人"，"她知道什么时候该给丈夫意见，而什么时候必须缄口无言"，她的分寸感总是"掌握得极好"。所以，尹修星终于被"感化"出了"对自己婚姻的热情"。

林尹的关系从表面看来是林依附于尹，实质上可以说是林完全把握、操纵了尹。最后，当林的劣迹败露，尹也只能用钱财、良心、情感做交易，恳求马律师把林从这场官司中"洗出来"。然而，紫淑是否从此可以真正高枕无忧了？小说写尹修星"没有回家也没有打电话回去"，而是找了昔日恋人寒棣，终于说出"再给我一次机会"这句几十年前就该说的话。寒棣没有给尹这次机会，林尹的婚姻可能会维持下去，但绝不可能再有昔日的甜蜜与和谐。因为这种甜蜜与和谐是以虚假的欺骗和阴险的手段赚取的，当一切面纱剥落，男女主人公还可能幸福地共存于同一屋檐下吗？如果说对于浮萍，我们尚有一份慨叹；那么，对于紫淑，我们惟余几多厌恶。作品用正面描写与侧面交代相间的笔法把紫淑外表的温柔、细腻、贤惠与内心的阴险、冷酷、自私交衬得触目惊心。像紫淑这般受过高等教育的聪慧女性，本是不可多得的人才。如果她能把自己的聪明才智贡献于社会，那该是多么有意义的事情。她的人生价值也必将得到更大的发挥。可惜紫淑对自身的价值也没有清醒的认识。期冀夫贵而妻荣，并甘愿为此付出一切代价。这一点，受过高等教育的紫淑与文化层次不高的浮萍几乎没有什么区别。紫淑的形象从哲理的层面来说，更具有发人深省的意味。

　　寒棣，尹修星的初恋女友。她从小在部队大院长大，漂亮、开朗、热情，且能歌善舞。她与出身知识分子家庭，长相、风度俱佳的尹修星是人们眼中天设地造的一对。然而，寒棣被强暴了。钟爱寒棣的尹修星此时竟不能张开臂膀拥抱自己的恋人，给身心俱受重创的寒棣以慰藉。对于寒棣的退隐，从感情上我们可以理解，但在理智上，却不能赞同。寒棣中断了学业，却未必能把过去一概抹去。最后，山村小学教师寒棣委身于已有妻室的台湾富商柯汇融老先生的怀抱。小说写今天的寒棣已"有了一种成熟女人让人百看不厌的美丽"，"怡然、婉约、韵味无穷"。然而，寒棣真的幸福吗？面对昔日恋人的发问，静如止水的寒棣终难掩饰"黯然"与"迟疑"。从象牙塔到山区小学到台湾都市,寒棣一步步逃离了令她心酸的往昔,却无法抓住能让她重新生活得体面、自尊、幸福的现实,冰雪聪明的寒棣只能再一次逃避。

20世纪初,新文化运动的先驱们首次高举起个性解放的大旗,为现代女性走向社会、解放自我提供了理论的先导。一个世纪即将过去,回顾女性解放所走过的道路,我们不能不感叹:女性解放何其不易!这种艰难不仅来自男权社会的对立,更来自女性自我内在的怯弱。女性解放如果不从女性的灵魂深处彻底清除男尊女卑(体现在事业、家庭、性意识等各个方面)的思想观念,不从根本上塑造女性自尊、自强的性格与信念,那么,一切形式上的男女平等都是徒劳的,都不可能真正使女性获得幸福。

《婚姻相对论》是写实的也是思辨的。作者力求通过写实的阶梯走入哲理的殿堂,这种对哲理韵味的自觉追求从小说的题目也可略窥一斑。而只要对作品中的人物细加揣摩,就不难发现,作者对每个人物的设置都是另有深意的。在小说中,作者不仅对男性在爱情(婚姻)生活中的感情用事(艾强)与理性至上(尹修星)亮起了红灯,也对女性希求通过爱情(婚姻)来改变命运,寻求幸福的价值观打了负号。但《婚姻相对论》并不缺乏直面现实的犀利与勇气。作者把这些男男女女放在中国社会改革开放这个特定的时代背景中,使得这些处于纷纭复杂的社会现实与新旧观念交替漩涡中的男女主角们的爱情(婚姻)命运更为摄人心魄、发人深省。作品的目的不只是如实地描摹出现代婚姻的状态,更是试图通过这些特定的婚姻生活映照出现代婚姻中人的心理、思想、行为的方式与特点。如果说古代的"秦香莲"只有一个,那么现代的蔡浮萍又何止十个、百个。也许如紫淑这般矛盾、如此阴险的女性在生活中还不多见,但"潘金莲"式的勾奸害夫的血腥屡见报端,谁又能保证受教育程度日高的现代女性在爱的掠夺中就不会做一个"先下手为强"的爱情"强盗"呢?作品中的寒棣在本质上更接近琼瑶小说的纯情女性,但作者仍然无情地撩起了一角面纱,让我们窥见了金钱在生活中的魔力。作者直逼这些现代女性的灵魂深处,使她们在爱情(婚姻)生活中的迷失——其实也是人性的迷失——振聋发聩。小说中,唯一一个作为正面形象出现的女性是孟小湖。孟小湖是作为蔡浮萍与林紫淑的对照而出现的。孟小湖爱艾强,但当她知道她与艾强之间还有一个蔡浮萍时,即"含泪离开","再不往来"。从此,一心一意做了一个肿瘤医生的妻子,踏踏实实地编她的报纸副刊。两口子"相亲相爱",小日子"过得有滋有味"。可贵的是,时隔多年,当满含敌意的蔡浮萍爽然出现在她面前时,她还能真诚待之,化干戈为玉帛;更可贵的是,在蔡艾无休无止的家庭纠葛中,她任劳任怨,无私相助。孟小湖的宽容善良与蔡浮萍的偏狭、林紫淑的自私恰成反衬。孟小湖的形象丰富了作品的审美内涵,也给我们沉重的心灵一份慰安。

生命的崇高与纯真的执着
——读池莉小说《云破处》*

阅读池莉的小说《云破处》①纯属偶然。然而,当我在1999年的冬末阅读这篇写于1996年初夏的文字时,我的心被强烈地触动了。以《烦恼人生》《不谈爱情》成名的池莉,一直是中国"新写实"和"江汉文化"的代言人,然而就在这篇不算太长的中篇小说里,我却真切地感受到了蕴藏在女作家池莉心中的浪漫与执着。这种浪漫,是至死不悔的纯真;这种执着,是唯有生命才能与之匹配的崇高。我被深深地触动了,被故事所构造的激情世界,被作者所追寻的理想人性。由此,我写下了这篇文字。

一

简单地说,《云》叙述了一个婚姻悲剧。通俗地说,《云》讲述了一个女性愤而杀夫的故事。

撩开小说的帷幕,我们首先看到了一对恩爱的知识分子夫妇近乎幸福的平静生活。

男主人公金祥是一个在大学里入党的工农兵大学生,25岁毕业后分配到冶金部所属某钢铁设计院工作。他"工作勤奋,团结同志,

---

* 原刊《当代文坛》2000年第3期。
① 刊《池莉文集》(第5册),江苏文艺出版社1998年版。以下简称《云》。

性格开朗,一贯助人为乐"①,是一个既不落后又不做出头鸟的温和的潮流人物。因此,金祥深受大伙爱戴,在参加工作的第二年就被破格提拔为第五研究室的副主任,如今又兼了院属几个公司的经理。

女主人公曾善美从小父母双亡,由姨妈姨父养大。她是恢复高考后第一届大学生,可想智力才华绝不低下。她天生一副笑模样,虽外貌普通却气质优秀,衣着朴素但质地、做工上乘。这种随和却矜持的统一使"曾善美非常地讨人喜欢"。同时,曾善美还与金祥一样有着助人为乐的好品格。

这样的两个青年男女自然成了众人关注的重点。由研究室的老主任的妻子做媒,两人恋爱顺利,婚姻顺利,你疼我爱,小日子过得和和美美。当然,这对像"夏夜里的星星"和"阳光下的绿叶"的夫妇也有一点小小的遗憾,那就是结婚多年还没有孩子,但这并不影响这对夫妇的恩爱。曾善美勤勤恳恳地喝汤药,金祥则乐意地做着家里大大小小的事情,把在办公室里勤勤快快的曾善美宠得"娇滴滴的","生活上一切都依靠丈夫金祥"。如果按照这样的惯性发展,这对柔和而又可爱的夫妇的生活将是舒适的、平和的、宁静的。然而,生活恰恰在这里飞出了轨道。曾善美因为一个极其偶然的机会获知了眼前这个与自己共同生活了15年的人可能与30年前那场惨祸,那场令自己痛失父母兄弟、成为孤儿的剥夺了九条鲜活生命的惨祸,有着某种难言的联系。那个毒死包括父母在内的九名军工厂技术人员的魔鬼可能就在眼前,这样的推论无论对谁都是够惊心动魄的。曾善美并不愚蠢。她在这非同寻常的时刻显得格外智慧、格外冷静、格外敏锐、格外果敢。小说详细铺陈了金曾夫妇的心理决战。曾善美在这场战斗中有"勇"有"谋",步步进逼,最后不惜撕裂自己身上作为一个女人的最痛楚的伤痕诱使丈夫说出了真情。一面是朝夕与共、同床共枕的丈夫,一面是九条鲜活的生命与至亲骨肉,曾善美唯有期待

---

① 文中未注明出处的引文,均出自《云破处》。

金祥的人性觉醒与心灵忏悔。池莉在曾的性格刻画上是现实主义的,从而为人物形象塑造和小说情节的逻辑演进打下了扎实的基础。在小说中,颇令曾善美感到意外的是这场残酷的杀戮仅仅因为"工厂太牛×了","不让农民的孩子进去玩耍"。曾善美宁愿相信这仅仅是一个11岁农家孩子的狭隘与无知。"后来你后悔和害怕吗?""你就没有做过噩梦吗?"面对曾善美的疑惧,金祥竟坦然地说:"死几个人算什么? 地球照样转动。中国照样人口过剩。"人性的麻木到了何等的程度!曾善美最后能做的一件事是劝金祥投案自首。"金祥发出了一阵遇到了特别好笑的事情的那种大笑。'为什么? 凭什么? 我什么事情都没有做,什么话都没有说。投案从何谈起。'"曾善美被彻底击毁了。此时,哪怕金祥虚伪一下,曾善美可能就不会举起那柄致命的"利刃"了。面对痛失亲人、受尽磨难的妻子,面对被活生生剥夺了生命的冤魂,金祥没有任何自责与愧疚。"从前曾善美无论怎么都没有想到,作为一个人,竟然可以像金祥这样灭绝人性。血债累累却泰然自若,无耻之极。他一定不是一个人,曾善美坚信这一点。通过金祥的例子曾善美获得了一个认识上的飞跃:人类这种生物肯定也不是纯粹的,就像一块草坪上会混进一些杂草一样。他们是人类的外形,禽兽的心脑。"现在,让曾善美痛苦的不再是金祥投毒杀人的行为,而是"金祥的投毒杀人是没有根据的"。除了在"黑的夜",金祥对曾善美说的几句"来去如风"的话。"足以让法律判死刑的证据,没有发生,发生的是结果:许多人死了。"曾善美举起了"利刃",她要惩处的不是行为,甚至不是行为的后果。在作品中,曾善美一再追问金祥:"你还有什么要说吗?"甚至在极度痛苦、厌恶、恐惧中,曾善美接受了金祥的身体,为的是唤起那一份"苏醒"。"所有的灵魂都在大路上行进……当一个灵魂遇见比自己更伟大的灵魂时,它会十分乐意接受那更伟大的灵魂,满怀欣喜地崇拜那更伟大的灵魂。"①这是作

---

① 劳伦斯著,于红远译:《性与美》,上海知识出版社1983年版,第231页。

为人的生命的本性。然而,金祥没有。面对曾经温馨和美的家庭,一个"娇滴滴的""生活上一切倚靠丈夫"的女人,需要怎样的勇气才能由自己亲手了断?!曾举起了"利刃",她杀戮的不仅是一个金祥,她宰向了"人的躯体、禽兽的心脑"。曾善美为生命的尊严与人性的复苏,做了一次杀戮的勇士,连她自己都不知道自己的力量竟有如此巨大。"在凌晨两点多钟的时候,没有喝醉也没有睡着的非常清醒的曾善美悄悄地戴上手套,拿出了一把她事先藏好的利刃,对准金祥的心脏,一刀就插了进去。在悦耳的雨声中,她的整个行动意味着他们家的客厅发出了'噗'的一种声音,略微比雨声要响一些。"曾善美做得如此老到,几乎就像一个职业杀手。当然,我们可以有一千个理由对她这种极端个人化的方式提出非议,但此时的曾善美与其说是写实的,不如说是象征的,她代表了正义对丑陋的宣判,代表了人性对非人性的宣判,代表了生的尊严对生的蔑视的宣判。曾善美的形象远远超越了一个复仇女性的时空规范,表达了对一切非人性、践踏人性的呐喊。我想,正因此,作者对曾善美表现了足够的宽容与理解,甚至为她的结局添上了浓重的浪漫的一笔。曾善美是现实的又是超现实的。曾善美是激情的又是理智的。曾善美是平凡的又是绝异的。曾善美的形象无疑是文学画廊中的一个独异形象,值得引起我们的关注。

二

《云》是一部以婚姻为题材的小说,但它的意义远远超越了婚姻本身。显然,作品的着力点并不在婚姻。作品只是借助一个婚姻的故事的外壳去透视人性,去追问生命的意义与价值。然而,这种超越了特定时空的哲理思索是深深地渗透在文章中每一句平实的叙述中的,这符合池莉的一贯风格。池莉总是力求用最朴实、最真诚、最写真的笔触去描摹生活中普通人的生存状态。在池莉的笔下,那些不尽如人意的"小人物"总是"烦恼"而坚忍地生活着,百折不挠。这些与生存融为一体的、挥之不去的"烦恼"就如生活的润滑剂,不仅没有摧毁主人公对生活的热情,反而一次次诱使他们体味了生存的真谛。"我尊重、喜欢和敬畏在人们身上发生的一切和正存在的一切。这一切皆是生命的挣扎和奋斗。"①几年前,读池莉的小说,我就有一种默默的感动。这种感动来自主人公对生命的珍视、对生存的执着。我始终认为,池莉是一个非常珍爱生命的作家。在她的心灵深处,有着对于生命的最深切的关注。生命的平凡,生命的沉重,生命的悲壮,生命的神圣,都在池莉笔下尽情地铺展。需要、意志、追求、理想,是生命中不可或缺的要素。与假、与恶、与丑的搏击,也构成了生命的一种正向度。为生活中认认真真活着的普通人而歌——为生活中对理想与圣洁的追求而歌,在池莉笔下获得了如此和谐的统一。然而,《云》终于以石破天惊的结局为我们展示了现实与理想的对立。池莉选择了理想,选择了生命的激情。她以生存的意义否定了生存的状态。"随着时间的推移,我会有比较好的作品的。"②文字是观照人生的一种独特方式。从文学对生命意义的追寻来说,《云》确实超越了池莉前期的作品,表现了对生命价值与本质的更深沉的思考。从这一点来说,也是此后轰动一时的《来来往往》所不能比拟的。《来来往往》在思想深度上没有超越《烦恼人生》《不谈爱情》,它迎合了小市民品味三角恋爱与故事性经验的趋好。1998年完成的《小姐你早》则多少延续了《云》的人生思索。在这部小说中,池莉也辛辣地展示了人性美与人性丑的尖锐对立。如果把这部小说理解为女权主义的文本,显然是对小说某种程度上的误解,尽管小说中"三女性"(戚润物、李开玲、艾月)的所作所为很容易将人们导向这样的结论。事实上,《小姐你早》仍然表现了作者对生存意义与本质的探寻:每一个生命都是平等的、自由的、崇高的。为此,戚润物们奋起捍卫,共策共力,

---

① 《池莉文集》(第5册),江苏文艺出版社1998年版,第365页。
② 《池莉文集》(第5册),江苏文艺出版社1998年版,第407页。

终于大获全胜。相比之下，曾善美的处境就艰难多了。看过小说《云》的读者，恐怕都不会忘记那个穿着一身"图案和颜色都很浓重很不协调，就像干枯的瘀血"的"松垮"的睡衣、"面无表情，嘴唇苍白""蜷缩""在橡皮树的阴影里面"一动不动的身影。一个女性，需要经历多大的心灵痛楚，才会将自己变成一具活着的僵尸？七岁痛失家人，十八岁痛失女儿身，受尽磨难的曾善美怡然憧憬着"家"和"爱"。可以想象，对于这段"爱情"，对于这个"家"，她寄予了多大的期望！她把"小家布置得雅致而温馨，种满了常绿植物"，她和邻里关系"处得胜过亲戚"，她"在办公室的窗台上盆栽了文竹、吊兰，还在自己的案头养了一盆海棠"，她使自己的办公室成了"研究院一道宜人的风景"，她多少有些淡忘了身心的创痛，或者说，她努力忘却过去融入今天的生活之中。曾善美是热爱生命的。那么多的磨难都不足以摧毁她对生命的热情。她可以一次面对人性的丑陋，却不能再次面对人性的麻木。人性的丑陋是人性的缺欠，人性的麻木是人性的灭绝。这是一场心灵的搏击。灵魂的痛苦显然超越了一切。但池莉是一位熟谙传统叙事技巧的作家。她把这一切都有声有色、环环相扣地铺陈在我们面前，象征的意蕴在故事的流程中借助于人物言行获得了形象的呈示。毋庸讳言，以我个人的审美心理积淀，我是比较喜欢池莉小说的叙事风格的，但我更喜欢池莉小说在故事框架下涌动着的某种思索与意味，那就是作者对人生的执着、理想与激情。"艺术与心灵的活动联接在一起，生命的激情融化了一切。"[①]在《云》中，我深深地感受到了这种写作与生命体验的同一。"我想成为一个人。我想把自己的一辈子变成几辈子"，"我以写作为个人的生活方式：……我不要当匠人；我不要名利污染我珍贵的笔；我梦想我写一个故事能让全世界的人心一动"。[②] 我不知道这个故事触动了多少人的心灵，但我知道，我自己确

[①] 《韩少功随笔》，上海知识出版社1994年版，第5页。
[②] 《写作的意义》，《池莉文集》（第4册），江苏文艺出版社1998年版。

实被触动了。"世界上的至真至善至美都天然存在,只是被积年的岁月风尘所掩盖。我的写作,为的是拂去那些灰尘,让真善美显露出光芒来。"①我想,"曾善美"——或许正是契合了这样一种追寻?毫无疑问,这个名字一定不是一种随意的组合,而是富有意味的。

三

也许是机缘,也许是巧合,当我们迎着新世纪的曙光披阅这篇既平实又浪漫的作品时,它给予了我们更为广阔的想象空间。我们希望,所有人生的阴霾都随着20世纪的脚步远去;我们希望,如此撕裂人心的悲剧永远不会在新世纪的舞台上演。虽然这只是文学提供的想象空间,但我们依然感谢池莉透过平实的文字所传递的激情呐喊与深刻警示:人与人是平等的!生命与生命是平等的!生命是宇宙最崇高的存在!没有人能任意蔑视!没有人可随意践踏!"生命的诞生不是偶然和随意的,生命的成长不是容易和简单的。"②池莉努力撕裂了我们所习以为常的日常生活、生老病死,让我们一窥惊心动魄的生活本质,感受"生命的挣扎于奋斗是何等的艰难、坎坷与悲烈"。③我非常欣赏池莉直面现实的无比勇气和作为一个作家的强烈的使命感。正如她自己所说:"我创新不了什么。……我的微薄之力不知道是否能够打扫人类生活产生的大量渣滓",但这"不会妨碍我努力地去做"。④我相信池莉的真诚。在《云》中,我真切地感受到了艺术对于人类现状与未来的深情关注。

---

① 《池莉文集》(第5册),江苏文艺出版社1998年版,第368页。
② 《池莉文集》(第5册),江苏文艺出版社1998年版,第363页。
③ 《池莉文集》(第5册),江苏文艺出版社1998年版,第366页。
④ 《池莉文集》(第5册),江苏文艺出版社1998年版,第368页。

"阿米哲学"与女性命运的反思
——评王方晨小说《毛阿米》*

《毛阿米》是王方晨在《上海文学》（2000年6月号）上推出的小说新作。按编者的话说，这是一则"热热闹闹的爱情"故事。然而，穿过小说叙事的"热闹"与阿米结局的"圆满"，我却无法真正地轻松起来。"毛阿米"们呼吸着我们身边的空气，活跃在我们周围的空间，她们与我们曾经熟悉的女性是如此的不同。她们既非"夫为妻纲"、失却人身自由与人格意识的传统封建女性，也非自强自立、誓与男人试比高的现代职业女性。她们受过起码的文化教育。她们在智力与能力上都不亚于男人。她们优游于男人之间，自如地抛洒着自己的聪慧与性的魅力。在某种程度上，她们似乎达到了自己的人生"目标"。然而，她们的人生之旅是否从此扯满了前进的风帆？到底是谁在为她们的命运之舟把舵？作品轻松热闹的叙事并不能遮盖如此沉重的话题。

一

首先，让我们跟随主人公毛阿米的足迹来看一看她短暂、热闹、近乎"圆满"的人生旅程吧。

---

* 原刊《当代文坛》2001年第6期。

毛阿米是在22岁的花季进入我们的视域的。此时,她是一个充满浪漫情怀的大三学生。某一天午后,她的同学李远博在家乡城外的一片草地上向她献上了"一只色泽明快的花环"①。这是一次"偶尔"的"相撞","他们配合得很好"。但毛阿米不想这样"躺下去",她"背靠理智之墙"坐起来,决定"这一辈子不能真的就活完了"。毕业后,为了和李的"爱情"决绝,毛阿米谢绝了父亲为她安排的财务工作,随班上一位同学去了他的家乡青岛。同学与他的家人受不了毛阿米的"热闹",最后,这位同学连绅士风度也不要了,把毛阿米一人撇在酒店的盛宴前。毛阿米依旧镇定自若地独尝美味,并且遇到了生命中的另一个男人沙宁宁(旅游公司主管)。沙宁宁与毛阿米之间的故事似乎无须想象。一个有妻室的中年富商与一个青春激情自骄自负的女性的邂逅还能意味着什么呢?然而,作者偏不让他们钱"货"两清,也不让他们情深意长。沙宁宁出钱吃了两口"苹果",又怕"苹果的魂魄"来纠缠他。他与一帮狐朋狗友们拾掇出了一个绝招,毛阿米就像一只谁都能玩的"保龄球",骨碌碌就转到了曲总的怀里。毛阿米还真快活自在地与曲总粘在了一起。这大大出乎沙宁宁的想象。无疑,在沙宁宁们的心目中,被"倒卖"的毛阿米们应该痛苦万状,这才可以映衬出他们对于女性的彻底征服,满足他们作为女性主人的精神享乐。毛阿米式的"主动"配合与"欣然"入瓮解构了沙宁宁们的游戏规则。沙宁宁沉不住气了。在这里,小说不仅尖锐地揭示了男性对于爱情的虚伪,也辛辣地嘲讽了他们对于女性的虚荣。沙宁宁"勇"闯别人的温柔之乡夺回打上了自己"烙印"的女人。至此,沙毛的角色似乎倒置了。毛阿米在爱情游戏里日益占据"主导"地位。某一天,沙宁宁当着自己妻子的面"把毛阿米搂住,告诉她自己要娶的女人就在她的面前"。但是,毛阿米再一次轻轻松松就击败了沙宁宁。她"推开了他,并站到了他妻子的身边"。两个女人一唱一

---

① 引自小说《毛阿米》,见《上海文学》2000年第6期。文内未注明出处的引文同此。

和、心有灵犀地要沙宁宁别把玩笑开"大"了。小说结尾是,毛阿米做了公司新来的被原单位开除的卢军(旅游局卢局长的儿子)的妻子。新婚之夜,她嘤嘤哭泣,她告诫自己:"我得哭得更像些",因为"这是头一次成为妻子"。

　　王方晨以不动声色的轻松笔触为我们叙述了一个年轻女性热闹却并不轻松的情感历程。在貌似优游的故事底层,潜涌着的正是一个女性走向社会的"雕塑史"。小说从情感生活的侧面揭示了女性无可规避的社会化历程及其沉浮挣扎。小说告诉我们,毛阿米并不生来就是游戏于男人之间的女人。当"李远博采摘那些色泽明快的黄花"时,"她并没有意识到他在干什么"。她甚至"挣扎着不让自己迷醉到一无所知的地步"。但李远博向她献上了美丽的"花环",这切合了她无数次的爱情梦想。她仿佛一个"直射于空中的箭镞",开始了"空前绝后的爱情生活"。他"像一朵薄薄的云彩,在她的头顶飘荡。他的声音就是那云影,显得甘美而清凉"。实际上,毛阿米与李远博的爱情与其说是现实的爱情,不如说是虚幻的爱情。李远博是毛阿米心造的一个爱情幻影,是毛阿米这类情窦初开的青春女性对于理想爱人的一个浪漫设定。这种"浪漫的情怀"是不沾人间烟火味的,这也注定了它在现实中的必然失落。毛阿米必须面对一个真实的李远博,一个"向她灌输""女人要成为一个荡妇的理论"的男人。这个真实的李远博强奸了毛阿米对爱情的想象,使它龟裂为扯裂人心的双重幻影。毛阿米既找不回披挂着爱情之花的纯洁剪影,也无法在李远博的身下轻松呼吸。小说反复强调了毛阿米在李远博身下的"重负"与"重压"之感,她多么渴望李远博能说一句"他爱她","只要李远博说一句他爱她,她今晚就不再抵抗,或许一辈子都不再抵抗"。但李告诉她的却是:"为他而堕落就叫作贞洁。"这种完全以男性为中心的强盗式爱情逻辑当然是不能轻易让毛阿米式的现代知识女性心服口服的。毛阿米与李远博的决绝势在必行。这种决绝不是一次单纯的爱情终点,而是女主人公向纯洁的爱情理想的告别,是他自己

"让她抛弃了他",是"他自己让她贬低了他"。青岛之旅作为一次短短的精神流放隐喻了毛阿米难言的心灵痛楚,也揭开了她"脱胎换骨"的新"爱情"生活的篇章。重新出现在我们视域里的毛阿米有"一副蠢蠢欲动的模样","她看上去不管不顾","与她的年龄结合得那么贴切",一下子就吸引旅游公司主管沙宁宁走到了她的身边。至此,一个精彩的"现代爱情故事"终于粉墨开演。如果说李远博对毛阿米还不乏一种性的真诚,沙宁宁对于毛阿米则只有征服与游戏。当沙宁宁以一个拥有一定地位与财富的已婚男人的身份与毛阿米开始一段时髦的肥皂剧时,他既要享受毛阿米的青春与激情,又不想为此付出"钱货两清"以后的任何代价。王方晨以艺术的笔触剥落了主人公含情脉脉的虚假面纱。面对这样自私绝情的现代爱情主角,毛阿米们几乎从一开始就陷自己于绝境之中。在温情脉脉的转让"仪式"上,沙与他的同道们联手作战,配合默契。沙宁宁们正是某些以女性命运主宰自居的现代男性的典型写照。他们凭着刚鼓起来的腰包对女性为所欲为,无视女性的人格与尊严,把女性当作泄欲的工具和私有财产,并且联合在一起把女性推入最无助的深渊。在小说中,沙宁宁倒弄毛阿米是那样的轻松,卖者有心,买者有意。然而,对于女性命运的演绎,真正能够并且应该负起责任的只能是女性自己。试想,如果没有毛阿米的投怀送抱,沙毛的故事就无从开演;如果没有毛阿米的及时"配合",毛曲的"喜剧"也难以登场。杜十娘(《杜十娘怒沉百宝箱》)式的以身殉情、以死复仇的刚烈早已离毛阿米们远去;毛阿米们也不会认同钟雨(《爱,是不能忘记的》)式的一腔柔情、精神相许的纯洁。在李远博、沙宁宁们的"身体力行"与"言传身教"下,毛阿米们早已窥破了现代"爱情"的"秘密",自如地把握了"以子之矛,攻子之盾"的技艺。她们在现代"爱情"中穿梭的"不带走一片云彩"式的洒脱与自在,就连她们的调教者也望尘莫及。小说中,毛阿米没费多大劲,就让沙宁宁败下阵来。毛阿米投入卢公子的怀抱,实在情理之中。

二

自从辛亥革命扯下了女性的"裹脚布"、赋予女性以接受教育的权利,近百年来,中国女性的命运发生了翻天覆地的变化。女性获得了爱的自由与自主。女性拥有了和男子平等的政治、法律与社会地位。然而,当女性的地位获得一定的制度保障以后,女性是否从此在家庭、社会与精神生活的各个层面确立起自己的人格自由与生命尊严?女性的命运是否从此通向康庄大道?女性问题不仅引起了社会学家的关注,也成为文学中的一个严肃话题。

王方晨将敏锐的触角伸向了当代女性中的知识阶层,这样的形象无疑更具有警示意义。作为一个受过高等教育的知识女性,毛阿米当然不会像传统女性一样,对现实采取被动消极的姿态。但小说无情地撕毁了她的爱情梦想。作品将纯洁、浪漫的爱情想象与自私、庸俗的男性经验相对立。我以为,小说对毛阿米的定位是准确的。从本质上来说,像毛阿米这样的现代女性是不会甘于平庸的。她们不可能像七仙女爱上老实无能的董永、白蛇娘娘钟情懦弱平庸的许仙一样,只求两相厮守、白头偕老。她们之所以也把爱情作为人生征战的主疆场,是因为她们一时无法找到更好的通向人生幸福的"捷径"。男人是她们的赌注,也是她们的工具,却未必是她们的终点。事实上,毛阿米既是男权文化的牺牲品,也是男权文化的共谋者。从纯情女孩到情场老手,毛阿米与她所鄙视的男人们一起完成了这个转变。

毛阿米绝不是传统意义上的弱者。这个形象在现代女性中具有相当的代表意义。由于一定的文化教养,她们普遍认同了男女平等的基本理念。她们有清醒的女性意识,有萌芽的女权思想。她们对自己有较高的估计与相当的期待。同时,由于自身的经历或耳闻目睹,她们对于女性的特点与实际处境具有深刻的体认。她们明白,真正改变男性中心的社会现实尚有待时日。小说以形象的描绘展示了毛阿米由不自觉不情愿到自觉自愿认同男性中心文化、积极趋附男性等级的活剧，揭示了男性中心的文化积淀对女性的束缚、压抑与铸造。小说中的男人们无一例外地把女性视为自己的"产品"，他们以极其自私的心理期待着对女性思想、情感、肉体的全面占领。在小说中，每当毛阿米显示出一点"自己"的姿态，就令这些男人们惊诧莫名。李远博"几乎施展尽了自己的才华"，欲引导毛阿米成为"一个荡妇"；而一旦毛阿米真的成了"一个生机勃发的小妇人"，与他"配合得很好"，李远博又不能坦然于她是"那个样子"的了。沙宁宁想方设法要将自己"使用"过的女人倒掉；而当毛阿米脸上带着"一种很甜蜜的笑容"，炫耀着从曲总那里赚得的钻戒，"像只蝴蝶似的"钻入曲总的皇冠车，沙宁宁竟又"悔恨不已"，不肯"拱手让人"了。小说第三节中一晃而过的青岛同学被毛阿米的主动投怀送抱吓出了"一把汗"，多少可算一个"自持"的男人。他从带毛阿米去青岛到"勉强"、到"推拒"、到"把她一个人扔了"，他和他那个"只有两个卧室，连阳台也住上了人"的平民家庭不能接受的并不是一个女人，而是一个没有"妇态"的女人。

当然，毛阿米也不是一个一般意义上的现代女性。作为一个受过高等教育的知识女性，她必然对时代的变易具有更大的敏感性。个性时代的利己趋向、商品时代的享乐原则与她们一拍即合。她抛弃李远博的真正原因是"他在这个小城市的模型中只占有一个很小的位置，出入宿舍不是仅凭两条腿，就是一辆破旧的自行车"。她钟情于和沙宁宁、曲总们的"玩火的游戏"。在这种游戏中，她享受了"兴奋"与"轻松"，享受了轿车、飞机与钻戒。她们不无委屈而又欣然地将自己定位为具有鲜明的自我意识的弱势群体，并一改传统女子被动地等待男子垂惠与恩赐的做派，以自己的身体与智慧作为资本，主动地向男性这个优越等级发起进攻。在她们身上，外在的积极追逐与内在的消极认同是如此矛盾又如此和谐地统一在一起。实际上,她们只不过是社会生活的投机者,她们期待的是"同男人这个优越等级结盟所带来的种种好处"①。毛阿米们的不觉悟更具有振聋发聩的艺术效果。

小说以写实主义的笔法、冷峻嘲讽的姿态展示了毛阿米的生存状貌,揭示了毛阿米的生存哲学——以异化女性的自我人格为起点、以悦媚男性的卑俗需求为中介、以及时享乐满足物欲为目的。"阿米哲学"是女性的自我异化、奴化与商品化,是女性意识的粗俗化与卑俗化,是女性意识在新的现实下的倒退与堕落。它要求女性回到以男性为中心的生存状态之中,把女性的生活理想消解为粗俗的物欲需求。"阿米哲学"不可能给现代女性带来理想的天堂。我们不能不佩服王方晨直达生活本质的锐利笔触。毛阿米倚仗自己的身体与智慧周旋于自私、虚伪、懦弱、庸俗的男人们之间,并在一场场不见硝烟的"战争"中胜出,但是,毛阿米不仅救赎不了自己,反而将自己推入了更深的深渊。小说结尾,毛阿米要求自己"哭得更像些",以便把自己伪饰成"头一次成为妻子"的"娇羞的新娘"。小说冷静而巧妙的一笔,将女主人公所有的"奋斗"与"胜利"轻轻掸去。可以设想,这场以虚假欺骗赢得的"爱情契约",在文明的社会制度与根深蒂固的封建意识并存的严峻现实下,在两性不平等实际存在的真实现实下,在女主人公仍然没有停止以男性的思维与逻辑来看待与塑造自己的前提下,即使能够暂时维系,也必然以女主人公心灵的永难安宁作为代价。而一旦真相败露,那么,等待女主人公的更不可能是美妙的夜曲。

三

《毛阿米》是一个描摹现代爱情状貌的写实文本;《毛阿米》也是一个对现代女性命运的凝重叩问。

---

① 西蒙·波伏娃著,陶铁柱译:《第二性》,中国书籍出版社1998年版,第16页。

关于女性命运的探索，是"五四"以后新文学的重要主题。"五四"新文学运动的先驱以现代思想启蒙者的姿态，对几千年来备受压迫的中国妇女的命运表示了极大的关注。他们以彻底推翻男尊女卑的封建教条、呼唤两性平等的人格权利为核心，对女性命运进行了富有开拓性的探索，成为中国女性觉醒的精神导师。首先，"五四"文学表达了对爱情自由与性平等权利的激情呐喊。爱情的完美程度是社会与人性完善程度的重要标志。爱情，是人性解放的必要前提；爱情，是人格尊严的基本载体；爱情，是人生理想的重要目标。性别问题，不可能脱离情感问题。在女性解放的现实道路中，爱情无疑扮演了极为重要的启蒙角色。事实上，跻身中国文学史册的动人女性，几乎都是追求爱情、忠于爱情、献身爱情的多情女子。她们对于情感的热烈追求与将她们置于被奴役境地、钳制她们的人身自由与人格尊严的统治意志是如此的格格不入。这决定了她们必然拥有的悲剧命运，或者被强大的社会势力吞噬（如白素贞等），或者由被社会意识支配的情人的背叛所摧毁（如杜十娘等）。文学的无奈映照的正是社会的无情。"五四"为中国社会的新生送来了新的思想武器。"五四"文学对爱的激情是千年压抑的喷涌。女性作家登上文坛，一吐对爱的呼唤、激情与呐喊。爱成为女性文学话语的中心，也成为女性解放的重要思想武器。由此，中国女性真正开始从自己的爱情生活中反思自己的命运，体认自己非人的悲惨境地，激发出追求新生活的巨大热情。庐隐、丁玲等女作家为我们刻画了第一批大胆寻求爱情自由与性平等权利的现代女性形象。莎菲们在追求自由爱情与性自主权利的同时，虽然也不免痛苦与困惑，但她们自觉反叛传统的崭新姿态无疑为向往新生活的中国现代女性树立了精神榜样，成为女性觉醒的第一批文学代言人。但是，女性问题不是单纯的生理与情感问题，爱情生活中的自由与平等是女性实现个性解放和人格独立的必要内涵。而对于整个女性群体来说，对于女性命运的彻底改变来说，更为重要与深刻的是女性的经济与社会地位。这种深刻的认识首先来自新文化运动的伟大旗手——鲁迅。鲁迅富于卓见地把"五四"新文学对女性问题的思索推向了更深的层面。他在《伤逝》中第一次提出了"娜拉走后怎样"的严肃命题,使隐含在女性命运深层的经济问题浮出水面。《伤逝》向我们讲述了涓生与子君的悲情故事。子君冲破重重阻力,与涓生生活在一起。但是,爱情不是不食人间烟火的抽象存在。生活无着的子君黯然回到她极力逃脱的"牢笼",宣告了个性解放的破灭。作为伟大的人文思想家,鲁迅的卓见还在于对女性思想与意识独立性的警醒。他不仅从一般的情感层面切入了经济与社会层面,更是直逼现代女性问题的核心——女性思想与意识的独立性。《祝福》几乎是我们耳熟能详的一个悲剧故事,实际上,它也是一个关于女性命运的重要文本。祥林嫂的命运是封建女性命运的典型演绎。《祝福》尖锐地揭示了不从根本上铲除封建礼教及其存在的社会根基,不从根本上构建女性思想与意识的独立性,中国女性命运的改变就无从谈起的深刻意蕴。

"五四"文学对中国女性命运的思索,体现了强烈的使命感与先驱意识。当然,这种深沉的人文思索被激烈的民族危机和高涨的革命热情挟裹而去是时代的选择。"五四"解答了中国女性感受最深切的情感问题,颠覆了传统的婚姻与家庭观,却未能真正唤醒中国女性对自身命运的深度思虑。由鲁迅开创的对子君式的社会悲剧和祥林嫂式的灵魂悲剧的思索未能进一步推向深化,甚至未能引起女性同胞应有的关注。在有了革命男性这一有力的同盟军以后,中国女性似乎拥有了更多的乐观情绪与理想情怀。三四十年代,在冰心、白朗、陈衡哲等女作家笔下,出现了黛珈(《四年间》)、洛绮思(《洛绮思的命运》)等不以爱情为终极目标、"要做一个有为的女人"(黛珈语)的女性形象。这些女性无疑比莎菲、子君们拥有了更广阔的视野与更积极的人生姿态,她们渴望在投身社会与事业中实现自己的人身价值。在作品中,作者把爱情与事业放在尖锐对立的两难境地,当主人公们痛苦地放弃已经获得的自由爱情以后,她们在事业上取得了令人瞩目的成就。这种"有男人,不能做男人的女人"①的视爱情与事业水火不容的人生理念体现了女性自强自立与社会化的自觉追寻,也暴露了女性对自身命运思索的某种简单化趋向。新中国成立,是中国女性命运史上的最重大的事件。中国无产阶级以解放全人类的广阔襟怀与崇高理想赋予同胞姐妹以全新的历史地位。新中国以政府的权威、法律的形式确立了女性政治上的参政权、经济上的工作权、文化上的受教育权、婚姻上的自主权。中国女性终于从"被歧视的女性"成为"受颂扬的女性"②,然而,这场中国有史以来最伟大的一次妇女解放虽然慷慨献给了中国女性命运转变的制度保障,却未能伴生一场全面深刻的思想洗礼。这场主要由"天赋女权"的形式完成的妇女解放是一次自上而下、自外而内的女性主体建构,它没有从根本上触及女性灵魂的深处,也未能从根本上改写中国社会几千年积淀下来的男尊女卑、男强女弱、男主女从等集体无意识。"时代不同了,男女都一样"的激情宣言和"妇女能顶半边天"的豪情表述使中国女性以抽象平等作为目标,向男性全面看齐。这种"无视平等中相异点存在"③的"看齐"隐含着的话语实质上仍然是:男人是女人的尺度与标准。它的现实代价是女性失落了自己的性别体验,扭曲了自己的主体人格。一时间,模糊了性别特征的"铁姑娘"与"女强人"成为女性审美的新范本。

"在任何社会中,妇女解放的程度是衡量普遍解放的天然尺度。"④20世纪,几乎每一次重要的社会变革,都伴随着女性解放的呼声,伴随着文学对女性命运与道路的探寻。女性命运与女性问题在改革开放与思想解放的崭新历史背景下,再一次引起了思想家与文

---

① 杨刚语。转引自盛英:《中国女性文学初探》,中国文联出版社1999年版,第30页。
② 吉尔·里波韦兹基著,田常辉译:《第三类女性》,湖南文艺出版社2000年版。
③ 西蒙·波伏娃著,陶铁柱译:《第二性》,中国书籍出版社1998年版,第23页。
④ 恩格斯语。《马克思恩格斯选集》(第三卷),人民出版社1972年版,第300页。

学家们的普遍关注。新时期文学在新的历史背景与思想高度下，延续并推进了"五四"文学关于女性命运思索的三大主题，涌现了张洁、铁凝、王安忆、陆星儿、张欣、舒婷等一批具有自觉的主体意识的女性作家，她们创作了《爱，是不能忘记的》《岗上的世纪》《没有钮扣的红衬衫》《啊，青鸟》《致橡树》等一批具有鲜明女性意识的文学作品，理直气壮地表达了对爱与美的呼唤、对本体生命的张扬、对精神理想的讴歌，使得在封建积淀与"左倾"思潮双重压抑下的女性意识得以苏醒。但是，中国女性的解放并没有完成。80年代中期以来，随着改革开放的进一步深化，国门的进一步打开，一方面是西蒙·波伏娃、凯利·米利特等西方女权运动的精神领袖及其思想学说为越来越多的中国女性所熟悉；另一方面是商品化的经济大潮所伴生的庸俗、实利、享乐主义以及后现代主义文化所倾销的解构本质、削平深度、消解理想的价值学说对中国女性精神世界的冲击。中国女性在自己前行的道路上遇到了前所未有的挑战。陈染、林白等女性作家所迷醉的女性视角究竟是女性意识的深化，还是精神理想的萎缩？中国女性的生存状貌和精神境界在20世纪的最后十年产生了前所未有的分化。

　　丑是现代美学的重要范畴。审丑捍卫了美的纯洁与尊严。20世纪末，王安忆、张欣、陈丹燕等一批关注女性问题的女作家几乎不约而同地举起了审丑的利刃。她们切断了精神寻乳，跳出了肉体自恋，直面新的现实下女性自身灵魂的迷茫、媚俗、丑陋与变异。她们将冷峻的目光聚焦于中国女性的精英阶层——女性知识分子，从而以自己独特的艺术眼光与艺术智慧，表达了对于中国社会与女性现实的深度审视、热切关注与无尽思虑。王安忆在《我爱比尔》中塑造了一个一心向往西方文化，不惜以自己的学籍为代价，最终堕落为专找洋人"睡觉"的宾馆女郎——女大学生阿三的形象。缪永《驶出欲望街》中的女大学生志菲为了不让"青春""在寂寞和奔波中,香消玉殒"①,以15万元的代价将自己洒脱自如地"包"给了朝秦暮楚、女朋友不计其数的大款。这些现代知识女性在汹涌而来的商品大潮和五光十色的新潮文化面前,不堪一击,迅速迷失了自我。她们灵魂撕裂,人格殆尽。她们以商品自居,自我异化,自甘堕落,不知不觉中成为那些自己曾不屑一顾的卑俗男性的"同盟者",成为社会转型期的畸胎。

毛阿米们的出现不是孤立的现象。她们给现代中国女性敲响了警钟。"阿米哲学"警示我们:警惕社会转型与商品化浪潮下女性精神与灵魂的变异;认识反封建与女性解放是一个艰巨、漫长的历史进程;把握女性命运的上帝就是女性自己。

20世纪为女性解放创造了最为坚实的外部条件与社会基础。新的世纪也必将为女性发展提供前所未有的广阔舞台。让我们以女性优美的身姿、健硕的生命、人格与精神的丰富和完善迎来两性和谐共长、互补共进的新空间!

---

① 《小说月报》1995年第7期,第70页。

社会转型、爱情文化与女性形象
——评何玉茹中篇小说《素素》*

爱情是文学中的永恒话题。对于爱情,我们早已习惯了浓墨重彩的情天恨海、生离死别式的传奇。文学史上这一类的爱情名篇比比皆是,千古流传。从刘兰芝、焦仲卿到梁山伯、祝英台,从杨贵妃、唐明皇到贾宝玉、林黛玉,爱情的坚贞、缠绵、曲折是如此的动人心弦。但这样的爱情与其说是爱情的写照,不如说是爱情的理想。因为它不可能存在,才如此迷人;因为它不可能实现,才如此感人。当然,爱情也可以有另一种写法,贴近现实,不事雕饰,把最平凡、最普通的情感生活作为自己观照的对象,以真取胜,以细动人。它关注的是生活中原生的爱情状貌及其主体心态,力求揭示的是最具有普遍意义的普通人的情感发生发展的现实逻辑及其微妙变化。何玉茹的中篇小说《素素》就是这样的一篇朴实、清纯、毫不造作的情感写真。她以平实而清新的叙事笔法、细腻而传神的人物刻画准确地凸显了人物的情感状态与心灵轨迹,成功地再现了当下现实中极平凡普通而又引人深思的平民爱情。

小说的女主人公素素是一个生活在城郊接合部的农家姑娘。在城乡的渗透与撞击中,她对城市文化的向往决定了她的人生价值取

---

* 原刊《当代文坛》2002 年第 4 期。

向。她向往城市文明,向往嫁给一个城里人。在改革开放的新的历史背景下,在农村经济已经取得一定发展,特别是"素素所在的这样的郊区农村,比城市也差不到哪里"①的新的现实下,素素这类女性嫁作城中妇的渴望主要并不是迫于生存的现实,这与当年高加林式的城乡联姻具有很大的差异。这种对城市文明的向往就像高悬在天边的明星,是世世代代、年年月月挥之不去的梦,它主要是一种精神的向往,一种文化的向往,是对自己所不熟悉的新生活的向往,带有一点点憧憬,带有一点点幻想。它驱使素素这类女性可以放弃一切现实的计较,委身于那些所谓的土生土长的、先天拥有城市"派司"的"标准"城市男性的怀抱,而不管他们是否平庸。这样的爱情是现实的,因为嫁一个城里人是素素这类一无背景、二无实力的普通农家姑娘改变阶层定位与环境定位的一种捷径,它所获得的直接效应是立马赢得了同伴与村人的歆羡;这样的爱情又是虚幻的,因为所谓的对"眼界""口音""生活习惯"的向往实际上是以乡村文明对城市文明的盲从俯首作为前提的,是主人公蒙上有色眼镜的产物,这使得那些平庸的城市男性可能成为"俏销货",而他们拥有的也可能仅仅是外在于自身的一张城市"派司"。

小说中,素素与马英姿同学同村。素素是村办工厂的女工,马英姿则在市里一家服装厂上班。马英姿给素素介绍了同厂的标准城市人江文。从根本上说,素素是看不起甚至厌恶马英姿这样粗俗的前街女性的,马英姿是"前街的一个代表",她的"头上永远有与头屑一般稠密的虮子",她家的饭菜永远像"用了年久的荤油",飘出一股"酸腐的味道"。作者在素素所居住的后街与马英姿所居住的前街之间设置了一条长长的胡同,由此也划分出了香味纯正的后街文化与浑浊腥酸的前街文化。但江文作为马英姿喜欢的男性,素素却不仅没

---

① 引自何玉茹:《素素》,《上海文学》2001年第9期。文中其他未注明出处的引文均同此。

有因为他是一个"吃得下马英姿家的饭的人"而拒斥,反而与马英姿展开了激烈的争夺战。事实上,小伙子"人长得一般","举止也不那么斯文","个头矮了些",是"在众人堆里不大起眼的那种"。但素素第一次与江文见面就和介绍人马英姿"计较"起来,多少显出了一种投入的姿态。小伙子"是个会说普通话的,那普通话不是学来的,一出口就是他自个儿,虽不若电影、电视里的人说得好听,比村里人的话听上去还是洋气多了"。这是一个重要的基础,因为"素素的理想就是找一个城市人","那人一定得会说普通话,一定得是高个头、白皮肤,一定得是一副文质彬彬的样子"。眼前的江文虽不是样样符合要求,但他是城市人,会说普通话。对于素素来说,这就够了。"素素知道实现这理想(找一个城市人,笔者注)很难,她在村办工厂上班,与城市人相识的机会是不多的,只因为不喜欢马英姿而失去这机会,她想是十分愚蠢的事。"因此,不管眼前这个叫作江文的城市人有怎样的缺点,素素的投入几乎是必然的。面对江文或李文,素素这类有品位的后街人是能够做出冷静的评判的;但面对城市人,素素们却只有莫名的欣赏与仰视了。可以说,素素们是在自己可以营造的氛围中进入为自己设定的角色的,那是虚幻的,是自欺欺人的。小说中的素素也不是没有意识到这一点,但她就像吸上了鸦片的瘾君子,明知等待着自己的是什么,却欲罢不能。小说中,素素对江文有一个精辟的分析:"客观地说他绝不是她理想中的恋人,他说普通话不假,但他的普通话还差着水平,就像他对饭菜的味道没有清晰分明的界限一样,那普通话也模糊不清,拖泥带水,少有节奏,那天在咖啡厅她素素也说了普通话,她惊异地发现,她的普通话竟是比江文说得还好!再次是江文对钱的在意,咖啡厅小姐找回钱时,江文接过来将四五张零票数了两遍。灯光自是暗了些,但那是什么时候,他也真做得出来!"这段心理活动代表了素素冷静敏锐的理性本能,但素素仍然"不能拒绝江文对她的诱惑,江文毕竟是个说着普通话的城市人"。

小说中,素素与江文的情感历程虽然不是惊涛骇浪,但也一波三折。首先,素素与江文相识是由马英姿作为介绍人的。以马英姿这样粗俗的前街女性的品位,江文的层次自然也可想而知。后来,在恋爱的过程中,江文果然一步步暴露出了他的"俗"。他不仅对马英姿家的饭安之若素,也对露天电影打麦场似的感觉安之若素,他可以在咖啡厅镇静自若地数零票,也可以在拥挤的学生礼堂里忍受难闻的气息。其次,马英姿介绍江文与素素相识是因为自己对江文有"心思",这既显示了马英姿的"心计",也给素素与江文的感情埋下了伏笔。小说没有简单化地处理人物,作者也丝毫没有脸谱化。马英姿的能干、好爽、执着甚至不乏动人之处。小说描写马英姿一方面给江文与素素牵线搭桥,一方面又想方设法介入两人的恋爱过程之中,希图以此增加与江文的接触机会,打动江文。作者的笔墨生动传神,花在马英姿身上的篇幅不多,但这个人物形象丰满,极富个性。小说写江文第一次约素素到城里吃饭。结果素素一进饭馆,马英姿已先她而来。按江文的解释是自己打电话时不知怎么被马英姿听见了,她热心地非要陪着一块来。素素恼得饭也吃不下,非要江文立马就把马英姿甩开。江文只得设计把马英姿送走。这里有一段精彩的描绘。江文坚持送马英姿走,"马英姿失望地看了江文一会儿,眼泪不由流了出来",她向江文表白了自己的情感,江文却说"我明白,但不可能"。小说描写马英姿的泪更多地流出来,描写马英姿对自己介绍江文与素素相识的又悔又恨的表白,描写马英姿将江文逼到墙根紧紧抱住,这里所揭示的马英姿的内心世界相当具有层次感。小说的价值指向并不是对人物进行单纯的道德臧否。事实上,小说中的每一个人物都不能简单地用好人与坏人去界定。小说直面富有质感的毛茸茸的生活本身,人物之间的纠葛不是传奇,却暗流涌动,引人思索。素素爱的并不是实实在在的江文,而是附丽于江文身上的所谓城市人;江文喜欢的是素素,但他又不想得罪对自己有好感的马英姿;马英姿爱的是江文,但她又节外生枝,将单纯的素素扯进这段欲理还乱的复杂关系中。可以说,小说中的每一个人都不是圣人,他们都从自身的立场出发面对这段关系,甚至有意无意地为了自身的利益损害着他人的情感。这些人物是凡人,是俗人,唯其平凡流俗,才那样打动人心。记得一位哲人说过,我们每一个人身上都存在着神性与兽性。那些圣人是在神性与兽性的搏斗中,神性战胜了兽性的人;而那些恶人与小人则是在神性与兽性的搏斗中,兽性占据了上风的人。观照我们身边的凡人与俗人,就是给我们树立一面镜子。当然,对于素素,作者无疑倾注了更多的情感。事实上,素素亦不能免俗。尽管素素认为自己与马英姿是有本质之别的,就像前街与后街的气味绝不会雷同。但素素与马英姿的计较,素素对婚姻的世俗态度,素素在村人面前的虚荣,一点也没有逃出凡与俗。而在根本上,素素却是充满着理想与激情的。与马英姿、江文们相比,素素有着一种骨子里的浪漫和对浪漫的向往。小说将整个情节结构分为"约会""进城""恋爱""痛苦""成家""婚后""理想"等7个片段。在"恋爱"一段中,作者只刻画了素素与江文看电影的场景。江文请素素在自家附近的一个部队家属院看露天电影。江文搬了小板凳,希望坐得近一点看得清。素素却说:看得清看不清有什么要紧,你以为真是为看电影来的?在看电影的过程中,素素总是试图以"动作来打断他,将江文的注意力吸引到自己身上来"。特别是在看完电影回家的时候,"每回都是由江文用自行车带着她,她坐在江文的身后,一只手臂揽了江文的腰,脑袋紧靠在江文的后背。路边的菜香阵阵袭来。抬眼便是漫天闪亮的星斗。一切的车辆都没有了,天下似只剩了她和江文两个。那情景,比看电影的感觉还好,真是棒极了,棒极了啊!"这段关于恋爱的描写,画龙点睛,凸现了人物的个性差别。江文以理性的态度对待看电影,他更关注电影的票价与内容。素素则沉浸在自己营造的爱情幻景中,她不是在看电影,而是完完全全在感受自己营造的爱情。小说对素素的心理描写极为细腻传神。比如素素不喜欢露天电影,她"更喜欢坐在电影院里,坐在电影院里是在城市看电影的感觉"。特别是江文告诉她附近的科技大学也放电影时,素素再也控制不住自己的向往。但她不直接表态,却要说:"你定吧,只要你说出来,我就随你。"如此传神的对话完全是一幅逼真的心理素描。作者对恋爱中的女性心理有较好的把握,并且能用质朴而准确的语言表现出来。这种轻松而传神的语言风格,给人带来阅读的快感,也较好地传达出人物的个人性品貌。

应该说,同样作为最平凡、最普通的小人物,素素与江文、与马英姿还是有着本质差异的。江文是一个典型的城市小市民,他有很强的适应环境的能力。他表面随和,实则没有什么能改变他对生活的既成态度。江文与素素的情感历程与演变,从外在要素来看,是源于马英姿;而从内在本质来看,则在于他们自身,在于他们价值理想的差异与冲突。素素的理想是拥有一个浪漫纯真的城乡之爱,这个爱只属于两人世界。她希望江文品味纯正,就像王子只把媚眼抛给灰姑娘。这种骄傲与自负显示了素素的不成熟,以至于她在整个恋爱过程中常常迷失于自我世界中,失去正常的判断力。小说写素素从小就敏感于不同味道的区别,她想方设法想提高江文对"味道"的纯正感觉。从小说的结局来看,素素是失败的。江文不是不知道"味道"的区别,但就像他说的:"味道怎么了?这饭菜我都吃了二十多年了。……也没觉出什么不好来。……过日子要总是拿把尺子,也太累了。"这就是江文的哲学,来者不拒,得过且过,没有目标,不思改变。这样庸俗的市民哲学是与素素这样正在成长、努力去开拓新的天地的新型平民具有根本冲突的。素素与江文的感情悲剧几乎是必然的,有没有马英姿都不会影响最后的结局。小说结尾,素素终于意识到了这一点。她反而坦然了,而江文却无法理解素素的这个改变。

素素不是一个完人,但她努力想"往高处走"。在这个过程中,她因为自负与虚荣付出了代价。这个代价是沉重的,又是有价值的。素素超越了自我,超越了肤浅与骄傲。对于未来,她有一点茫然,一点担忧,但她"自然和不由分说"地"把江文的胳膊挪开了"。这表明素素从肤浅的城市情结中超越出来,对"味道"、对"标准"有了更深层次的思索。

小说采用顺时态叙事的结构手法，将人物之间的关系演化娓娓道来，小说毫不造作的语言与清新的风格就像我们身边的生活，具有浓郁的写真性。同时，这种写真的风格更来自小说的人物塑造，来自对人物逼真、细腻、传神的个性刻画。素素、江文与马英姿就是我们身边的普通人，是活灵活现的，是血肉丰满的。他们有一点点自我，有一点点虚荣，有一点点媚俗。但他们是亲切的，是活生生的。我们从来没有这么认真地审视过他们，审视过他们的心理与灵魂。对于他们的审视，从某种意义上来说，正是对于我们自身的审视。当然，从绝对的意义上说，世界上没有完全相同的生存状态。但是，面对素素、江文与马英姿，我们难道没有看到我们自身或者我们熟悉的芸芸众生的某种影子？小说中的素素终于意识到了自己的问题。从情节的演化来看，这个转变多少有点突兀。但素素是个重感觉的人，她的理性与感觉总是那么紧密地结合在一起，使她的行事处世带有鲜明的个人风格。相对于江文和马英姿，素素的形象更具有鲜明的个性色彩，更具有新鲜感。素素是当下社会转型期的一个典型形象。这个人物具有较高的审美价值。

女性命运的文学风标
——二十世纪中国文学与女性解放*

"在任何社会中,妇女解放的程度是衡量普遍解放的天然尺度。"①20世纪,几乎每一次重要的社会变革,都伴随着女性解放的呼声,伴随着文学对女性命运与道路的探寻。女性问题不仅是政治学家、社会学家关注的重要对象,也是文学家的严峻话题。

"五四"文学:性别的觉醒

关于女性命运的探索,是"五四"新文学的重要主题。"五四"新文学运动的先驱以现代思想启蒙者的姿态,对几千年来备受压迫的中国妇女的命运表示了极大的关注。他们以彻底推翻男尊女卑的封建教条、呼唤两性平等的人格权利为核心,对女性命运进行了富有开拓性的探索,成为中国女性觉醒的精神导师。首先,"五四"文学表达了对爱情自由与两性平等权利的激情呐喊。爱情的完美程度是社会与人性完善程度的重要标志。爱情,是人性解放的必要前提;爱情,是人格尊严的基本载体;爱情,是人生理想的重要目标。性别问题,

---

* 原刊《文艺报》,2001年12月15日,《复印报刊资料·中国现代、当代文学研究》2002年第2期全文转载。注释为选入本集时所加。

① 恩格斯语。《马克思恩格斯选集》(第三卷),人民出版社1972年版,第300页。

不可能脱离情感问题。在女性解放的现实道路中,爱情无疑扮演了极为重要的启蒙角色。事实上,跻身中国文学史册的动人女性,几乎都是追求爱情、忠于爱情、献身爱情的多情女子。她们对于情感的热烈追求与将她们置于被奴役境地、钳制她们的人身自由与人格尊严的统治意志是如此的格格不入。这决定了她们必然拥有的悲剧命运,或者被强大的社会势力吞噬(如白素贞等),或者由被社会意识支配的情人的背叛所摧毁(如杜十娘等)。文学的无奈映照的正是社会的无情。"五四"为中国社会的新生送来了新的思想武器。"五四"文学对爱的激情是千年压抑的喷涌。女性作家登上文坛,一吐对爱的呼唤、激情与呐喊。爱成为女性文学话语的中心,也成为女性解放的重要思想武器。由此,中国女性真正开始从自己的爱情生活中反思自己的命运,体认自己非人的悲惨境地,激发出追求新生活的巨大热情。庐隐、丁玲等女作家为我们刻画了第一批大胆寻求爱情自由与性平等权利的现代女性形象。莎菲们在追求自由爱情与性自主权利的同时,虽然也不免痛苦与困惑,但她们自觉反叛传统的崭新姿态无疑为向往新生活的中国现代女性树立了精神榜样,成为女性觉醒的第一批文学代言人。但是,女性问题不是单纯的生理与情感问题,爱情生活中的自由与平等是女性实现个性解放和人格独立的必要内涵。而对于整个女性群体来说,对于女性命运的彻底改变来说,更为重要与深刻的是女性的经济与社会地位。这种深刻的认识首先来自新文化运动的伟大旗手——鲁迅。鲁迅富于卓见地把"五四"新文学对女性问题的思索推向了更深的层面。他在《伤逝》中第一次提出了"娜拉走后怎样"的严肃命题,使隐含在女性命运深层的经济问题浮出水面。《伤逝》向我们讲述了涓生与子君的悲情故事。子君冲破重重阻力,与涓生生活在一起。但是,爱情不是不食人间烟火的抽象存在。生活无着的子君黯然回到她极力逃脱的"牢笼",宣告了个性解放的破灭。作为伟大的人文思想家,鲁迅的卓见还在于对女性思想与意识独立性的警醒。鲁迅不仅从一般的情感层面切入了经济与社会层面,更是直逼现代女性问题的核心——女性思想与意识的独立性。《祝福》几乎是我们耳熟能详的一个悲剧故事,实际上,它也是一个关于女性命运的重要文本。祥林嫂的命运是封建女性命运的典型演绎。抗婚失败,是祥林嫂命运的第一层悲剧——她的命运掌握在父母手中;被逼改嫁,是祥林嫂命运的第二层悲剧——她的命运掌握在夫家手中;捐槛赎罪,是祥林嫂命运的第三层悲剧——她的命运掌握在礼教手中。从祥林嫂命运的演绎中,我们看到,祥林嫂并不是从一开始就认同自己的命运的,但与整个封建礼教和社会现实相比,她是那么的弱小与微不足道,她的灵魂一步步麻木,她的精神一步步自戕。她倒在飘雪的街头只是时间问题。在这里,不仅鲁四老爷们充当了祥林嫂命运的杀手,对祥林嫂充满真切同情的"我"也在无情地担当灵魂的杀手。更为可怖的是,与祥林嫂同居于弱者阶层的卫老婆子与柳妈们也在自觉不自觉地承担着杀手的职责。柳妈是个富于深意的形象。作为一个被封建礼教完全毒害、奴役、同化的底层女性,她从未意识到自己的悲惨处境,反而不自觉地扮演着助纣为虐的角色,极力为做稳"奴隶"而摇旗呐喊。《祝福》尖锐地揭示了不从根本上铲除封建礼教及其存在的社会根基,不从根本上构建女性思想与意识的独立性,中国女性命运的改变就无从谈起的深刻意蕴。

革命文学:爱情与事业的两难

"五四"文学对中国女性命运的思索,体现了强烈的使命感与先驱意识。当然,这种深沉的人文思索被激烈的民族危机和高涨的革命热情挟裹而去是时代的选择。"五四"解答了中国女性感受最深切的情感问题,颠覆了传统的婚姻与家庭观,却未能真正唤醒中国女性对自身命运的深度思虑。由鲁迅开创的对子君式的社会悲剧和祥林嫂式的灵魂悲剧的思索未能进一步推向深化,甚至未能引起女性同胞应有的关注。在有了革命男性这一有力的同盟军以后,中国女性似乎拥有了更多的乐观情绪与理想情怀。20世纪三四十年代，在冰心、白朗、陈衡哲等女作家笔下，出现了黛珈（《四年间》）、洛绮思（《洛绮思的命运》）等不以爱情为终极目标、"要做一个有为的女人"（黛珈语）的女性形象。这些女性无疑比莎菲、子君们拥有了更广阔的视野与更积极的人生姿态，她们渴望在投身社会与事业中实现自己的人身价值。在作品中，作者把爱情与事业放在尖锐对立的两难境地，当主人公们痛苦地放弃已经获得的自由爱情以后，她们在事业上取得了令人瞩目的成就。这种"有男人，不能作男人的女人"[1]的视爱情与事业水火不容的人生理念体现了女性自强自立与社会化的自觉追寻，也暴露了女性对自身命运思索的某种简单化趋向。新中国成立，是中国女性命运史上的最重大的事件。中国无产阶级以解放全人类的广阔襟怀与崇高理想赋予同胞姐妹以全新的历史地位。新中国以政府的权威、法律的形式确立了女性政治上的参政权、经济上的工作权、文化上的受教育权、婚姻上的自主权。中国女性终于从"被歧视的女性"成为"受颂扬的女性"[2]，然而，这场中国有史以来最伟大的一次妇女解放虽然慷慨献给了中国女性以命运转变的制度保障，却未能伴生一场全面深刻的思想洗礼。这场主要由"天赋女权"的形式完成的妇女解放是一次自上而下、自外而内的女性主体建构，它没有从根本上触及女性灵魂的深处，也未能从根本上改写中国社会几千年积淀下来的男尊女卑、男强女弱、男主女从等集体无意识。"时代不同了，男女都一样"的激情宣言和"妇女能顶半边天"的豪情表述使中国女性以抽象平等作为目标，向男性全面看齐。这种"无视平等中相异点存在"[3]的"看齐"隐含着的话语实质上仍然是：男人是女人的尺度与标准。它的现实代价是女性失落了自己的性别体验，扭曲了自己的主体人格。一时间，模糊了性别特征的"铁姑娘"与"女强人"

---

[1] 杨刚语。转引自盛英：《中国女性文学初探》，中国文联出版社1999年版，第30页。
[2] 吉尔·里波韦兹基著，田常辉译：《第三类女性》，湖南文艺出版社2000年版。
[3] 西蒙·波伏娃著，陶铁柱译：《第二性》，中国书籍出版社1998年版，第23页。

成为女性审美的新的范本。

新时期文学：从理想到现实

女性命运与女性问题在改革开放与思想解放的崭新历史背景下，再一次引起了思想家与文学家们的普遍关注。新时期文学在新的历史背景与思想高度下，延续并推进了"五四"文学关于女性命运思索的三大主题，涌现了张洁、铁凝、王安忆、陆星儿、张欣、舒婷等一批具有自觉的主体意识的女性作家，她们创作了《爱，是不能忘记的》《岗上的世纪》《没有钮扣的红衬衫》《啊，青鸟》《致橡树》等一批具有鲜明女性意识的文学作品，理直气壮地表达了对爱与美的呼唤、对本体生命的张扬、对精神理想的讴歌，使得在封建积淀与"左倾"思潮双重压抑下的女性意识得以苏醒。但是，中国女性的解放并没有完成。20世纪80年代中期以来，随着改革开放的进一步深化，国门的进一步打开，一方面是西蒙·波伏娃、凯利·米利特等西方女权运动的精神领袖及其思想学说为越来越多的中国女性所熟悉；另一方面是商品化的经济大潮所伴生的庸俗、实利、享乐主义，后现代主义文化所倾销的解构本质、削平深度、消解理想的价值学说对中国女性精神世界的冲击。中国女性在自己前行的道路上遇到了前所未有的挑战。一些年轻女性作家所迷醉的女性视角究竟是女性意识的深化，还是精神理想的萎缩？中国女性的生存状貌和精神境界在20世纪的最后十年产生了前所未有的分化。

市场经济的建立，商品化与物欲膨胀的现实，对女性解放提出了新的挑战。这也促使女性作家们以自己独特的艺术眼光与艺术智慧，表达对于中国社会与女性现实的深度审视、热切关注与无尽思虑。缪永《驶出欲望街》中的女大学生志菲为了不让"青春""在寂寞和奔波中，香消玉殒"，以15万元的代价将自己洒脱自如地"包"给了朝秦暮楚、女朋友不计其数的大款。王方晨在《毛阿米》中则塑造了一个由不自觉不情愿到自觉自愿认同男性中心文化、积极趋附男性等级的女大学生毛阿米的形象。毛阿米在现代"爱情"中穿梭的"不带走一片云彩"式的洒脱与自在，甚至连她的调教者也自叹不如。这些当代的知识女性与我们曾经熟悉的女性是如此的不同。她们既非"夫为妻纲"、失却人身自由与人格意识的传统封建女性，也非自强自立、誓与男人试比高的现代职业女性。她们受过良好的文化教育，有清醒的女性意识，有萌芽的女权思想，对自我有较高的估计与相当的期待。同时，由于自身的经历或耳闻目睹，她们对于女性的特点与实际处境具有深刻的体认。她们明白，真正改变男性中心的社会现实尚有待时日。但是，她们又是不甘平庸的。她们对时代的变易具有极大的敏感性。个性时代的利己趋向、商品时代的享乐原则与她们一拍即合。她们一改传统女子被动地等待男子垂惠与恩赐的做派，以自己的身体与智慧作为资本，主动地向男性这个优越等级发起进攻。在她们身上，外在的积极追逐与内在的消极认同是如此矛盾又如此和谐地统一在一起。实际上，她们只不过是社会生活的投机者，她们期待的是"同男人这个优越等级结盟所带来的种种好处"①。她们既是男权文化的牺牲品，也是男权文化的共谋者。她们的自我异化无疑具有振聋发聩的艺术效果。这些女性走向社会的"雕塑史"不仅形象地揭示了男性中心文化对女性的束缚、压抑与铸造，也揭示了女性意识在新的现实下的扭曲、倒退与堕落。她们给现代中国女性敲响了警钟：警惕社会转型与商品化浪潮下女性精神与灵魂的变异；认识反封建与女性解放是一个艰巨、漫长的历史进程；把握改变女性命运的关键不在性别征服，而在于女性自我人格、精神的丰富与完善。

---

① 西蒙·波伏娃著，陶铁柱译：《第二性》，中国书籍出版社1998年版，第16页。

内蕴密集化：现代小说艺术变革管窥*

作为大器晚成的文学样式，小说艺术在 20 世纪以来所发生的变革，可说是最令人眼花缭乱的，那些层出不穷的技法、风格、流派甚至使人产生"究竟什么是小说"的疑问。本文无意对现代小说种种探索与实验的优劣做出全面评价，而仅就现代小说对小说内涵与意蕴的追逐来一窥其变革的足迹。

一

从某种意义上说，艺术活动总是与艺术家感受的生活信息、艺术作品所承载的生活容量息息相关。在艺术创作中，艺术家将自己感受、捕捉到的生活信息，通过自己独特的情感、思想、个性去过滤，并以新的信息载体——艺术语言来显示。"言之有物"，是艺术创作的重要标准之一。一定的艺术语言可以承载一定的内涵。这样的直观联系在艺术发展的初级阶段首先为艺术家所把握。在我国文学史上，诗歌创作就经历了从四言到五言到七言到现代自由诗的发展。这种形式的更替，在一定程度上解放了作品所能负载的信息容量。从小说本身来看，亦有大致相似的轨迹。在传统的小说创作中，内容的解放首先就是从形式的扩展入手的。最早出现的小说，主要是一

---

* 原刊《杭州师范学院学报》2000 年第 1 期。

些短小的叙事作品,记载生活中的逸闻轶事,这些作品的容量较小,如我国的笔记小说、传奇小说。唐宋以后,出现了容量较大的讲史演义小说。至明清,拓展为文人创作的以现实为题材的长篇小说,《金瓶梅》《红楼梦》演示了明清生活的方方面面,在形式的扩展上也达到了中国小说史上前所未有的高峰。在西方文学史上,虽然文艺复兴时期,就出现过《巨人传》《堂吉诃德》等长篇巨著,18世纪也出现过一大批哲理长篇小说,但在规模上还没有一个作家能与19世纪托尔斯泰、巴尔扎克的小说王国相比拟,尤其巴尔扎克的《人间喜剧》,由96部相对独立的长篇小说构成,其恢宏的史诗形态使小说发展达到了一个辉煌的顶峰,也给小说艺术在形式上的扩展画上了句号。当然,并不是说传统艺术家对形式与内容的辩证关系就没有深刻的把握。事实上,"以少胜多""以一当十"等艺术原则在曹雪芹、托尔斯泰、巴尔扎克等优秀小说作家的笔下可谓俯拾皆是。然而,正是传统小说的辉煌成就才将形式的危机如此深刻地推到20世纪现代小说家的面前。20世纪日趋复杂的社会生活、日益增长的信息交流,在客观上也对小说的艺术容量和表达技巧提出了更高的要求。单纯描述具体故事的方法与形态已很难完美表达艺术家对生活的全部感受与思索,也不能满足现代读者对小说不断发展的审美趣味与审美期待。这一点,20世纪初期登上小说舞台的一批优秀作家如契诃夫、海明威、鲁迅等几乎都有自觉的意识。海明威提出了著名的"冰山"原则,强调小说中通过文字所表达的蕴含只是作品内蕴的八分之一,而其余的八分之七是借助作者高明的暗示与读者的想象来完成的。[①] 鲁迅则认为创作中应将一切"可有可无的字、句、段删去"[②],他的小说在有限的篇幅中架设起一座座通向广阔生活的桥梁。事实上,20世纪的小说创作确实面临着这样的挑战:必须拥有一种更为

[①] 俞汝捷:《小说二十四美》,中国青年出版社1983年版,第194—195页。
[②] 鲁迅:《答北斗杂志社问》,《鲁迅全集》(第四卷),人民文学出版社2005年版,第373页。

成熟的艺术观念——其表现之一：超越形式与内容的直接联系，大大拓展作品的意义空间——才能超越他们的前辈。

二

对古典小说略有了解的人都知道，古典小说的典型情节模式是：一个有头有尾的故事演绎。古典小说尽可能把故事发生的时间、地点、条件、来龙去脉、结尾交代清楚，虽然这中间也常常借助各种艺术手段来吊起读者的胃口、刺激读者的悬念，但最终一定是要把故事讲得圆满，让读者看得明白的。故事"是小说的基本方面，如果没有这个方面，小说就不可能存在了"①。爱·摩·福斯特是第一个对"情节"与"故事"的区别做出界定的现代小说理论家，但他仍然肯定了故事在小说中的重要地位。事实上，从小说发生发展的历史来考察，故事是小说得以存在的第一个前提。民间寓言、传说、说唱艺术作为小说艺术的最早源头，也把"故事"作为小说艺术的重要要素注入小说的躯体之中。几乎所有的古典小说家都牢牢记住了"讲故事"的秘诀，他们醉心于曲折离奇的情节、跌宕起伏的波澜、出人意料的巧合及种种逢凶化吉、善恶有报的程式。这些小说通过对"故事"的编造，创造出一个封闭的、幻想的小说世界。面对这个世界，小说家是全能的。他可以把一切活生生的生活肢解，按照既定的道德与理性观念重新搭配、组合，他想尽一切办法要使读者相信：这一切都真实地发生过。"故事"的艺术功能在19世纪巴尔扎克、托尔斯泰等小说艺术大师的笔下，得到了进一步的强化。他们的作品不仅没有摆脱古典小说的"故事"框架，而且借助"故事"展示了19世纪宏大的历史生活画卷。"没有阿拉伯故事的巧妙安排，没有埋入土中的巨人的帮助，

---

① 方土人、罗婉华：《小说美学经典三种》，上海文艺出版社1990年版，第220—221页。

我这一类壁画怎么能使人接受呢?"①巴尔扎克毫不讳言自己对传统艺术方法的继承。但是,19世纪的小说家并不仅仅满足于故事的曲折性,他们更要借助故事的魅力来逼近客观生活。故事与典型环境中的典型性格同等重要。一个特定的故事总是被放在一个典型的环境中,由一个典型的性格去演示。因此,从逻辑上说,这样的故事更具有可信度。为了加强作品的这种现实感,作者绝不允许自己的主观情感在作品中有一点点的宣泄,而是力求通过逼真的"故事"来承担自己所有的理性思考与美学理想。然而,这种客观冷静的"故事"并没有构成19世纪小说与古典小说在情节艺术上的本质区别。在情节模式上,它们都以一个完整曲折的故事的演绎作为小说的支点。突破这种圆满自足的故事框架实质上蕴含了对传统小说艺术观念的整体反叛。鲁迅的《示众》仅仅截取了生活中的一个断片,并没有传统意义上故事的线性发展;《阿Q正传》与其说是讲述了某个人物的故事,还不如说呈示了中国国民的某种性格类型。在这个"性格"中,作者集中并放大了中国国民性的重要弱点——精神胜利,从而使得这个人物带有鲜明的象征意味;"阿Q"的故事不仅是阿Q这个人物的命运演绎,更是阿Q这类人物的生存状态与生存模式的隐喻。鲁迅小说的情节构思已经显示出20世纪现代小说艺术变革的某种趋势:小说家是"故事"的创造者,但决不只是一个"说故事"的人。这种美学追求并不是一种孤立的偶然的现象。即使像欧·亨利这样的19世纪的故事天才,也对故事以外的世界表现出了浓厚的兴趣。他的短篇小说《回合之间》描写经营寄宿舍的墨菲太太,因找不到儿子迈克尔满街奔跑,惊慌失措,最后发现只是一场虚惊。小说的目的不在叙述一个离奇的事件,而在于展示这个事件在周围人们心理和行为上引起的骚动。这篇小说显示了:小说重心由故事转向人物;由个别人物命运的关注转向对人生、对整体生存状态的关注;情节结构趋

---

① 《欧美古典作家论现实主义与浪漫主义》,中国社会科学出版社1981年版,第18页。

向开放,某个情节(墨菲太太丢失儿子)只是纷纭复杂的生活信息与事件的一个交汇点。进入20世纪,可以说,在小说创作中,某种特定的情节模式已不复存在。故事不管如何精彩,都只是小说透视生活的一个支点。由此,小说不仅叙述了"故事",更是表现了由"故事"所辐射的远为广阔的生活。

芥川龙之介的《筱竹丛中》①将"妻子被奸污,武士遭杀害,强盗被逮捕"的故事用七个人物的不同口供来描述。结果,由于各人各有自己的立场、利益关系与隐衷,每个人所陈述的"事实"便各不相同。小说正是通过这种独特的情节组合方式强化了作品透视现代社会中灵魂的虚假与人性的弱点的独特的审美视角,由此带来的小说丰富的审美意蕴不是"嘲讽武士无能"的原古代评话故事所能比拟的。

马原的《冈底斯的诱惑》则将几个互不关联的故事并置在同一个小说文本中。这篇小说由三个互不关联的故事组成:探寻"野人"的故事;观看"天葬"的故事;顿珠、顿月两兄弟的故事。这三个故事各自按时序发展,互相之间并没有任何线性联系或因果关联的必然,但作者将它们并置纳入冈底斯这个地域框架中,共同构成并强化了冈底斯的氛围和诱惑力。马原自己在《关于<冈底斯的诱惑>的对话》一文中,即指出:将这些故事放在一起后,"读者所得首先不是一个故事,另一故事,又一故事……不同的读者会有不同的属于他自己的整体感受"②。

张欣的《婚姻相对论》③则在结尾引入了三个其他作家的文本来演绎小说主要人物的"结局",这种"结局"在小说中仅仅作为一种阅读的"参考"而出现,小说并不想确证后事,却给读者留下了广阔的想象天地。

---

① 小说取材于日本古代评话集《今昔物语》,后被黑泽明改编为电影《罗生门》,1951年在威尼斯电影节获奖。
② 马原:《关于〈冈底斯的诱惑〉的对话》,《当代文学评论》1985年第5期。
③ 张欣:《婚姻相对论》,《十月》1985年第5期。

现代小说创作对意义的追寻是与情节思维的解放休戚相关的。情节作为传统小说的一个基本要素,首先成为现代小说革新的对象,打破情节的故事层面,这种种新的探索也为小说意义空间的营造提供了有效的途径。

三

有人曾把小说艺术的发展轨迹概括为这样三个阶段:为故事而故事;为人物而故事;为生活而故事,即由建构故事到表现性格到展示心灵。当然,这种划分只是相对的。事实上,在故事占据重要地位的古典小说里,仍不乏对人物性格与心理的精妙把握。《红楼梦》所刻画的人物性格与心理的丰富性和复杂性都是前所未有的,但它主要是通过人物外在言行的描绘来实现的,即"以外写内"。19世纪末,一些重要的现实主义作家如托尔斯泰等开始关注对人的心灵世界的直接描绘,他们主要运用议论、抒情、回忆、联想、自省等手法,直接描写人的意识世界,力求揭示人的意识活动的丰富性与矛盾性。托尔斯泰的小说艺术也由此称为"心灵的辩证法"。现代小说对人物心理的开掘,则进入了一个更为广阔的层面。20世纪小说作家们进一步发展了感觉、印象、情绪、心绪、潜意识、无意识等非理性状态。英国小说家弗吉尼亚·伍尔芙笔下那个面对"墙上的斑点"的妇女心灵如水中的鱼一般自由,作者把主人公内心的"戏剧"推到了读者面前。

施蛰存的《春阳》写了一个农村寡居的孀妇蝉阿姨,走在春阳沐浴下的都市街头,内心不免灼热起来,这种心绪的骚动表面看来是受了天气的影响,实际上则与银行年轻的行员"对着她瞧",餐馆里有着一双文雅的手的男士似乎要向她走过来不无关系。作品通过主人公与外在生活的交互感应,巧妙地表现出人物内心深处潜藏着的欲望。春阳下骚动的蝉阿姨与那个孀居后宁静独处的蝉阿姨哪个更真实?

现代小说不再从一个层面透视人的心理活动,而是力求刻画出人的心理的立体的多层次的动态结构。小说家们认识到,小说要完整地表现人,既要表现人的外在面貌("做什么"),也要表现人的典型性格("怎么做"),还要展示人的多层次多侧面的心灵世界("为什么做")。在小说创作中,心理描写、"意识流"等手法的运用,实际上不只是技巧的创新,从更深刻的意义上来说,它是内容变化的必然产物,是小说人物刻画从凸现性格到把握性格根源、表现性格特征到展示个性整体的重要飞跃。对人的心灵世界的立体开拓,大大增强了小说艺术的表现力,也无疑为小说文本内蕴密集化的追寻提供了又一个积极的途径。

传统小说除了把故事叙述得清清楚楚以外,为了营造逼真的效果,也常常把环境放在突出的位置上。冈察洛夫花了大量的篇幅来刻画奥勃洛摩夫那间杂乱、肮脏的居室;果戈理则细腻地描绘了狄康卡近郊优美的田园风光。因为在传统小说家看来,典型环境正是典型性格形成并赖以存在的客观基础。典型环境中的典型人物,历来是现实主义小说创作中最重要的美学原则之一。这样说,并不等于现代小说创作摒弃了环境描写,但现代小说已不再拘泥于典型环境的写实性,环境不是以具体的生活要素,而是以整体生活背景的形式存在于小说中;环境在小说的具体画面上走开了,却依赖于读者的生活阅历和审美经验而存在。鲁迅的《狂人日记》通篇由狂人的意识流动构成,具体的典型环境在作品中是"不着一字"的。但环境确实是存在着,存在于"文字"之外。读者所体认的那个时代,是构成这部小说典型环境的基本要素。读者如果不把"狂人"的呓语和整个时代、社会联系起来,构成一个整体,就无法理解这篇小说的真正涵义。环境被虚化了,却为读者营造了一个开放的审美空间,使他们的经验和想象得以自由地发挥,从而也势必有效地拓展了小说的意义空间。事实上,在现代小说中,环境即使作为一种具体的生活要素出现,它也不像传统小说那样作为人物活动的纯粹背景和舞台,它本身就是人物生存的一种状态，与广阔的生活构成了多维的联系。美国作家约翰·巴思的《迷失在开心馆里》叙述了一个13岁的少年安布罗斯随全家到海滨度假，在露天游泳场的开心馆中漫游的经历。作品以第一、第二、第三人称交叉的笔法来叙述事件，展开对作品本身的评论，穿插作者关于各种文学观念的阐释。由此，构筑起一个立体的典型环境——"开心馆"——的多重意味，它既是少年安布罗斯游玩的迷宫，也是追逐各种人生欲望与梦幻的迷宫，还是苦苦探索艺术真谛的迷宫。现代小说环境描写的这种开放的态势反映了小说艺术向着更广阔和深邃的时空拓展的追求，也体现了现代小说试图从更高的层次上展示小说意蕴的理想。

四

内蕴密集化作为20世纪小说艺术试图超越形式与内容的简单直接联系，达到内容与形式的更高层次上的和谐与统一的艺术追求，从总体上说，无疑具有积极的意义。它对小说审美特性的变革和艺术表现力的拓展都具有不容忽视的影响，推动着现代小说在征服形式的外在局限、追求有效的意义空间的过程中，把辩证的思维方式、立体的对象世界纳入自己的视野之中，也把读者、把新的审美经验与趣味的培养，把接受能力的发展与变革纳入自己的视域。现代读者反复咀嚼卡夫卡笔下那个永远也无法进入的"城堡"；体味海勒笔下那条既存在又不存在的"军规"。借助有限的文本营造丰富的意义空间就势必要突破文本的自足性。文本中"未定性的空白"给予读者参与创作"作品"的良机，也使得有限的文本具有无限的可伸展性，从而为内蕴密集化提供了又一个富有意味的视角。这是对接受能力的考验与挑战，也为新的接受经验与趣味的滋养提供了土壤。

当然，现代小说对内蕴密集化的追求在每一位小说作家的笔下都有不同的特点，表现为不同的方法。从具体文本来说，这些探索有成功的,也有失败的。但任何探索都需要一个过程。一方面,是艺术家切入、把握新的现实并寻求与其相宜的表达方式的过程;另一方面,也是鉴赏者趣味、能力变革与成熟的过程。我们要做的是:以宽容的心态来对待艺术发展中的每一个探索与创新,以理性的方法来评判艺术探索的每一个成功与失败,以辩证的思维来完善、丰富我们的理论观念与美学理想。

论文学接受的个体性与社会性[*]

文学是创作活动与接受活动交互作用的动态流程。文学活动作为一种艺术实践活动,存在于从创作到阅读的全过程中,是作家、作品与接受者三种因素交互作用的结果。在文学活动的全过程中,如果把创作活动看作一个层次,那么,接受主体——读者和接受对象——作品之间的互相接触,则意味着文学活动在新的层次上展开。这是21世纪六七十年代崛起于联邦德国南部博登湖畔的"康士坦茨学派"或曰"接受美学"学派的基本观点。这一学派肯定了接受活动对于文学活动的重要意义,却又片面夸大这种意义;肯定了接受活动的能动性与创造性,却又把这种能动性与创造性完全个体化与绝对化。德国文艺理论家巴克曾在《社会——文学——读者》一文中针对"接受美学"的主要代表人物伊瑟尔把文学接受看作纯粹是个体活动的理论观点进行了尖锐的批评。他指出:伊瑟尔接受理论的实质在于"阅读过程的私人化,……只会给读者选择的伪自由。同时,却又忽视了接受的真正的社会决定因素","人们可以把它(伊瑟尔的交流理论)解释为对资产阶级的见解自由的接受美学的阐释;他慷慨地给予读者以构成文学本文意义的权利,仿佛根本不存在统治阶级的意

---

[*] 原刊《台州师专学报》1991年第2期。

识形态,根本不存在由这种意识形态决定的社会方式"①。因此,在肯定文学接受对于整个文学活动的重要意义的基础上,如何科学地认识与把握文学接受的具体性质与特点是我们今天所面临的重要课题。

一

文学接受是文学活动的一个有机环节。接受的主体是接受者,即具备一定的接受能力的个人。在一般的意义上,文学接受总是以个体阅读的方式进行的。即在特定的时空中,单个的接受主体阅读特定的作品。在这一接受过程中,接受主体必须具备一定的生活经验和文化素养,通过个体感知和个体再创造,使作家的作品成为自己的"作品"。这后一个"作品",使创作活动获得现实的实现。在这一过程中,接受主体的个体性是必然的也是必需的。

个体的人不仅有种类的普遍性,也有突出鲜明的个别性。每一个人不仅在秉承的天资、本能、气质、性格上各有差异,而且在所处的不同环境中,个人的生活经历、知识水平和情感表现也是截然有别的。在这里,人的遗传因素、天赋素质等,成为个性特征形成的决定性因素。在任何一个具体的接受过程中,接受主体的个性都是一个不容忽视的重要因素。

首先,接受对象的选择是接受主体审美个性的重要表现。

一个接受者所以选择这个作品,而不选择那个作品,正是这个接受者从自身的审美兴趣、审美需求、审美理想出发而做出的主体独特的艺术选择。由此,不同风格流派的文学作品才各拥有了自己的知音。有人喜读诗歌,有人爱看散文;有人喜欢通俗文学,有人偏好纯

---

① H.R.姚斯、R.C.霍拉勃著,周宁、金元浦译:《接受美学与接受理论》,辽宁出版社1987年版,第146页。

文学。正是因为审美个性的差异性和多样化，各种类型的文学作品在接受过程中，才都可以各居一隅。

其次，审美再创造的实现是接受主体审美创造力积极能动地发挥作用的结果。在这一过程中，最鲜明地体现出接受主体审美创造力的个性特征。

在审美再创造的过程中，接受主体并不是被动地接受作家所提供的审美信息，而是依据自己的生活经验去理解，依据自己的情感体验去领会，依据自己的认识能力去思索，依据自己的审美能力去想象，并进而再造文学形象的过程。以物质形态固定下来的作家的作品和以精神形态存在的接受者的"作品"并不是同一作品，后一个"作品"是熔铸了接受主体审美创造力的结晶品。它是不同的接受主体个体审美创造力的实现，是不同的接受主体形象感知和形象再造的差异的体现。不同的接受主体对于同一件作品的再创造，对于同一件作品的审美评价，往往是牝牡骊黄、见仁见智的。如，同是莎士比亚的剧作，俄国的别林斯基从中读出的是"神圣伟大"和"崇高"，他赞扬莎士比亚"从善和恶双方都索取到同等分量的贡品，并且通过了他的灵感的慧眼，看到了宇宙脉搏的跳动！他的每一个剧本都是一个世界的缩影"；而英国的奥瑞看到的却是"野蛮""乖张"和"荒谬"，他指责莎士比亚是"文学上的侏儒"，"每时每刻无孔不入地传播伦敦布尔乔亚的思想"。① 对于同一对象，不同的主体在接受过程中鲜明地呈示出再创造的个性差异。

文学接受从对象的选择到形象的再造，从对作品的感知到评判，它以个体的阅读方式完成了个体的选择与创造，从而体现出接受主体鲜明的个性色彩。这就是文学接受的个体性。

---

① 樊莘森、高若海：《美与审美》，福建人民出版社1982年版，第145—146页。

二

　　文学接受以个体阅读的方式进行,体现出接受主体鲜明的个性特色,但它又不是纯粹个人的活动,不可能具有绝对的个体性。那些由接受个体所承担主角的接受活动,从表面看,似乎是个人所有,但实质上却与他人、与社会有着这样或那样的联系,并具有深刻的社会意义。同是莎士比亚的剧作,别林斯基与奥瑞所以做出截然相反的评价,不仅仅只是个人的好恶,也体现着不同的阶级立场与观点。前者作为一个革命民主主义者,他是从中下层劳动者的立场来评判的;后者作为一个英国贵族,则是从上层统治者的利益来考察的。而我国"五四"以前的文人把八股文奉为文字美的标志,也正是那一时代封建士大夫阶层以此安身立命的普遍写照。可以说,接受主体的任何一种审美选择与审美再造都既是接受主体个体特性的体现,也熔铸了主体所从属的时代、社会、民族、阶级、阶层乃至某一群体集团的普遍性的实质。前者不仅要受到后者的影响、规范与制约,还在自身的特性中体现着后者的内蕴。这就是文学接受的社会性。

　　考察文学接受的过程,我们看到,任何一个具体的接受活动得以展开,必须具备主体——接受者和客体——作品这两个基本要素。当作家创作的作品通过语言的传达以物质的形态固定下来以后,接受主体在艺术活动的辩证过程中就开始取代创作主体的主导角色。此时,艺术活动就在艺术接受主体(读者)与接受对象(作品)之间展开了。

　　作为现实的个体,接受主体不仅仅是自然的,而且更主要还是社会的。个人是社会的存在物。事实上,个人一生下来就成为社会的成员,个人只有在社会关系中才能发展自己的个性。个人融会了内在与外在、现实与历史、个体与社会的成分,从而成为一个能动的复合体。个人与社会的互动是一个复杂的过程。社会由个人组成,并且存在于个人之中;个人受到社会的影响,并且是社会实质的具体化。在社会群体中,我们不可能设想有纯粹的个人存在与个人行为。反之亦然。我们只有把个人与社会结合起来,才有全面观照。马克思早就指出:"人是一个特殊的个体,并且正是他的特殊性使他成为一个个体,成为一个现实的、单个的社会存在物。同样他也是总体,观念的总体,被思考和被感知的社会主体的自为存在,正如他在现实中既作为社会存在的直观和现实享受而存在,又作为人的生命表现的总体而存在一样。"① 也就是大家所熟知的:人既是"一个现实的单个的""特殊的"个体的存在,又是"一切社会关系的总和"。可见任何个人的活动都必然置身于一定的社会环境和社会关系之中,渗透着社会的因子,折射着社会的影子。接受主体的接受活动也是如此。接受主体作为社会的一员,生活在社会的大环境中,其接受活动也必然是在各种各样的社会关系之中进行的,因而也总是直接或间接地与他人、与社会发生这样那样的联系。在个体的接受活动中,在富有个性特色的审美选择与再创造中,必然沉淀着丰富的社会内涵。

首先,接受主体的审美趣味不仅要受到个体特性的影响,也要受到其所处的时代的总体文化格局与文明水准的影响。"一个时代的多种文化作为一个整体,就具有某种无形的但确实存在的共有的、基本的视界或规范。它作为一种文化环境、一种社会心理、一种精神空气,包围着、浸染着、熏陶着生活在这一时代的每一个人。"② 在接受活动中,虽然各个主体的生活经历、年龄性别、文化素养、性格能力各不相同,由此形成的接受主体的审美心理、情趣、视界也带有鲜明的个性特色,但他们又都受制于那个"共有的基本视界或规范",它"预先规定着这个时代每个个体的文化眼光与水准的最高极限与可能度"。同时,每个个体又总是"在这个共同视界内来接受、认识、理解"

---

① 《马克思恩格斯全集》(第42卷),人民出版社1979年版,第123页。
② 朱立元:《接受美学》,上海人民出版社1989年版,第168页。

作品。① 因此，封建时代奉为至尊的八股文，只有到了"五四"时代，才都扫入"扫荡之列"。这种趣味与视界的变化是一种时代的选择。同时代的人正在形成与发展的审美趣味与审美意识，对接受个体的审美情趣往往是最具影响力的。以我国当代文坛为例，伤痕文学、改革文学、寻根文学的轰动效应，正是一种时代的反响；而一度掀起的"琼瑶热""三毛热""金庸热""席慕蓉热"，一浪高过一浪，其影响之大，冲击之大，也充分说明了时代趣味与视界对个体审美情趣与视界的影响。每一个体的审美情趣中不仅包蕴了主体的个性特征，也蕴含了时代的总体文化特征。正如R.C.霍拉勃所说的："一个有能力有文化的读者"，"必须适合当时的社会文学规范，在十八世纪，他（她）就一定要掌握洛克哲学，而在廿世纪，他（她）就要像伊瑟尔那样喜好传统先锋派作品"。② 实际上，这种适合、掌握与喜好不仅是"必须"的，也是必然的。

其次，接受主体的审美意识不仅带有个人的偶然的东西，也熔铸着特定的社会、民族、阶级及阶层等的普遍而必然的东西。个人的审美活动必然受到其所属的阶层、阶级、民族、社会的特定的生活实践和意识观念的影响与制约，而且总是自觉不自觉地体现出这种共同的社会特性。鲁迅先生曾指出："在阶级社会里"，文学"断不能免掉所属的阶级性"，这种阶级性无须加以"束缚"，"实乃出于必然的"。"饥区的灾民大约总不会种兰花，像阔人的老爷一样；贾府上的焦大，也不爱林妹妹的。"③这不仅是文学创作的特点，也应该包括文学接受。别林斯基和奥瑞对莎士比亚剧作的不同评价可以说是一个明显的例证。审美接受"决不能脱离艺术从中产生的环境"，"社会阶级和

---

① 朱立元：《接受美学》，上海人民出版社1989年版，第168页。
② H.R.姚斯、R.C.霍拉勃著，周宁、金元浦译：《接受美学与接受理论》，辽宁出版社1987年版，第382页。
③ 《鲁迅全集》（第4卷），人民文学出版社1981年版，第204页。

超出美学之外的社会关系,在建立和改变标准中,具有举足轻重的作用"。① 接受主体的审美选择、审美再创造与审美评价无不蕴含着深刻丰富的社会内容。"驿外断桥边,寂寞开无主。已是黄昏独自愁,更著风和雨。无意苦争春,一任群芳妒。零落成泥碾作尘,只有香如故。"这是南宋诗人陆游的咏梅词。陆游主张北伐抗金,收复中原,却遇到投降派的打击和排挤。他悲观失望,在咏梅词中塑造了孤芳自赏、洁身自好的梅花形象,表达了自己无可奈何的感伤情调。毛泽东同志读了陆游的咏梅词,一改其低沉的格调,写下了"风雨送春归,飞雪迎春到。已是悬崖百丈冰,犹有花枝俏。俏也不争春,只把春来报。待到山花烂漫时,她在丛中笑"的豪迈词句,其笔下的梅花坚贞豪迈、谦虚质朴。这样的审美再创造,成功地实现了个性化与社会化的融合。我们对这些文学作品的接受,也应该充分解读其个性化和社会化的多重内涵。

再次,接受主体审美能力的培养、艺术素养的提高,是一个不断批判吸收传统养料的过程。由此,个体的审美能力与艺术素养不仅仅只是个人的东西,其中也积淀了丰富的社会历史内涵。不管接受主体是否意识到,这种养料早已沉淀在他的审美意识中,渗透于接受活动的每一个环节与方面。人们"并不是随心所欲地创造,并不是在他们自己选定的条件下创造,而是在直接碰到的、既定的、从过去承继下来的条件下创造。一切已死的先辈们的传统,像梦魇一样纠缠着活人的头脑"②。作为历史的积淀,文学传统无时无刻不影响着今天读者个体的接受意识,构造着今天读者个体的接受能力与审美水准。精神分析学家卡尔·荣格提出了"集体无意识"的概念,他认为由人类远祖、前人类以及各个世代累积起来的集体经验形式以无意识的方式通过遗传积淀在每一个体的心理上,潜在地支配着人们的

---

① H.R.姚斯、R.C.霍拉勃著,周宁、金元浦译:《接受美学与接受理论》,辽宁出版社1987年版,第341页。

② 《马克思恩格斯选集》(第4卷),人民出版社1972年版,第368页。

思想活动方式。荣格的观点虽带有神秘主义的色彩,但文化传统对个体意识素养的深层的潜在影响是难以否认的。这一点在接受实践中也是非常明显的。比如,"淡化情节"的实验小说在当代文坛上奋斗几年,却始终很难为中国社会群体所接受,不能形成一股汹涌的潮流而大有偃旗息鼓的趋势,此中固然有种种主客观的因素,但我国小说历来注重人物塑造,讲究情节的文学传统所造就的审美定势和期待视界不能不说是一个重要的原因。姚斯在《走向接受美学》一文中也明确指出:文学体验需要一种"先在知识,在此基础上,我们遇到的所有新东西才能为经验所接受,即在经验背景中具有可读性","文学与读者的关系有美学的,也有历史的内涵。……第一个读者的理解将在一代又一代的接受之链上被充实和丰富,一部作品的历史意义就是在这过程中得以确定,它的审美价值也是在这过程中得以证实"。① 也就是说,单个读者的理解中已沉淀了丰富的历史内涵。同时,也由此构造着一代又一代读者的审美能力、审美素养与审美视界。我们必须认识到:任何事物的发展都是传统与现实相撞击、相交融,从而达到新传统的形成与旧传统的更新、发展的过程。正如胚胎学是整个人类历史的缩影,现实中也流动着历史的血液。阐释学的创始人伽达默尔认为:"理解活动乃个人视野与历史视野的融合。我们实际上无法把过去的视野与现在的视野分离开来,单个的视野是与蕴含在历史意识中的每一因素融而为一的。"② 个体的接受水准中沉淀了深刻的社会历史意蕴。我们必须透过文学接受的个体特性,看到这一深层内涵。

最后,接受活动要得以顺利开展,接受主体与对象间还必须借助于各种艺术消费中介,建立起必要的联系。这些社会中介的存在与作用,是文学接受社会性的另一重要原因。可以说,不管一部作品是

---

① H.R.姚斯、R.C.霍拉勃著,周宁、金元浦译:《接受美学与接受理论》,辽宁出版社1987年版,第24—25页。

② H.G.伽达默尔著,王才勇译:《真理与方法》,辽宁出版社1987年版,第75页。

怎样形成的,当它成为具体的接受对象时,其间已经经过了一系列的社会中介。没有中介的纯粹独立的艺术消费几乎是不可能的。当读者拿到一部作品时,审阅、编辑、出版等一系列中介环节已经起了作用。这些社会中介的观点与视界也通过各种途径作用于接受主体的艺术视界与审美观点,并制约与调节着具体的接受活动。同时,接受活动置身于社会生活这个大背景中,除了单个接受主体的阅读活动外,还有接受者个体之间及其与各种社会群体间的交流活动,亲朋好友之间审美信息与经验的交流,各种文学沙龙、俱乐部、协会、座谈会与讨论会都会影响到接受个体的审美视界,并使个体的接受活动着上社会群体的色彩。而且,从根本上来说,艺术是一种传播和信息,只有得到了交流与沟通,艺术才能产生相应的效应。正如上文所指出的,由于各人的生活经历、艺术修养等的差异,对于同一作品,每一主体的理解、接受的程度与水准也各不相同。由此,文学教师、批评家、理论家、文学报刊、理论专著等都成为文学接受的重要中介。通过这些中介的作用,接受者往往能更深入理解作者的意图,更准确把握作者所运用的独特的文学语言和文学手段。尤其是艺术家运用新的文学语言,创造新的文学样式时,这些中介的作用,就显得更为重要。如现代象征派鼻祖波德莱尔的诗作一改传统艺术的风貌,作品充满了对丑恶的描绘。如果不了解作者所运用的独特的文学语言与表达方式,就不可能正确地理解把握他的诗作。艺术消费中介不仅能帮助接受主体更好地完成接受任务,而且也使接受主体的个体实践成为社会合作的结果。

总之,作为社会交流与沟通的过程,接受活动在实质上是一个富有社会意义的活动,其与社会的联系是密不可分的。可以说,文学接受是以个体阅读方式存在的富有社会色彩的艺术实践活动,是个体性和社会性的融合。只有把接受活动置于整个社会活动的大背景中,置于社会文化的现有结构和历史发展的网络系统中,作共时与历时、静态与动态的全面与辩证的考察,才能深入理解、准确把握文学接受的个体特性、社会特性及两者间的辩证联系。

三

文学接受的个体性与社会性不是偶然的融合；这种融合不是机械的二重组合，而是相交相融的化合与贯通。"美的事物的全人类的意义要通过个人的关系揭示出来"①，也就是在最富有个性色彩的接受活动中体现出最深刻的社会蕴含。比较科学活动与文学活动，我们看到：科学活动是从个别出发，扬弃个别，把握一般；文学活动则是从个别出发，融会一般，又重建个别。在这个意义上，可以说，文学活动既是最富有个体性的，又是非个体性的。文学接受的个体化与社会化是同步进行、相辅相成的。同时，接受活动的个体性与社会性在每个具体的接受活动中所占的分量与融会的程度又是各有差异的。此中涉及作品、接受主体、消费中介等一系列环节与因素的各种主客观条件。对于具体的接受活动来说，接受主体的个体意识与社会意识越自觉，对两者的处理越得当，其再创造的"作品"的审美价值与社会价值也必然越大。在处理这个问题时，我们既要防止对两者生硬割裂或机械拼凑的现象，也要防止片面抹杀或夸大一方的倾向。

我们必须认识到，贬低和抹杀接受主体的个体性和创造精神，不仅不利于个体接受水平的提高，也会有害于社会审美水准的进步。同时，我们也必须认识到，社会性规定体现于个体性中，而接受主体的个体活动也只有具备社会意义才是富有价值的。单纯追求自我实现的文学接受，如果不是一个审美能力低下的实践，就是一个不能实现自身应有价值的活动。这样的活动，不仅不能体现和发展自己的接受水平，也扼杀了作品原有的价值。我们还必须认识到，在文学活动的整体过程中，文学创作与文学接受作为两个互为因果的辩证环

---

① 黑格尔著，朱光潜译：《美学》（第1卷），商务印书馆1979年版，第336页。

节,任何一方的发展都有待于另一方的进步,但创作在这一过程中具有基本的意义,占据主导的地位。必须先有创作,然后才有接受。任何对于接受的研究,归根结底,都是为了促进创作的发展和不断满足新的接受需求。文学接受的个体性与社会性的特点,不仅要求接受主体自觉地认识、把握并在接受实践中运用和达到最好的效能,而且也要求作家在创作中自觉地将这两个因素的特点与关系综合起来考虑。

"接受美学"在文学理论视野中引入了文学接受这一重要环节,这是一个引人瞩目的贡献,但对这一活动的具体特性的研究仍是一个需要不断深入探索的课题。

大众传媒时代的文学变迁及其价值功能再认识[*]

大众传媒时代,文学产品已突破较为单一的种类和形态阈限,转向满足各种消费层次、群体、主体的个别需求。由此,讨论大众传媒和文学的关系成为一个不可回避的话题。本文拟就大众传媒对文学的冲击及其文学特征与功能价值的变迁等问题,谈些个人的看法。

一

从人类传播史来看,迄今人类的传播媒介及其发展主要可分为口语媒介、书面与印刷媒介、电子媒介三个阶段。

作为现代传播的主要标志,电子媒介不仅能像文字符号一样克服直接交流中的时空限制,还具有口语媒介的直观生动性,并使形象和影像得到了空前有效而方便的传播。电子媒介技术兼有多种传播手段和传播形态,可以满足不同的传播需求和要求。尤其是以电脑技术为标志的信息高速公路,使现代生活真正进入大众传媒时代,并深刻地影响了大众的生活模式与生存特征。包括文学在内的文化艺术从只由少数人创作和欣赏变为可以由每一个愿意制作和消费的人

---

[*] 原刊《杭州师范大学学报》2007年第4期,《复印报刊资料·文艺理论》2008年第4期全文转载。

来涉足的行当。大众传媒时代,电子媒介的普及性、大众性和民主性使得文学活动的主体人群获得了空前的扩张。网络小说的作者不须作协派发资格证,也无须经过书籍报刊编辑的严格编审。他爱写即写,写了即是发表,而不必再像传统文学一样一定得写到某种状态才可发表。在网络写作中,作者和读者的界限有时也变得模糊。读者一边阅读一边跟帖,这些帖子实际上已经成为作品的一个部分。Blog文学作为一种公共日记,更鲜明地体现出电子传媒的信息性、及时性、开放性、自由性、互动性等新的写作特征。在这些电子传媒文学中,影像获得了空前重要的地位,它们常常和文字一起共同承担着构造作品形象的功能,而不必像原始传播和传统传播一样,文学形象必须完全借助于对文字的想象来完成。

当然,大众传媒时代,传统的纸质媒介和原始的口语媒介依然存活。尤其是纸质媒介在今天的中国仍然是一个非常强势的传播介质,也仍然是今天文学传播的主要形态之一。但是,我们必须承认,新兴的电子传媒技术及其优势将无可避免地对传统书面与印刷媒介形态产生深刻的影响与冲击。以至于在今天,即使使用了传统的书面介质,它的传播形态和方法特点也往往发生了巨大的变化。没有一种文化能够超越自己的时代。与大众传媒相联系的文化工业使文学艺术进入了一个精神生产的消费时代。"文化已经从过去那种特定的'文化圈层'中扩张出来,进入了人们的日常生活,成了消费品。"①文学作品由艺术品成为消费品,由鉴赏的对象成为消遣的对象,这是文学在大众传媒时代所面临的最大挑战。

---

① 唐小兵译:《后现代主义与文化理论——杰姆逊教授讲演录》,陕西师范大学出版社1986年版,第148页。

二

大众传媒时代,现代传播技术正无可阻挡地深刻影响着人的生存形态、生活方式和生存理念。在这种社会性的巨大变迁中,当前中国文学的特征正呈现出如下的一些演变趋势:

其一,文学内容的信息化程度提高了。

文学承载着一定的认知内容,但这种认知活动应以审美活动为前提,以审美愉悦为标的。

大众传媒时代是一个信息的时代。现代传播技术在信息传播上的巨大优势,给文学以信息传播上的极大便利,同时也刺激了它对信息含量的狂热追求。大量以消费者身份存在的文学受众更是歪打误撞地把信息量视为文学内容的主要标杆之一。

在大众传媒时代,信息既是传统意义上那些重大的重要的引人关注的社会事件,也是那些本应隐于大众视线背后的个人生活隐私。纪实、自传、写真、Blog,文字加上贴图,以别人或自己的隐私为卖点。在把信息量游离于艺术认知的审美品位后,文学文本的信息化程度与文学内容的认知价值往往就背道而驰了。

其二,文学情趣的生活化趋势明显了。

文学作为精神生活的高雅形态,它把美的追求作为自己的根本目标。在原始传播中,文学创作者来自民众。口头文学是民众趣味的重要承载者。原始生活严峻的自然形态使得这些人类的初民们往往把超人性的神性作为欣赏与崇拜的对象。而书面传播首先是作为一种文化权利而存在的,其文学趣味必然代表了这些权利者的标准。这种审美趣味经过意识形态或精神信仰的陶染,往往高出于一般社会大众的口味,而使其带有某种特殊的意识精神指征。

不管是口头传播还是书面传播,文学在这样的传播形态中都追求着趣味的提升。它总是把自己区别于生活,使文学活动的主体从现实的生活情态中超越出来,去追求精神的飞翔。

而在大众传媒时代,文学的消费者和消遣者追求的不再是需要细细品味的高情雅趣,而是最贴近于自身生存的生活趣味。这种趣味在消费中不须着力费神,就可轻松享受。曲折的情节,诱人的隐私,爆料的内幕,艳丽的图像,故作深沉或打趣逗乐。这一方面使文学空前地贴近了普通大众的生活情状;另一方面,则可能或必然消解文学艺术的哲思与意趣,使得文学文字特有的深沉美感与悠长韵味被悬置。

其三,文学形式的技术化手段加强了。

文学是需要表现的。传统的口头和书面文学主要借助于文字语言的技巧,来实现文学形象的建构与传达。因此,文学也被称为语言艺术,文学家又被誉为语言艺术家。

今天的电子传媒技术则使文学的表现手段和传达介质获得了空前的丰富和自由。电子媒介文学既可以充分借助传统的文字语言的技巧,也可以自由借助于图像等功能。只要你愿意,一个网络文学文本,组合进声、光、活动的影像也未尝不可。超链接使许多传统文学以外的手段今天已可以非常自由地运用到文学之中。文学已不再是单纯的文字艺术了。今天,印刷媒介中的文学书籍和文学报刊的装帧设计也更多地关注起文字或文本以外的东西。在某种意义上,这样一些手段有可能使文本的内容和个性得到更明快有效的呈现。但是,丰富的技术手段和炫人眼目的形式追求有可能使作家疏于对文字本身的严格要求,也可能使文学阅读独有的意境和意味被令人眼花缭乱的形式和技术指征消解。

其四,文学接受的开放性特征强化了。

接受是文学艺术产品的消费过程,也是文学艺术产品的价值生产过程。在传统口头和书面文学传播中,接受者主要受作者和文本的牵引,更大程度上是承担听众、阅读者以及理解者的角色,更多地呈现出某种被动色彩。

大众传媒时代,其传播方式的高速、开放、平等、参与,使得传播者和接受者的关系达到了一个新的阶段。文学活动中,作者和读者的分工定位及作用界限都已不再那么明晰。网络写作中,读者可以自由地进入作者写作的时空中。假如你对某个作者的写作有感受,你就可以加入这个写作的具体过程中,跟帖顶帖,从而由读者的角色多少转化为一个作者抑或评论者的角色。于是,在今天的印刷文学,如《风中玫瑰》这类由网络小说演化而来的纸文学中,我们也可以重温这样前所未有的情景,读者面对的竟然不是一部由章、节构成的作品,而是由诸多网络游客的"帖"所完成的作品,这个由首发者"风中玫瑰"和众多跟"帖"者共同完成的写作过程,时间是从2000年1月4日到9月24日。2001年,人民文学出版社以"仿BBS读本"这一新的小说内文版式将这个典型的新媒体小说移植到了传统纸媒介上。

　　这种新的文学活动方式带来的不仅仅是形式的变革,更是文学观念的某些深层变革。它使文学接受者在文学活动中的能动作用被有效和极大地激发出来。因此,它也是文学在大众传媒时代走向大众的某种真切写照。但是,过于强烈的主体色彩、个人化倾向和随性化方式,使得这种开放性的接受活动也可能会流失严肃与深度。

三

　　大众传媒时代,文学形态及其特征的某种变迁已是文学研究者必须直面的现实。那么,在这种文学生态中,文学的功能又会产生怎样的变化,文学的价值又将归属何处?

　　价值和功能从来是一个事物既相联系又相区别的两个维度。文学价值作为对文学意义的根本性概括,是一个具有超越性的维度。作为价值追求,应该由超越而趋理想。而功能作为对文学效能的具体概括,是一个具有历史性的维度。作为功能追求,势必因存现而崇实。

大众传媒时代,随着文学形态及其特征的变迁,文学的功能确实也在发生着变化。

首先,文学的娱乐功能空前强化了。

大众传媒时代,文学的一个突出功能就是它的娱乐性。甚至可以说,它是今天文学生存的某种命根。娱乐性的加强是文学贴近大众的某种表现,也是文学走向市场的必然趋势。大众读者消费的就是文学的大众趣味,归根结底就是要好看。好看才会掏钱消费,这是大众读者文学消费的唯一原则。

文学消费的娱乐指向本无可厚非,因为文学这种精神产品确实承担着某种赏心悦目、快适人心的功能。但是,文学消费的娱乐主义却值得引起关注。当文学沦为单纯的"快乐文学",将"娱乐"的原则置于文学的所有其他原则之上,以极端的调侃或戏谑、自恋或渎圣、无序拼接或自我暴露为乐时;当它削解深度与思想、拒斥批评和哲思时,这种文化工业和文学产业的消费市场旨趣可能使得对于娱乐的这种追求无法掌控或失却规范。文学娱乐有可能偏离自身的轨道,抛却文学性的规定,沦陷为大众娱乐的粗鄙工具。

其二,文学的情感宣泄功能获得了前所未有的重视。

大众传媒时代,与娱乐功能相联系的就是文学的情感宣泄功能获得了前所未有的重视。文学不再作为认识社会的工具和道德建设的工具而存在。当文学活动进入产业链条以后,它直接面对的就是消费大众的感性欲求。大众传媒使文学真正成为一个高度自由的写作活动。无论是创作还是阅读,主体都可以更真实地面对自己的情感状态与情感欲求。与传统写作相比,那种为了成为经典或力求成为经典而写作的作家正在减少。强调情感的个体性、自由性、即时性,重视情感的宣泄功能,这是当前文学创作与阅读活动中的一个重要趋向。

文学与主体情感的直接联系,使文学回归与贴近了"情动于中而形于言"的本义。但是,人的情感不能等同于动物的情欲。情欲需要的是宣泄，而人对于自己的情感，应该能够也需要咀嚼、品鉴、观照，这是一个情感建构的过程，也是人的情感力的具体体现。没有或缺乏情感的能力，就像一个没有或缺乏认知能力和道德能力的人一样，他是不健全与不完美的人。文学的情感宣泄功能使文学由神到人，但忽视文学的情感建构，将使文学丧失审美与批判的尺度。

其三，文学的想象功能正在弱化。

大众传媒对于文学技术手段的巨大推进，使得文学形象的建构不再仅仅依赖于文字。而大众消费主体所主张的大众消费趣味，也是以轻松愉快为原则的。它们的合谋使得文学不再需要高超的想象来由形象化为文字，由文字重构形象。那种煞费苦心的创作过程和柳暗花明的欣赏过程正在淡出文学的流程。某些作家则以戏说、改编、重写为旗帜，材料现成，情感随性，写得当是轻松自在。

而文学作为一种创造性、个性化的精神活动，其巨大的魅力之一就在于它的想象功能。诗意的想象使得人类的精神插上了自由的翅膀，向着理想的世界飞升。想象使文学阅读富有诗性的魅力。只有想象才能穿越时空，由一个心灵抵达另一个心灵。缺乏想象或想象弱化的文学，还能保有它的诗意和美吗？

其四，文学的诗意功能有所消解。

在本质上，文学是人的生命的诗性存在方式。文学是主体超越现实的生存状态，去寻找生存意义和诗意家园的精神活动，是关注价值理想和人文情怀的精神寻根。文学的诗意是文学生动的形象、美的情感、动人的意境、深长的韵味所共同建构的。文学活动给予主体诗意的抚慰，给予主体生命诗意的时空。

技术手段和消费文学正在消解这种诗意。文学由精神退回感觉，由理想退回实存。创作也好，阅读也好，如果都以即时享乐为标的，那么它们必然是与诗意为敌的。

四

大众传媒时代的到来是一个不可回避的历史命题,其文化产业的特征和消费文化的特点也将不可避免。但是,作为人类精神的美之花,文学价值在今天仍应突出两个基本的标杆:即审美性和形象性。

首先,审美性是文学的核心价值。

从艺术起源与演化来看,艺术走过了从实用到审美的历程。人类初民的艺术是因为劳动的实用需要而发生发展起来的。在经过了一定的亦实用亦艺术的混沌阶段后,人的审美意识得到了培育与发展,艺术逐渐从实用的生产和社会活动中脱离出来,成为一种独立而独特的精神生活形态。自然景观、劳动产品、社会生活、人自身都可以呈现和承载美,但艺术是美最纯粹、鲜明、动人的载体。在艺术中,人类的审美意识获得了最充分的展示与拓展。

作为一种精神创造与精神享受,审美是感性与理性、现实与理想、个体与社会和谐统一的精神活动。文学的认知、净化、愉悦、生命等系统功能,是以审美功能为基础与中介、为中心与黏合剂的。因此,审美作为一种愉悦,绝不仅仅只是感官感性的,而必然由感官感性而升华至心灵与精神。审美作为一种对美的体认和享受,也必然与单纯的娱乐和宣泄相区别。审美是包孕理性的情感愉悦,是蕴涵理想的精神愉悦,是获得共鸣的心灵快适。因此,审美不仅是精神消费的过程,也是心灵重构的过程;不仅是情感愉悦的过程,也是情感提升的过程。在这个意义上,审美在今天的文化产业和消费文化的文学生态中,仍然是大众传媒时代的文学应该坚守的价值立场。

其次,形象性是文学的独特魅力。

其实,谈文学及其审美,是离不开形象的。任何美都是形象具体的,是可以被感知的。审美必须以形象为依托。任何抽象的内在的东西都必须转化为生动的具体的可感的形象,才能为审美主体所把握。文学以具体生动的艺术形象作为观照的对象,通过对事物特征与内涵的感受与体认来作用于人的情感世界,使人产生真切的情感体验与情感评价,从而潜移默化地影响人的理智态度,辐射人的意志行为。这就是文学通向人心与人生之路,也正是文学的可爱与魅力所在。

黑格尔说:"艺术之所以异于宗教和哲学,在于艺术用感性形式表现最崇高的东西,因此,是这种最崇高的东西更接近自然现象,更接近我们的感觉和情感","艺术的使命在于用感性的艺术形象的形式去显现真实","艺术的形式就是诉诸感官的形象"。① 形象论在今天并不过时。因为作为文学本体的存在基础,失却形象已无所谓作为审美的文学和文学活动。文学形象具有作为艺术形象的一般特征,即具象性、整体性和个性化等;也具有作为艺术形象的特殊特征,即虚拟性、情感性、模糊性、涵盖性、生动性等;同时,它还具有作为语言艺术形象的个性魅力,即它构象的间接性、表现的自由性和心灵呈现的细腻性等。② 文学形象不是通过直接造型来完成的,准确地说,它是通过语言来想象的。无论是作者还是读者,没有文字的功力是无从进入文学的世界的;仅仅具有文字的功力,也不能完美地体认文学的世界。文学是需要想象的,需要情感把文字转化为形象;文学是需要情感的,需要情感架构通向想象的桥梁;文学是需要敏感而高尚的心灵的,需要敏感而高尚的心灵来培育丰富优美的情感与诗意。"语言的艺术在内容上和在表现形式上比起其他艺术都远较广阔,每一种内容,一切精神事物和自然事物、事件、行动、情节,内在的和外在情况都可以纳入诗,由诗加以形象化。"③形象凝结了文学的诗性与诗意并使它获得完美而独特的呈现。我以为,无论文学发展到何种形态哪个阶段,作为语言形象的诗性魅力都是文学应该坚守的基本价值标杆之一。

---

① 黑格尔:《美学》(第1册),商务印书馆1979年版,第8页、第65页、第87页。
② 参见金雅:《诗意共舞》,时代文艺出版社2001年版。
③ 黑格尔:《美学》(第2册),商务印书馆1979年版,第10页。

五

大众传媒时代文学的变迁为我们带来了新的课题。欢欣雀跃或莫名惶恐之后,当是冷静的思考和自觉的应对。文学不会消亡也不会在一夜之间脱胎换骨。涅槃是痛苦的煎熬,是需要过程的,尤其需要清醒的自觉。它应是更生而不是自杀,它应是提升而不是消解。文学及其文学性随着时代的发展而变化,这比墨守成规一成不变,更应值得我们欣喜与肯定。新的文学探索的过程、新的文学形态的衍生其本身就是一个文学发展和文学性演化的过程。面对当前文学的变迁及其呈现出的种种发展趋势,我以为,我们完全无须为文学的死亡和文学性的消解而惶恐。新的技术媒介为文学带来了新能源,必然促使文学领域的深刻革命。这种革命必将从技术、形式蔓延和渗透到文学的表达、思维、形态、价值等方方面面。就像柏拉图追问"美是什么"一样,实际上,我们今天对于文学变迁的疑虑与困惑,并不是文学表层的那些变化,而是对于文学性的终极追问。雅各布森说:"文学研究的主题不是笼统的文学,而是'文学性',就是使一部作品成为文学作品的东西。"[1]但俄苏形式主义者仅从文学的语言、结构、手段、方法,即从纯形式立场上来研究文学性。这样的文学性显然是有所偏颇的。文学性不应只是语言学和形式论的视点,而更应是本体论与价值论的视点。作为文学的本体属性和核心价值,文学性应是文学作品的个别要素融合为一个完整的生命体的完美和文学活动作为一种创造性的生命活动的韵致所发散的光辉。文学性就是文学独特的情致之美、人文之美、诗性之美。文学媒介变化了,文学手段与形态丰富了,但文学之美应该永存。

---

[1] 雅各布森:《现代俄罗斯诗歌》,转引自张首映:《西方二十世纪文论史》,北京大学出版社1999年版,第131页。

"人生艺术化"与人的和谐生成[*]

所谓"人生艺术化"就是主张审美、艺术、人生相统一,倡导主体以美的艺术精神来濡染提升个体的人格情致与生命境界,从而建构诗意的人格和美的人生,实现并享受生命、人生的意义与韵味。简单地说,"人生艺术化"就是追求艺术的人格和审美地生活。在科技因素、实用理性占据重要地位的现实生活中,人生艺术化的理想及其精神具有独特的意义。人生艺术化在本质上是试图从生存的事实超向生命的意义。它突出了人及其现实生存中情感、理想、诗意超越这些富有意义而又常常自觉不自觉被遗忘的维度;同时,它也以对这些维度的倡扬体现了对于现实实践中科学与艺术、理性与情感、物质与精神、尚实与超越和谐共生的期待,对于人的知情意全面和谐生成的期待。

———

"人生艺术化"的精神资源主要来自中国现代美学、文化的有关思想学说。它是民族美学精神与文化传统在现代中国的一种创造性建构。

从人类历史实践看,对于生活或人生的艺术化、艺术性方面的追

---

[*] 原刊《光明日报》2009年6月9日。

求中西都不乏其例,但在内在旨趣与精神实质上有着分歧,其关键就在于对艺术美、艺术性、艺术精神的理解与把握有着巨大的差别。我们可以把这些思潮与学说主要分为三类:

第一类是对生活形式的艺术化(性)追求。这一类把艺术美、艺术性主要理解为形式上的东西,追求装饰性、新奇性、感官享受等外在的东西。因此其艺术化主要表现为对生活用品、生活环境、人体等的艺术化装饰与修饰等。19世纪欧洲唯美派的"生活艺术化"思潮、20世纪以来西方后现代"日常生活审美化"思潮主要属于此类。这类艺术化在一定意义上有助于提升日常生活的品位与情趣,但对于外在形式和感官享受的过分重视亦可能流衍为奢靡、颓废、媚俗等生活情状。

第二类是对生活技巧与社会关系的艺术化(性)追求。这一类把艺术美、艺术性主要理解为艺术创造、艺术表现的具体技巧。其在生活中的艺术化实践则表现为对生存技巧、生活情状、人际关系等的处理艺术。林语堂以"中等阶级生活"为基础的"生活的艺术",在一定意义上可归于这一类。这种艺术化化衍得当,有助于人际关系的润泽,但过分雕饰则可能流衍为精神的退化和圆滑的生存哲学。

第三类是人格与心灵的艺术化(性)追求。相对于前两类把艺术美、艺术性归结为艺术的某些局部性、外在性、技巧性要素,这一类关注的是艺术的内在精神与整体品格。因此,这个艺术化(性)倡导的是人对于整个自我人格与生命境界的美的追求,它的本质是人格与心灵的艺术化。

以梁启超、朱光潜、宗白华等为代表的中国现代"人生艺术化"一脉主要体现为这种情致。20世纪20年代,梁启超明确提出了将生活"艺术化"的主张,并对其内在精神与实践方式做出了自己的阐释。他把"艺术化"与"趣味化"并举,提出其精神即在于"无所为而为"的以大我化小我的生命精神,是不执着于成败、不执着于得失地享受具体创造过程本身的生命情致。他倡导把这种趣味精神贯彻到劳作、学术、教育等相关实践活动中。30年代,朱光潜发表了著名的美学著作《谈美》,正式确立了"人生的艺术化"命题的理论表述形式。朱光潜以"情趣"作为艺术的核心,强调艺术创造与欣赏的统一,要求人生也应该像艺术活动一样秉持"无所为而为"的精神,实现创造与欣赏、入与出、动与静的和谐。三四十年代,"人生艺术化"的命题产生了广泛的影响,中国现代许多重要的美学家、艺术家、文化人士等也都涉及了这一命题。宗白华早在20年代就提及过相关的概念。三四十年代他对"意境"理论的建构与阐释,使"人生艺术化"的理论达到了一个新的层面。宗白华深刻地窥见了艺术意境的生命底蕴与诗性本真,他指出"意境"的底蕴就在于"天地(宇宙)诗心",它具有直观感相、活跃生命、最高灵境三个层面,是至动与韵律的和谐;每一个具体的生命最后都可以通向最高的天地诗心,自由而诗意地翔舞。梁、朱、宗等人的思想均从艺术之美化入,发掘了生命的坚守与大气、深沉与灵动、自由与超越。它们共同体现了对于艺术之美的内在精神的把握,体现了对于人格情致与生命境界的诗性理想。

　　我以为,这才是"人生艺术化"的真义。这个艺术化建立在对美和艺术精神的深度理解上,它要求把艺术的美从形式与技巧的层面提升起来,导向内在的美丽情感与高洁情致;也要求把人与生命的品格从个别的外在的技巧性的要素中提升起来,导向整个人格情致与生命境界的美化。

二

　　人生艺术化的命题在当下以经济与技术为前提的语境中,在今天这个高度重视技术、物质、效益的现实社会中,在应对当代新生活的挑战中,具有独特的意义。我们应该积极发掘重构其情感主义、理想至上、意义超越等原则,丰富生命中的情感、理想、诗意等维度,在改造外部物质世界和发展塑造主体自我相统一的现实进程中,实现人生艺术化与人生科学化的统一，实现人性完整和谐的生成，实现自我生命与外部自然、与众生宇宙和谐诗意的共舞。

事实上，以梁启超、朱光潜、宗白华等为代表的中国现代"人生艺术化"学说，既是一种美学与艺术的探讨，也是一种人性的启蒙与民族文化精神的建构。梁、朱、宗均有直接求学或游历域外的经历。他们不仅对当时民族命运的危局与文化的危机有着深度的忧患，也对中西文化的优缺点有着直接的体会与比较。梁启超、宗白华均对西方近代物质主义、技术主义及其伴生的片面理性和功利倾向进行了批判。梁启超提出人需要有安身立命之所在，这是科学技术所不能解决的。宗白华提出人需要飞翔于自然之上，才不会被环境与私欲所束缚。他们对于"人生艺术化"的倡导，也是对现代科技社会弊病的反思与批判。他们以对真率、生动、热情、完整、创造、自由、和谐等艺术化生命品格的倡导，来批判机械、冰冷、庸俗、实利、雷同、分裂等生命情状。当然就当时的社会来说，这种理想是非常超前的，也是无法直接解决当时迫切的社会问题的。我们对于它过于强调精神作用与审美救赎的片面性，应予扬弃。但是，这一学说在苦难严峻的现实中升华起来的理想与诗意的光芒，作为对萎靡人性和委顿生命的启蒙，作为对现实中世俗物欲和功利主义的批判，作为对现代社会工具理性和机械理性对人性束缚和分裂的否定，无论在当时还是今天都闪耀着温暖的光芒，有着它积极而独特的意义。

20世纪后半叶起，随着经济全球化的进程，各民族国家间经济、技术、文化的联系空前加强。虽然，我们的经济和社会基础还远未达到发达国家的水平，但随着这种联系的加强，强势文化的价值旨趣、格调品味也势必更易得以扩充和渗透。事实上，西方文化的商业原则、大众口味、科技指征等正随着现代商业运作模式和资本机制迅速扩散，人的生命情趣和格调、人的生存方式和姿态正在大幅度地被改造。可以说，中国当代生活纷纭的景象既是社会生活本身急剧变迁的现实反映，也是汹涌而来的西方现代、后现代文化与本土文化复杂交融的结果。必须承认,与中国传统农业社会、伦理文明的生活景象相比,20世纪80年代中叶以来,中国当代生活正以前所未有的变化速度呈现出令人眼花缭乱的各种新景象、新态势。其中不乏现代性的觉醒、主体意识的强化所催生的对于生命和感性生活的高度重视,对于自我个性和主体精神的高度张扬,对于科学与技术的巨大热情。与此相伴随的还有种种物质主义、技术主义、个体主义、游世主义等生活思潮,这些思潮以欲望追逐、感官享乐、讲求实用、追求自我、消解意义等为价值导向,衍生出中国当代生活中颇具代表性的种种新的生活景象,也使得人性中的某些低、俗、粗、丑的欲望获得了滋长放纵的土壤。正是在这样的背景中,情感、理想、诗意的出场,艺术、美的出场,显得如此的重要而富有意义。

三

人生艺术化是一条由艺术来澄明人生,也是化人生而为艺术的诗性之路。我以为,这一命题及其价值在今天尤其突出地表现为两个方面:其一,是对于人生之美的内在品格与精神旨趣的追求。其二,是对于生命的和谐生成及其诗意建构与自由超越的追寻。首先,"人生艺术化"是以美的艺术精神与理想作为自己的审美尺度的。在这一命题中,作为美学武器和理想尺度的艺术不是着眼于形式性的、技巧性的、外在的要素,而是直达其趣味(情趣)和意境(境界)等整体性要素和理想、诗性等内在精神。其次,"人生艺术化"是以对生命与人生的诗意建构与诗性超越作为自己的理想之境的。它内在地隐含了对于现代科技、理性等高度发达所催生的人性的片面性与分裂的否定。它把艺术的趣味(情趣)和意境(境界)之美化为对生命与人生的理想,追求情感与人格的和谐与完整性,要求主体在高洁情感与自由人格的涵养中,提升生命与心灵的整体境界,从而使自己在生命与人生的具体实践中,翱翔于自由的诗意的天地。这种境界是一种现世的诗意超越,而不是宗教意义上的出世。它的立足点就在此岸,就在于对生命对世情的深切的关注与热爱。它要求生命重归于深情、高尚、生动与诗意,也使生命复归于它的本真、从容与和谐。在这个过程中,我们的生命也超越了一切个体局限和现实局限,而化入永恒的自由之境。宗白华强调,这种诗性的审美超越之路"也是真正的中国精神",是"世界上各型的文化人生"中的一种。

马克思指出:"不是神也不是自然界,只有人自身才能成为统治人的异己力量。"[①]科学与艺术构成了人类文化与价值的两种基本形态。今天,在世界范围内,对物质主义和功利主义的反思,对工具理性和机械人性的反思,正在成为人类共同的文化课题。但是,对于人生意义和价值理想的诗意追寻、对于生命情感与理想本质的艺术化塑造,不能取代甚或悬置人类丰富而全面的历史实践。人生艺术化只有在人类丰富而全面的历史实践中,在真善美统一的实现了全部人性的丰富性的人的塑造中,才可能实现为感性的现实。技术的控制和艺术的解放、物质的改造与精神的提升,就如生命的双刃剑,将在人类改造世界和升华自我的历史实践中,不断地由冲突到新的和谐,从而使人性不断地发展丰富其生动的完整性,保持其必要的内在张力与活力,从而最终走向诗意、自由、和谐的圣地。

---

① 马克思:《1844年经济学哲学手稿》,人民出版社2000年版,第60页。

"人生艺术化"的中国现代命题与"美的规律"的启示[*]

一

"人生艺术化"是中国传统士大夫憧憬的人生境界和生存方式。但是,这种深蕴于中国传统文化思想中的人生旨趣与理想,并没有上升为明确的理论命题。20世纪上半叶,面对民族命运的危机、大众人格的缺失以及中国文化现代转型的迫切要求,经过田汉、宗白华、梁启超、朱光潜、丰子恺、郭沫若等一批初具现代美学意识的美学家、艺术家的共同努力,在中国现代美学、文艺领域中,"人生艺术化"作为一个理论命题终于逐渐明确并得以确立。

1920年,田汉在给郭沫若的信中较早提出了"生活艺术化"的命题。倡导艺术家应该"引人入于一种艺术的境界,使生活艺术化Artification"。[①] 1920到1921年间,宗白华多次提及了"艺术式的人生""艺术的生活"等概念,要求"把我们的一生生活,当作一个艺术品

---

[*] 原刊《天津社会科学》2009年第1期。
[①] 参见《三叶集》,载《宗白华全集》(第1卷),安徽教育出版社1994年版,第265页。

似的创造"。① 他们的论述虽尚浅拙粗放,却是中国现代"人生艺术化"命题的最初萌芽。

中国现代"人生艺术化"命题具有自己的核心精神旨趣和基本致思方向。在这一点上,梁启超具有关键性意义。20世纪20年代初,梁启超由对文学的社会功能的探讨转向对艺术和美的价值意义的追问,集中提出并阐释了"趣味主义"的人生哲学和生活态度的问题。他宣称自己信奉的人生哲学就是趣味主义。趣味就是"内发的情感"和"外受的环境"交媾的产物,它是生活的"原动力"和"价值"所在;趣味主义,就是"知不可而为"与"为而不有"的统一,"责任"与"兴味"的统一,就是"无所为而为"主义。趣味一词非梁启超发明,但他是20世纪中国最早融合中西资源,将趣味从纯艺术和纯审美的范畴拓展到人生领域的美学家。在梁启超这里,趣味就是一种潜蕴审美精神的生命意趣。它以情感、生命、创造为内质,把主客会通充满意趣的精神自由之境视为理想的生命境界。梁启超强调,"石缝的生活"和"沙漠的生活"是无趣的生活。而"无所为而为"是趣味生活实现的根本前提,即要"以趣味始以趣味终","把人类计较利害的观念,变为艺术的情感的"。由此,人在实践中要超越个体小我的成败之执和得失之计,将外在具体的功利追求转化为内在本质的情感需求与生命需求,从而使个体之"为"与"众生""宇宙"运化合一,达成过程与结果的统一、手段与目的的统一,进入酣畅淋漓的艺术化的生命之境,使生命蕴溢着"春意"。梁启超认为,这种"趣味生活"是高于"意义生活"的"最高尚、最圆满的人生",是真正"有味的生活",也就是"生活的艺术化"。② 梁启超不仅明确提出了"生活艺术化"的命题,更为重要的是对其趣味主义的哲学基础进行了较为深入的建构,确立了"无所为

---

① 宗白华:《青年烦闷的解救法》,《宗白华全集》(第1卷),安徽教育出版社1994年版,第179页。

② 梁启超:《"知不可而为"主义与"为而不有"主义》,《饮冰室合集》(第4册文集之三十七),中华书局1989年版,第67页。

而为"——更准确地说是不有之为——的生命哲学,阐发了激扬生命、精神至上、不执小我的审美人生精神,为中国现代"人生艺术化"命题确立了基本的精神旨趣和致思方向。

20世纪30年代,朱光潜正式确立了"人生艺术化"的理论表述,并进一步阐发了梁启超所阐析的审美人生精神。1932年,朱光潜发表了《谈美》,提出"要求人心净化,先要求人生美化"。他指出:"艺术是情趣的活动";"每个人的生命史就是他自己的作品";"'无所为而为的玩索'是唯一的自由活动,所以成为最上的理想"。在这篇著名的文章中,朱光潜正式确立了"人生艺术化"这一理论表述。他说:"所谓人生的艺术化也就是人生的情趣化","我们主张人生的艺术化,也就是主张对于人生的严肃主义"。① 他创造性地把"人生艺术化"的生命姿态概括为"以出世的精神,做入世的事业"。② 经朱光潜《谈美》,"人生艺术化"的提法被广泛接受并产生较大的影响。同时,"人生艺术化"命题以人的精神建设为内核,以艺术美为中介,启蒙与审美、崇高与浪漫相融会的美学精神与理论品格也进一步明晰成型。

20世纪三四十年代,许多在中国现代美学与文艺史上具有重要地位的学者、思想家、艺术家、作家等都曾不同程度地涉及此命题,从而更进一步推进了对这一命题内涵的丰富和精神的提升。朱光潜延续了由艺术谈情趣人生建设的理路,并深入具体地剖析了文学与诗的特点。丰子恺也积极探讨了生活与艺术的关系。他认为"'生活'是大艺术品","所谓艺术的生活,就是把创作艺术、鉴赏艺术的态度应用在人生中,即教人在日常生活中看出艺术的情味来"。③ 他以"童心"为艺术的本质,主张以"绝缘"的方法来恢复人的"童心",体认

---

① 朱光潜:《谈美》,《朱光潜全集》(第2卷),安徽教育出版社1987年版,第6页。
② 朱光潜:《悼夏孟刚》,《朱光潜全集》(第1卷),安徽教育出版社1987年版,第72页。
③ 丰子恺:《关于学校中的艺术科》,《丰子恺文集》(第2卷),浙江文艺出版社、浙江教育出版社1990年版,第226页。

艺术的精神,将整个人生变成艺术品。丰子恺强调:"在艺术的生活中,可以体验人生的崇高、不朽,而发见生的意义与价值了。"①在对理想人格和理想人生的想象中,即使像丰子恺这样深具佛学渊源、更多温和色彩的"人生艺术化"理论的建设者,也呈现出与现实之丑相决绝的崇高与浪漫的情怀。这一阶段,宗白华对"人生艺术化"的命题做出了深刻的诗意阐释,他提出艺术启示着宇宙人生的最深真境和最高灵境。"宇宙全体是大生命的流行,其本身就是节奏与和谐"②,人借艺术"返于'失去了的和谐,埋没了的节奏',重新获得生命的中心,乃得真自由、真生命"③。他从中国艺术切入,深入探讨了中国人的生命情调、艺术境界与哲学境界。与此同时,宗白华指出,中华民族很早就发现了宇宙的旋律、生命的秘密,我们与自己制造的器皿、同自己创造的生活情思往还,以音乐的心境去体味生活,美化现实,生活里流动的是音乐的和谐节奏与韵律。但是,西方近代科技的发展使西洋民族在征服自然的同时,也把自己的铁蹄对准了科学落后的民族。由于我们的传统文化"轻视了科学工艺征服自然的权力","在生存竞争剧烈的时代","使我们不能解救贫弱的地位"。与此同时,在"受人侵略""受人欺侮"的现实处境下,在"以厮杀之声暴露人性丑恶"的"西洋精神"的"宣示"下,我们的"灵魂里粗野了,卑鄙了,怯懦了"。④ 宗白华痛切地指出,我们在丧失自己的"国魂"。"中国精神应该往哪里去?"⑤宗白华对中国人的文化劣根性进行了总结

---

① 丰子恺:《关于学校中的艺术科》,《丰子恺文集》(第2卷),浙江文艺出版社、浙江教育出版社1990年版,第226页。
② 宗白华:《艺术与中国社会》,《宗白华全集》(第2卷),安徽教育出版社1994年版,第413页。
③ 宗白华:《论中西画法的渊源与基础》,《宗白华全集》(第2卷),安徽教育出版社1994年版,第99页。
④ 宗白华:《中国文化的美丽精神往哪里去》,《宗白华全集》(第2卷),安徽教育出版社1994年版,第403页。
⑤ 宗白华:《中国文化的美丽精神往哪里去》,《宗白华全集》(第2卷),安徽教育出版社1994年版,第403页。

和批判,认为中国文化最根本的问题就是缺乏"奋斗的"精神和"创造的"精神。他倡导从中国艺术中去寻找"中国文化的美丽精神",深情呼唤建设一种能够体现"生命意义"和"文化意义"的美的人生和自由的生命。40年代,宗白华以融哲思与情思为一体的艺术思想和人生阐释为中国现代"人生艺术化"的理论建构增添了诗意的华章,也达成了"人生艺术化"理论在中国现代语境中的某种标杆。

二

中国现代"人生艺术化"命题是集体的成果,具有历时性的发展、丰富、完善与共时性的冲突、交融、提升的过程。正是在这个动态多维的发展与交融中,中国现代"人生艺术化"理论在整体上逐渐形成并明晰了以激扬情感、不执小我、精神自由为核心的主体精神,以及以启蒙与审美、崇高与浪漫相融会为标志的主导理论品格,而其中,对于中西精神的批判扬弃,具有不容忽视的重要意义。

"中国文化的主流,是人间的性格,是现世的性格。"[①]无论是儒家还是道家,都体现出关怀人生、关注人格精神的共同立场。理想人格实现处也即审美人生实现处,这正是中国传统文化的基本哲学精神与美学精神。而这也正是中国现代"人生艺术化"理论最内在的文化与哲学根基。

儒家的代表人物孔子主张"志于道,据于德,依于仁,游于艺"[②]和"兴于《诗》,立于礼,成于乐"。[③] 孔子的学说在本质上是一种伦理学说,但内蕴着审美的精神。在孔子的生命境界中,"道""德""礼""仁"的追求和修养都应内化为"游"之"乐",即经过情感的转化由外在的规范而成为内在的自觉。"乐"之于孔子,既是音乐艺术,也是心

---

① 徐复观:《中国艺术精神》,华东师范大学出版社2001年版,第138页。
② 陈戍国点校:《四书五经》(上册),岳麓书社2002年版,第28页。
③ 陈戍国点校:《四书五经》(上册),岳麓书社2002年版,第31页。

灵的快乐自由。"天行健,君子以自强不息。"①生命的刚健、笃实、辉光、日新既是生命的职责,又最终成就了生命之乐。"乐"是儒家审美人生的终极境界,也是儒家审美人格的理想姿态。儒家并不排斥事功,相反它恰恰强调个体对于社会的责任,将对社会的责任贡献与自我精神上的快乐融为一体,是在利他中达到精神之"乐",即成"仁"。孔子讲"仁者不忧"。②"仁"是对生命的强调自觉。在孔子看来,唯"仁"才能在生命中实现精神的自律与圆满,从而体得精神的愉悦与畅然。"仁"也是"知其不可而为之"③,是超越一己得失,向着更高的真善美追求。这种美善相济的生命境界具有内在的审美意味,它是一种阳刚清新的美,也是一种忧乐圆融的美。在某种情境下,它也体现为崇高悲壮的美。而无论处在哪一种境界,它都体现出精神高度的自觉。"生生之谓易",是由己之生命扩展到人之生命、宇宙天地之生命。儒家的"乐生"是"惜生"而非"苟生",是乐在仁爱、乐在责任、乐在闻道,乐在将"道"之追求内化为生命自觉的健动,从而达到"从心所欲,不逾矩"的情感舒逸与精神自由。

　　与儒家之"乐"的理想生命境界相比,道家追求的则是生命之"游"。《庄子》开篇即为《逍遥游》。"游"在《庄子》中出现达一百多次,是庄子非常钟情的一种生命存在形式和生命活动方式。"逍遥游"不是某种具体的飞翔,它象征着不受任何条件约束、没有功利目的的精神翱翔,是一种绝对意义上的消解了物累的心灵自由之"游"。但是,"天下无道"而"祸重乎地",强烈的绝望与热切的憧憬构成了庄子深刻的痛苦与矛盾,庄子的出路就是心灵的自我调适与超越。逍遥并非没有条件,鲲鹏之背"不知其几千里",翼"若垂天之云",乘"六月"之"风"而去。但是,庄子提出斥鷃与鲲鹏各有自己的"飞之极",就如寒蝉与大椿,各有自己的命限。因此,最为关键的是体"道"适

---

① 陈戍国点校:《四书五经》(上册),岳麓书社2002年版,第141页。
② 陈戍国点校:《四书五经》(上册),岳麓书社2002年版,第47页。
③ 陈戍国点校:《四书五经》(上册),岳麓书社2002年版,第47页。

"性",从而达致生命的自由自在。"道"乃道家哲学的本体范畴。"道"是万物的本源,"道"生万物又与万物同在。因此,达"道"也即体"道",是深入生命之中与万物并生而"原天地之美"的一种生命至境。"游"即这种物我两忘且与天地为一的达"道"的具体途径和体"道"的具体状态。老庄的"游"既有与"天地精神相往来"的崇高激情,也有"安时而处顺,哀乐能入"的消极宿命,但其潜蕴的深刻的感性生命解放和精神自由超越的想象,却内在地契合于艺术与审美的精神。

儒道两家的人格传统与人生精神对于中国现代"人生艺术化"理论具有重要的影响,并具体为内儒外道的人格理想,即以出世来入世。这种出世并非遗世或厌世,而是超越小我达成大我,提升自我实现意义。它以承认现实丑为前提,以批判和否定现实丑为条件,肯定了在与现实丑的冲突中上升到"艺术化"的理想人生的审美之路,由此呈现出某种内在的崇高意趣与浪漫激情。

除了中国传统文化,中国现代"人生艺术化"理论也广泛吸纳了西方文化的精神资源。康德的审美无利害思想,为"人生艺术化"理论提供了直接的理论资源。"人生艺术化"理论的倡导者几乎无一例外都接受了这一观念,并以此作为理论的基础。梁启超把"生活的艺术化"的趣味人生精神界定为"知不可而为"与"为而不有"的统一,其前提就是秉持"审美无利害"的纯粹情感本质,在生活与劳动中"把人类无聊的计较一扫而空"。[①] 20 世纪 30 年代,朱光潜对"无所为而为"做了进一步的发挥,提出彻底的"无所为而为"的精神就在于"无所为而为的玩索",这种人生就是创造与欣赏融为一体的艺术化的情趣人生。当然,朱光潜不仅受到康德的影响,具体来看,还有克罗齐、尼采乃至布洛的影响。但是,他对美育艺术不沾实用、注重情趣、既"是主观的而却有普遍性"等基本认

---

① 梁启超:《"知不可而为"主义与"为而不有"主义》,《饮冰室合集》(第 4 册文集之三十七),中华书局 1989 年版,第 68 页。

识,主要还是来自康德。

柏格森对中国现代"人生艺术化"理论也产生了重要的影响,其哲学中肯定生命冲动、生命力、生命意识、自由意志的强健的生命精神和生命至高的价值取向给了"人生艺术化"理论以重要的滋养。梁启超的趣味人生的一个基本精神就是倡导生命与生活的趣味,高扬生命的活力与精神的能动性。朱光潜强调生命的本质就是"时时在变化中即时时在创造中"①,理想的人生就应该顺应"生命的造化",体现出"生生不息"的生命情趣。而无情趣的生命就是"生命的干枯",即柏氏所谓的"生命的机械化"。从柏格森哲学里,中国现代"人生艺术化"理论一方面不仅找到了通向儒家"健动"观的道路,而且呈现出对感性与理性相统一的新的生命理想的追求。另一方面,又通过对生命力、生命意识、自由意志的肯定与呼唤,找到了对抗萎靡、庸俗、虚伪等国人生命现状的精神武器。

尼采也是中国现代"人生艺术化"理论的重要精神渊源。尼采从反基督教的绝对道德入手来肯定生命之欲及其价值,提出了"艺术是生命的最高使命","构成人的真正形而上活动的是艺术,而不是道德"。②"酒神"与"日神"的结合诞生了美的艺术意象,这既是艺术的诗化之路,也是生命意志否定自我而获得升华与诗意的道路。尼采的艺术审美主义精神和"酒神""日神"理论直接影响了中国现代"人生艺术化"理论的具体建构。朱光潜关于情趣人生之创造、人生之看与演的统一、美乃无所为而为的玩索等重要观点,都受到了尼采的启发。他把尼采的美学归结为"从观照中得解脱",并将其情趣人生的核心范畴之一——"玩索",直接译为"contemplation"即"观照"。宗白华多次引用"酒神""日神"理论,并将其化入艺术意境"静穆的观照"与"飞动的生命","缠绵悱恻"与"超旷空灵","至动"与"韵律"的关系

---

① 朱光潜:《谈美》,《朱光潜全集》(第2卷),安徽教育出版社1987年版,第67页。
② 尼采著,赵登荣等译:《悲剧的诞生》,漓江出版社2000年版,第10页。

之中,从而将艺术化的人格与人生提升到了生命情调与宇宙本真的诗意高度。

宇宙浪漫派诗学提出了"完美的自我"和"美的家园"建设的问题。它以对现实的强烈抗衡和对生命诗意的热切追寻,对人的创造的无限可能性与自由的高度肯定,强烈表达了对于平庸、浅薄、丑恶、功利的世俗社会的对抗及与生活、社会、诗合一的浪漫理想。梁启超虽然指出了浪漫派"空想"的弱点,但显然更认同于浪漫派发展个性、倡扬自由、注重生命价值的基本立场。他还以中国韵文为例,专门讨论了浪漫派的表情法,并对中国文学中浪漫主义的传统做了梳理,对以屈原、李白、苏东坡等为代表的中国浪漫主义精神及其人格给予高度肯定。朱光潜则认为,欧洲浪漫运动使"文艺复兴的真精神又重新焕发",开启了近代新的"活动"的人生观。他高度肯定了卢梭、歌德的浪漫精神,并提出"人终于是有情感爱想象的动物"。① 而歌德人格中永不停息、反抗一切压迫阻碍以自成一个独立人格的生命精神和人性态度则成为宗白华心目中近代人格的最为生动的写照。现实主义与浪漫主义两相比照,中国现代"人生艺术化"理论在基本的诗学立场上显然是更倾心于浪漫主义。

三

美的人的塑造和理想生活的追求一直是人类历史实践与文化创造的基本动力。在《1844年经济学哲学手稿》中,马克思从作为生存基础的生命活动切入,分析了人与动物的本质区别,提出人是"类存在物",其"生命活动的性质"就是"自由的有意识的活动"。人通过自己的"肉体生活和精神生活与自然界相联系",并且"正是在改造对象

---

① 朱光潜:《欧洲文学的渊源》,《朱光潜全集》(第9卷),安徽教育出版社1987年版,第234页。

世界中，人才真正地证明自己是类存在物"。在与对象世界的关系中，"动物只是按照它所属的那个物种的尺度和需要来构造，而人懂得按照任何一个物种的尺度来进行生产，并且懂得处处都把内在的尺度运用于对象；因此，人也按照美的规律来构造"。① 重温马克思"美的规律"的学说，今天仍然能够给我们以丰富的启示，对于我们发掘中国现代"人生艺术化"命题的精神价值具有重要意义。

马克思关于"美的规律"的学说深刻地揭示了美的创造与人的本质实现的内在联系。马克思强调人是类存在物，即"社会存在物"。人的"内在的尺度"必然是个体尺度与社会尺度、个别尺度与类的尺度的统一。马克思批判了把人仅仅视为"环境"的被动产物的"一种唯物主义的学说"。② 可以说，在这个意义上，中国现代"人生艺术化"理论所高扬的人的主体精神及其执着追求恰恰体现了人性的这种历史主动性与自觉性。在任何一个时代，它作为人发展与完善自我的内在动力，都具有积极的意义。

同时，值得注意的是，马克思关于"美的规律"的学说，具有一个重要的逻辑前提。马克思是在分析资本主义生产关系的基础上，针对异化劳动、私有财产与人的本质的尖锐对立而提出这个命题的。也就是说，"美的规律"的揭示是马克思对抗资本主义生产关系中异化问题的一把钥匙。只有按照"美的规律"来构造，人才能避免同"自己的身体"、同"他之外的自然界"、同"他的精神本质"、同"自己的劳动产品"、同"自己的生命活动"、同"自己的人的本质"相异化的结果。实利主义、功利主义都是私欲膨胀在当今社会中的种种表现。因此，"人生艺术化"理论所弘扬的情感为本、精神至上、超越小我的价值取向，在今天仍然有其深刻的针对性和重要的现实意义。

在对"美的规律"的探讨中，马克思也为我们描绘了未来理想的

---

① 马克思：《1844年经济学哲学手稿》，人民出版社2000年版，第57页。
② 《马克思恩格斯选集》（第1卷），人民出版社1972年版，第17页。

人的具体目标,那就是"现实的活生生的""合乎人性的人",他具有"主体的、人的感性的丰富性"。这样的人"不仅通过思维,而且以全部感觉在对象世界中肯定自己"。

  马克思"美的规律"所涉及的生产与人的关系、思维与感觉的关系、异化以及扬弃的关系都是在人类改造外部世界和塑造美的自我的辩证的现实历史进程中展开的。马克思按照"美的规律"来塑造的理想的人,正是在现实的历史实践过程中把握了两个尺度统一的理性的人。因此,在这个意义上,马克思主义美学不仅为我们科学地认识发现中国现代"人生艺术化"理论的价值提供了启示,也为我们在新的历史语境下重构"人生艺术化"的当代命题提供了启示。

"美丽中国"的人文关怀维度与生活品质建构*

一

十八大报告提出"美丽中国"的概念,以生态文明为重要切入点,构筑了当代中国发展的经济、政治、社会、文化、生态的有机系统,体现了中国人民追求美好生活的理想诉求和中华民族实现永续发展的历史要求,也是我国发展进入新的历史阶段和党的执政理念新发展的重要标志,体现出对当代中国和当今世界发展大势把握的深刻性、自觉性、前瞻性。

"美丽中国"突出了国家强盛和人民幸福相统一的政治诉求,以及顺应民意、关怀民生的执政理念,也体现了重视科学发展和长治久安,以及对子孙后代和社会发展的高度责任感。山清水秀而贫穷落后不是美丽中国,强大富裕而环境污染也不是美丽中国。"美丽中国"是政治责任,它把生态文明建设摆在国家建设发展的总体布局高度上,表明党中央对中国特色社会主义总体布局的认识深化了;"美丽中国"也是社会责任,它彰显了中华民族对子孙、对世界负责的精神。自然资源能否得到保护,空气和水能否洁净,文化和历史积淀能

---

* 原刊《鄱阳湖学刊》2013 年第 6 期。

否传承,这一切直接关系到每一个人的生存质量和生活品质。"美丽中国"是对未来中国科学发展的理想蓝图。它不仅把生态文明引入社会发展的核心指标体系中,也打破了纯粹以经济指标衡量社会发展水平的效益功利模式。以绿色发展、循环发展、低碳发展为目标的环境发展理念,将成为政府和公众衡量政策成败的重要标准,这也是中国进步和中国经济发展衡量标准从量变逐渐转向质变的一个信号。随着 GDP 增长放缓,当务之急是解决生活质量的问题,解决人与环境的相适相宜的问题。

从历史发展来看,人类先后经历了原始社会时代、农业文明时代,以及 1781 年瓦特发明蒸汽机为开端的工业文明时代。在工业化的发展过程中,人类创造了很多奇迹,但很多国家经历了生态环境恶化的压力、自然资源快速消耗的压力。这些环境问题已向人类敲响了警钟。1972 年,联合国斯德哥尔摩环境会议通过了著名的《联合国人类环境宣言》,提出"保护与改善人类环境,关系到各国人民的福利和经济发展"。[①] 1975 年,联合国教科文组织发表了著名的《贝尔格莱德宪章》,提出人类需要"进一步认识和关心经济、社会、政治和生态在城乡地区的相互依赖性"。[②] 1987 年,联合国环境与发展委员会发表了《我们共同的未来》,概括了 16 个严重的环境问题:1. 人口爆炸;2. 水土严重流失和土壤急剧退化;3. 沙漠化周延;4. 森林覆盖面锐减;5. 大气污染,酸雨成灾;6. 污染漫延,人体健康状况恶化;7. 大气温室效应加剧;8. 臭氧层持续被破坏;9. 物种快速灭绝;10. 人、畜因化学物品滥用而中毒死亡;11. 海洋严重污染;12. 能源日趋短缺;13. 工业生产事故频频发生;14. 自然灾害连连不断;15. 核污染加剧;16. 人民日益贫困。生态环境的恶化威胁到了生命的自由存在与发展,技术和经济效益的片面追求破坏了生存的品质和生活的质量,甚

---

① 曾繁仁:《美育十五讲》,北京大学出版社 2012 年版,第 136 页。
② 曾繁仁:《美育十五讲》,北京大学出版社 2012 年版,第 137 页。

至触及了社会和谐与生命健康的底线。

　　生态,原指自然生物与周围自然环境处于有机整体联系时的生存发展状态,后泛指生命存在与周围环境处于有机整体联系时的生存发展状态。从人的角度看,生态强调人与周围环境的互相依存、有机共生,即人调控自己生命欲望,以实现与自然、社会、文化和谐共生的状态。"美丽中国"的整体建设目标和生态文明标杆,既有赖于政府政策的强大推动,也有赖于社会公众的广泛参与,还需要我们每个人形成深入的科学共识和文化共识,深刻体会其在政治、经济、社会目标下的生存关怀与生命关怀,体会其与广大人民群众生活品质提升和生活幸福指数的直接关联与人文情怀。

二

　　"美丽中国"的理念将国家民族的命运和人民大众的生活更加紧密地联系在一起,从而集中突出聚焦了人的维度。"美丽中国",既是高度的政治智慧,也是深沉的人文关怀;它既要重视生态文明和物质环境的建设,也要大力推进精神文明和社会文化环境的建设。实际上,从历史的维度看,对生态文化的高度重视,也是天人和谐、尊重自然、关怀生存的中华文化乐生精神与人文品格的历史延续和时代推进。

　　中华文化历来具有乐生的精神和人文的品格,其突出的特点是以生生为美,追求天人和谐,重视与乐享生命本身。无论儒家哲学谈个体与社会的关系,还是道家哲学谈个体与宇宙的关系,虽或侧重于社会伦理,或侧重于自然伦理,但都离不开对于生命本身的关注,离不开对于现实生存的关怀。老庄讲天道自然,认为"天地有大美""四时有明法""万物有成理"[①],主张"归根""复命",顺任自然,"长而不

---

① 陈鼓应注译:《庄子今译今注》(中册),中华书局1983年版,第563页。

宰""独与天地精神往来而不敖倪于万物"①。崇尚宇宙天地最大的和谐就是万物各适各性,各就各位。而非把人视为统治者,以人的欲望及满足为唯一目标,肆意驾驭、掠夺、破坏自然。面对浩瀚宇宙和大千世界,儒家创始人孔子也心存敬畏,发出了"天何言哉!四时行焉,百物生焉"的感叹。②儒家主张以"仁"为本,将"肫肫其仁"与"渊渊其渊!浩浩其天!"③相提并论,视"仁"为天地宇宙人伦的绝对永恒之根本。"仁"的本义原指果仁,是植物生命的根本。讲仁也就是爱,主张要喜爱生命、爱护生命。不仅要爱护人自身的生命,也要爱护他人的生命,爱护自然万物的生命。讲仁也就是诚,主张至诚尽性,从而"知天地之化育""立天下之大本""万物并育而不相害"④,以万物仁爱和谐、生长化育为最高准则。

"生生之谓易"⑤,"天地之大德曰生"⑥。对生命的尊重与爱护,是人文精神最为重要的品格之一。尊重生命,关怀生存,惜生乐生,不仅是关注人自身的生命与生存,也是关注人与置身其中的自然、社会、宇宙的有机联系与整体和谐。中国传统文化的人文精神就是以这种温暖深邃的生命和生存关怀为核心的,其智慧首先就表现在中国传统文化从不把人从自然、社会、宇宙中孤立出来,而是懂得万物相生相克、相辅相成的道理,即"醇天地,育万物,和天下,泽及百姓"⑦。其次,这种智慧也表现在中国文化懂得"从心所欲,不逾矩"的道理,主张自由是以自明自律为前提的,是以明德厚道载物成物为前提的,由此而达成生命实践真善美统一的自由人生境界。

中国传统文化的乐生精神既是一种伦理关怀,也是一种渗透了

---

① 陈鼓应注译:《庄子今译今注》(下册),中华书局1983年版,第884页。
② 陈戍国点校:《四书五经》(上册),岳麓书社2002年版,第55页。
③ 陈戍国点校:《四书五经》(上册),岳麓书社2002年版,第14页。
④ 陈戍国点校:《四书五经》(上册),岳麓书社2002年版,第13—14页。
⑤ 陈戍国点校:《四书五经》(上册),岳麓书社2002年版,第197页。
⑥ 陈戍国点校:《四书五经》(上册),岳麓书社2002年版,第201页。
⑦ 陈鼓应注译:《庄子今译今注》(下册),中华书局1983年版,第855页。

审美情韵的人生哲学。"自然之外并无一物"①,"地球是人类唯一的家园"②,在这些深刻精辟的观点中,我们也看到了中国传统文化的生态智慧和人文关怀在当代的回响与发展。

三

呵护生命,关注民生,是当代社会发展的必然趋势,也是"美丽中国"的深层内涵。"美丽中国"既需要改变贫穷落后的经济现实,也需要打造山清水秀的生存环境。山清水秀的生存环境,在本质上就是最大的人文关怀,是人民大众良好生活品质建构的坚实基础。

"美丽中国"的人文关怀和生活品质的建构,既要从哲学和文化的高度上来把握,也要从新的时代要求和社会需求出发,强化政府支撑、学术支撑、社会支撑、实践支撑的有机统一,在活生生的社会实践、生产实践、生活实践中推进与深化。

作为一个人口众多、资源紧缺的发展中国家,我国以占世界9%的土地养活占世界22%的人口,森林覆盖率是世界人均的二分之一,水资源是世界人均的四分之一。发达国家上百年工业化过程中分阶段出现的某些问题开始在我国集中出现。我们必须改变发展策略,为每个人着想,为子孙后代着想。

"美丽中国"的建设需要政府和大众的聚力,需要城市和乡村的聚力。我省从2003年开始实施"美丽乡村建设工程",至今刚好10年。省委省政府谋划全局,总体决策,在全省开启了以改善农村生态环境、提高农民生活质量为核心的村庄整治大行动。全省各级财政大力投入,专家学者系统规划,各县、镇、村具体实施,将农村环境保护、交通通信提升、垃圾污水治理、危旧房改造和农村产业业态转型、

---

① 阿诺德·伯林特:《环境美学》,湖南科技出版社2006年版,第9页。
② 芭芭拉·沃德、勒内·杜博斯:《只有一个地球·前言》,吉林人民出版社1997年版,第2页。

生活品质提升相结合。去年，全省有 60% 的乡镇开展了环境整治，村级集体经济收入村均达到 94 万元，村美民富人幸福的效应正逐渐显现。美丽乡村的建设不仅使天更蓝、水更清、地更绿、空气更清新了，使农村生活环境获得了整体提升；同时也带活了农村休闲旅游的发展，带动了农村新型业态的发展。农民在自家门口做起了生意，搞起了经营，生活创业两不误。如浙江省"千村示范万村整治"工程的示范点桐庐县环溪村，在环境整治的过程中先后打造了"水口晚钟""双溪流芳""绿云伴月""曲径问莲"等景点，利用荷花、美人蕉等植物不仅可以美化环境，也可以净化污水。环溪村、狄浦村还将原来的猪栏、牛栏在保留了栏围的外形后，改造成茶吧、咖啡吧，装修了古朴舒适的吧座，不仅可以品尝当地特色的九品问莲茶，也可以品尝各种咖啡。目前，浙江省已发展农家乐特色旅游点 2800 多个，农家乐从业人员 11 万多人，年营业收入 80 多亿，为农村发展模式的转变和农民生活质量的提升做出了卓有成效的探索。

除了农村，当前城市生态环境的保护也是一个十分严峻的问题。美国作家梭罗早在 19 世纪中叶就深入反思了现代人的生活方式，提出了城市生态保护的问题。他在具有广泛影响的作品《瓦尔登湖》中说："每个城市应该保留一部分森林和荒野，以便城里人能从中得到'精神的营养'。"[1]高聚居的人群使得现代城市生态趋向大容量、高密度、运转快的特点，也使得城市生态系统变得脆弱。城市化的现代发展，直接带来了城市生态系统的恶化。耸立的钢筋水泥、脆弱的供水系统、严重的热岛效应、污染的空气、有限的绿化，使得现代都市人逼仄地生存，缺乏对生存环境诗意幸福的感受。田园城市、阳光城市、山水城市、花园城市、文化城市等理念的提出，体现了对城市生态美化与生态和谐的种种构想。美国城市规划师埃罗·沙里宁曾说

---

[1] 凌继尧：《美学十五讲》，北京大学出版社 2003 年版，第 48 页。

过,城市是一本打开的书,从中可以看到它的抱负。① 城市化绝不是单纯的物质运动,也是一种精神运动,是和谐宜人的城市气质和文化个性的营构,既是城市空间环境的美丽,也是城市社会生活的美好。

城乡生态环境的改造和美化,将为休闲、创意、艺术、农业等产业提供新的广阔空间,而人是其中的核心与归宿。在经济、政治、文化、社会、生态的有机联系中,通过提升人文关怀维度与生活品质建构的互动,充分调动人的因素,使民生关怀落到实处,使"美丽中国"聚人心见成效。

"美丽中国"将全面带动自然环境、人文环境、产业业态的更新,促进产业转型、经济发展与社会和谐,并最终实现人人富裕、个个幸福的民生目标和人文理想。

---

① 周膺:《现代城市美学》,当代中国出版社2001年版,第2页。

生态美学视野下的现代宜居城市[*]

宜居城市是城市现代发展的必然追求。随着现代城市的发展，资源、能源、交通、住房等问题会变得非常突出，也会使城市人在生存竞争中的压抑与不自由加剧，由此，"宜居"问题的重要性进一步凸显出来。人筑墙以为城，买卖以为市；城市是人的创造物，人是城市的核心和灵魂。因此，"宜居"与"宜人"实质上也是一体两面的问题。

生态美学为我们考察城市宜居提供了一个很好的角度。生态美学强调的是和谐，它重视人、自然、文化的和谐之美，宜居城市的理念中无疑也包含着对这种和谐之美的追求。在国内，一般而言的生态美学是生态学与美学的交叉学科，它并不限于探讨作为生态实践活动的景观设计、环境美化等，因而与西方偏重作为生态实践和生态观念的应用的"生态的美学"（Ecological Aesthetics）有明显的区别，更多地指向生态实践的哲学思想和观念。[①] 具体地说，"生态美学应该是突破了主客二分二元对立的认识论思维模式的，是以人与自然整体和谐关系为原则的哲学思想和价值观念"。[②]

从生态美学的视角来审视现代宜居城市的理念，它要求我们在城市发展进程中，注意人与自然、文化的生态和谐之美，尊重自然、敬

---

[*] 原刊《鄱阳湖学刊》2012年第5期。
[①] 张华：《生态美学及其在当代中国的建构》，中华书局2006年版，第315页。
[②] 张华：《生态美学及其在当代中国的建构》，中华书局2006年版，第313页。

重文化,使城市生活满足对生态和谐的追求。生态,原本指自然生物与周围自然环境处于有机整体联系时的生存发展状态;后来泛指生命存在与周围环境处于有机整体联系时的生存发展状态。从人这一生命存在的角度来看,生态强调人与周围环境的互相依存、有机共生,即人调控自己的生命欲望,以实现与自然、文化的共同和谐发展。生态美学非常重视生态中的生命和谐,它是人、自然、文化之间的和谐所建构的自由审美尺度。宜居城市作为既能够极便捷地满足人的物质生活需要,同时又给人带来强烈的精神愉快享受的现代都市,无疑是实现了人与自然、建筑、文化的高度和谐的,从而生态美学就可以而且也能够成为考察宜居城市的重要视角。那么,从生态美学的视角来审视现代宜居城市的理念,它应该具有哪些方面的生态和谐之美呢?

一、自然生态景观的多样与敞开

城市原本是人在适应和改造自然环境的基础上建构起来,高度聚居的人群是城市生态结构的主体,这使城市生态系统形成了大容量、高密度和运转快的特点,也可能使城市的生态系统变得脆弱。特别是城市化的现代发展,使城市生态系统中自然与社会的不平衡更为突出,造成了现代城市生态系统的恶化,影响了现代城市的宜居性。污染的空气和土壤、脆弱的供水系统、有限的人工绿化、严重的热岛效应等,使得城市生活变得不再舒适宜人。宜居城市所追求的城市人生活中的身心舒适性,必然要求调整、改变城市生态系统中自然与社会的不平衡,协调、提升城市生态系统的和谐性。

宜居城市对自然的重视,首先表现为在城市建设发展中对各类自然生态风光的保护和运用。这是其贯彻生态美学的理念,追求生态美的直接表现。因为,生态美学就是"以协调生态主体与自然环境作为研究的主要内容"的,"生态美学的理想就是人与自然从分离重新走向融合的理想"。①

美国作家梭罗(Henry David Thoreau)在19世纪中叶就提出了城市应当保护、运用自然生态景观的主张。梭罗不仅以其从城市回返自然的亲身实践、体验为基础,深入反思了现代人的生活方式、人与自然的关系等问题,写出了著名的散文作品《瓦尔登湖》(Walden),产生了广泛、深远的影响,而且,他早在1859年就提出"每个城市应该保留一部分森林和荒野,以便城里人能从中得到'精神的营养'"的自然生态保护思想。②梭罗的主张,就是要求城市积极保护和运用自然生态景观。19世纪末,霍华德(Ebenezer Howard)也提出了"田园城市"的理论,强调了自然生态景观与自然风光的保护运用问题。

梭罗、霍华德等人的思想是富有前瞻性的,城市化的现代发展证明了他们思想的科学性。现代宜居城市追求人与自然的生命和谐之美,就要求最大限度地保护、运用各类自然生态景观。毗邻城市的天然绿地、丘陵、湖泊、河溪、湿地,以及一些没有或较少受到现代文明污染的原生态田园等,是宜居城市极其宝贵的大环境。宜居城市必须因地制宜,充分保护、运用各类自然生态景观,让其强化与城市生活的关联,充分向城市生活敞开,以最大限度发挥其优化城市生活的生态功能。

在当今时代,未经历过大规模开发利用的自然生态景观已不多见,被严重污染、破坏的景观却比比皆是。要构建现代宜居城市,人们应该极其重视保护和运用这些宝贵的城市景观资源:对那些已经被污染、破坏的自然生态景观资源应该加强管理保护,尽可能地恢复其本来面貌;对那些尚未开发利用的,应该非常慎重地进行开发利用。因为,正是这些生态景观才直接改善、稳定了城市生态系统,并使城市人直接欣赏到了生态之美。

---

① 刘成纪:《自然美的哲学基础》,武汉大学出版社2008年版,第259页。
② 凌继尧:《美学十五讲》,北京大学出版社2003年版,第48页。

城市人对自然生态美的欣赏,是其体验城市宜居性最直接的重要途径。这是因为,在当今的现代都市,科技、经济理性大行其道,激烈的生存竞争、高强度的工作压力和复杂的人际关系等都成为现代都市人生命中的不可承受之重,而空气清新、天趣宛然的自然生态景观,必然能够有效地帮助人暂时卸去都市生活的重负,回归人生命的自然本质,从而体味一种自然自由的生命存在状态。宜居城市自然生态景观的适度建构与优化,是生态智慧和生态伦理的一种呈现,也是城市人通过自然生态美的欣赏而获得精神愉快的重要媒介物。

二、建筑的人文化及其与自然生态的互补

在城市的构成中,风格迥异、高低错落的各类建筑是其主体部分。建筑以及由其形成的长短、直弯、宽狭不等的街道确立了城市的总体布局。城市发展最直观的外在表现就是各类建筑的建造及其在空间上的延展。在宜居城市的建构中,我们必须注意建筑"宜人"的重要性。

在城市建筑的设计、建设中,人们一般主要考虑的是经济、实用要素。作为一项经济活动,城市建筑的设计、建设必须考虑在满足人们实用需要的前提下,尽可能地节约资金成本,这种做法无可厚非。但是,在经济实用理性影响下,城市建筑却形成千篇一律、毫无特色、冰冷生硬、让人无法亲近的特点。如果城市人在生活中触目所及的都是这种建筑物,那么,他就感觉不到城市生活的舒适宜人,无论这种城市建筑物在建造、使用上多么经济实用。

宜居城市追求建筑与人的和谐。要求建筑与人的和谐,就是要求建筑作为人的劳动创造物,不应该反过来成为控制人的异化物,而应该在其身上体现出它与人的自由本质的关联,即建筑物应该体现出人能够实现自己与环境的高度和谐的能力。而人实现自己与环境和谐的关键,不是在科学的名义下出现的人无限制的规划、操控能

力，而是人适度控制自己的欲求，在生态美的创造欣赏中，实现自己与自然的和谐共生。所以，建筑与人的和谐必须在生态美学的理念下来审视，这也是建筑景观生态学、生态建筑学发展的基本追求与最高追求。

宜居城市追求建筑与人的和谐，也是对建筑物人文化以及它与自然生态实现互补的要求。首先，从建筑的人文化来看。生态美学所要求的人与建筑的和谐是指在建筑理念上超越人与物、主体与客体的二元对立，综合思考建筑的实用、美学与生态的问题。不同的城市在历史发展中，都会形成自己特定的地域、民族生态文化传统，宜居城市的建筑在满足人的自然需要的基础上，应该有生态审美方面的考虑。其次，还应该充分考虑建筑物与自然的生态互补。生态美学的自然至上理念，必然要求宜居城市在建筑物的规划、建设中，充分考虑对自然中一片树林、一汪清泉和几块山石等的运用，充分注意建筑对自然资源、能源的节约，充分注意建筑对自然的影响以及自然对建筑的制约，即要求充分考虑建筑与自然的生态互补共生。

20世纪60年代末，"生态建筑学"在美国诞生。它向人们提出如何超越经济、实用的功利层面来认识建筑规划、设计和建设中的生态问题，即如何更多地考虑在特定的经济条件下，节约能源、资源，并在建筑的设计、建设和使用中实现人与自然的高效共生的问题。生态的才是美的。在宜居城市的建筑景观中，生态有了更为突出的重要性。如何在建筑的规划、设计、建设和使用的全过程中，把对自然的敬畏、把降低人对自然的破坏融入进去，使建筑成为自然生态系统中的有机构成部分，真正做到实用、人文与生态的统一，是今天建筑生态设计建设的重要问题。宜居城市的建筑与场地、环境（包括人文环境）之间，建筑与人之间都应在生态和谐的宗旨下实现完美的结合。

三、文化的历史美感与多元会通

　　城市无论大小,都有或长或短的成长史。在城市发展中,城市人特定的语言、日常生活习俗、民间艺术形式等不断酝酿发酵,由此孕育出城市特定的地域文化心理,形成城市特定的历史文化传统。特别是一些产生过一定影响的历史人物、比较重要的历史事件等,都会因为对城市人日常生活的深远影响而给城市打下特定的烙印。一些规模比较大、历史比较悠久的城市,因为出现过的著名人物、发生过的重要事件比较多,其历史文化传统也就比较深厚。

　　城市的历史文化传统与城市人的日常生活是互相作用的。城市人在日常生活中发展了自己城市的历史文化传统,而这一历史文化传统反过来又深刻影响着城市人的日常生活心理,形成城市人对自己家乡的心理认同。就宜居城市来看,城市的历史文化传统起着极为重要的作用,因为,城市既在物质层面上满足人的生活需要,也在精神层面上影响人的心理。

　　宜居城市人与环境的和谐是对城市生态文化和城市文化生态的共同要求。城市的生态文化是指在城市发展进程中形成的以人与自然和谐为突出特点的文化现象、文化传统等。我国古代强调天人合一,重视人与自然的和谐,拥有许多历史悠久的古城,生态文化遗产非常丰富。城市文化生态是指城市的历史文化在城市生活的复杂有机联系中的不同状态。一般来说,经历了长期历史发展的大浪淘沙后能够流传下来的文化传统,在各个历史时期的文化生态建构中大都能起积极的作用。

　　良好的城市文化生态,是在历史的选择、积淀中慢慢形成的。城市人不断延续的日常生活发挥了重要的选择淘汰作用,城市人的日常生活习俗和不同历史时期的著名人物、重要事件互相作用,共同塑造出拥有旺盛生命力的城市历史文化传统,形成了特定历史时期良好的文化生态。文化的历史性、多样性与文脉传统的贯通性、稳定性,构成城市文化生态的突出特点。从生态美学的角度来看,宜居城市的文化生态应该是具有这样的特点,即鲜明的历史美感与多元会通性的统一。

生态美学视野中的宜居城市应该高度关注城市的文化生态问题。一方面,多样的历史文化遗迹,特别是其中的生态文化遗迹应该得到最好的保护,并能够直接介入到城市人的当下生活,成为城市人当下生活的精神动力之源;另一方面,城市的地域文化心理、历史文化传统保持着旺盛的生命力,开放的视野、巨大的包容性等使城市的文化底蕴深厚,而且保持着面向未来的创新性,为城市的未来发展提供着强大的精神支持。

四、自然、建筑、文化的和谐与形象观感

任何城市都应该追求自然、建筑和文化的和谐统一,因为这是培育城市生命、形成城市个性的必然要求。宜居城市在自然、建筑和文化的和谐统一方面有更高的要求,因为,只有当宜居城市具有了鲜活的城市生命和突出的城市个性后,它才能够更好地满足城市人的物质需要和精神需要,让城市人感受到城市生活的舒适快乐。

宜居城市对自然、建筑和文化的高度和谐统一的追求,明显表现出对生态美学理念的认同与贯彻实践。因为,生态美学的最高追求就是自然至上前提下的人与环境的高度和谐。所以,从生态美学的视野来观照宜居城市,它应该创造自然、建筑、文化高度和谐统一的生态美。

城市生态景观由自然生态景观、建筑生态景观和人文生态景观三个不同层次的生态景观有机构成。就自然生态景观层面来看,因为城市景观总体而言是比较典型的人工景观,所以,当自然生态景观被运用到城市景观中时,很多都被园林格局化了。街心公园、绿色植

物带和一定程度上被人工改造过的绿地、丘陵、湖泊、河溪、湿地等共同形成了城市景观中偏向于自然维度的一部分。就建筑生态景观来看,生态建筑以及街道是城市生态景观最主要的构成部分。建筑在城市景观中的重要性是不言而喻的。行走在城市的柏油或者水泥路上,映入人们眼帘的主要就是高低错落的各色建筑,人们也常把城市形象地比喻为钢筋水泥的丛林,由此可以见出建筑在城市景观中的重要作用。生态建筑与街道一起确定了城市生态景观的总体格局,它是城市生态景观构成中的主体部分。再就人文生态景观来看,作为偏重于精神性内容的生态景观,人文生态景观包括了各种历史文化遗迹和传统文化习俗等有形或者无形的生态景观内容。在城市生态景观的形成中,人文生态景观所起的作用是非常巨大的。自然、建筑生态景观特色的形成,有时会需要人文生态景观的帮助,即郁达夫所说的"江山也要文人捧"(《乙亥夏日楼外楼坐雨》),甚至城市生态景观特色的形成有时主要也仰赖人文景观的塑形,即特定的城市文脉传统建构了城市的生态景观特色。

自然生态景观、建筑生态景观和人文生态景观三者的有机统一,是城市生态景观美的必然法则。在自然生态景观中,按马克思《1844年经济学哲学手稿》中的"自然人化"思想,自然生态景观必然是经过人的实践改造(包括物质实践和精神实践两方面),包含着人文因素在内,不复是纯粹自然的"生态景观"。在建筑生态景观中,建筑风格传统、建筑本身蕴含的特定地域文化内涵等都是比较突出的人文生态因素,而且在建筑与自然的高度互补中,自然生态因素也已经渗透进了建筑中。在人文生态景观中,它与自然环境、建筑的紧密联系也是不言而喻的。城市文脉的形成离不开特定地域环境的影响,名人故居或者其他文化遗迹以及地方文艺表演等也离不开建筑。当三种生态景观互相补充、和谐统一后,城市生态景观风景线也就形成了。

概言之,宜居城市的生态景观就是由自然生态景观、建筑生态景观和人文生态景观三个不同层次的生态景观有机形成的。根据这三个不同层次的生态景观统一方式的不同,以及每一层次生态景观的不同特性,宜居城市会形成不同的具体类型。从宜居城市的规划、建设来说,不同的城市因为自然环境的不同、历史文化传统的差别,它们在规划、建设城市生态景观,追求城市的宜居性时,可以也应该从自己的现实条件出发。应该鼓励现代宜居城市在城市生态景观方面的独特追求,即现代宜居城市可以拥有自己的个性、魅力与形象,在自然生态景观建设、建筑文化打造、人文符号构筑等方面形成自己的特色,而不应把现代宜居城市变成一个模式。田园城市、阳光城市、山水城市、花园城市、文化城市等都可以是宜居城市的具体化,关键要看是不是构建起了自己独特的城市生态系统。

总之,宜居城市的规划、设计和建设需要生态美。在生态美学的视野中,现代宜居城市应该在城市生态景观的规划、建设中打造自己的个性、特色,高度重视城市生态(自然与人文)系统的动态和谐构建及其给人带来的舒适生活感受。

微时代的审美风尚和生活的艺术化[*]

一

微时代是和全球化的新媒体生态环境、高科技的新媒体生态平台、开放式的新媒体传播途径紧密关联的当下时代。微时代的文化特征与以大工业为基础、科技文明为核心的现代文化特征不同,也不同于以传统农业文明为基础、手工业文明为核心的古典文化面貌。日新月异的新媒体技术、多样开放的新媒体平台、便捷发达的新媒体传播,为新的文化样态与新的生活风尚打造了直接而重要的技术支撑。而特别需要引起关注的是,这种技术的更替发展正逐渐展衍于大众的生活,它改变的实际上已不仅仅是生活形式的某种"大"或"微",也深入生活的内里,包括人的精神心理。为此,我们需要关注这种伴随新媒体而来的新文化特征与样态。如果说,古典文化与现代文化,主要体现了以优雅、崇高、规范、系统、逻辑、秩序等为核心的"大"美感风尚;那么,新媒体时代,则以显著的日常、多元、流动、平面、碎片、随意、即时、娱乐等指征,呈现了一种"微"文化取向。

在微时代,我们可以理直气壮地过一种"小"生活。"百万年蒙昧,数万年游牧,几千年农耕,几百年工商,如今,正经历一场前所未

---

[*] 原刊《艺术百家》2014年第6期。

有的巨变,由工业时代迈向信息时代。"①信息时代的数字化生存,使虚拟现实成为现实。如果说,过去我们需要街巷、桥梁、铁路、公路、会堂、广场等串联彼此;今天,个体与公共的壁垒,在新媒体信息高速传播前,已经消弭。互联网和移动平台的结合,"教给我们这样一个道理:我们既能成为一个庞大公共群体的一部分,还能够保持我们的个性面孔";"今后可能的情况是,在真实世界中曾经有的公众和私人自我之间的那条本来明显的界限会逐步被腐蚀掉,一点一滴地"。②足不出户可以生活,随时随地可以享乐。新媒体造就了一个人生存的"男神"和"女神"。

在微时代,我们也可以心无旁骛地做一个"小"人物。农业文明时代的英雄情结,工业文明时代的精英情结,在历史脚步和时代风尚的荡涤中,似乎已经让位给了今天这个微时代的自由情结。我们似乎从来没有像今天这样随性过。网络的即演即唱可以即播即传,不求经典,不尚完美,只要自己快乐与满足,这是新媒体在微时代构筑的公共舞台,私密的封闭打破了,自由、随意、开放、互动、游戏、狂欢、感性、娱乐,活在当下,活出自我,活得舒服就是生活的目的。

在微时代,我们还可以自由自在地追求一种"小"情致。曾经,我们肩负着种种群体性和社会性的责任。古典时期,"修身"是需要通向"齐家""治国""平天下"的。因此,屈原自然要把个人的美修与国家天下的未来相结合,个体的生命承载了巨大沉重的理性目标与理想意义。现代时期,虽然随着资本经济的发展,人本主义、个人主义思想萌发,个体、个性、人性得到了张扬,但这种张扬仍在群体社会理性目标的框架之内。因此,现代性的精髓,仍然是共同理性。"大狗叫小狗也要叫",则宣告了微时代"小我"的本色登场。"在网络的虚幻世界中,没有人知道我是谁,也没有人在乎我是谁。只有那些往

---

① 陆群等:《网络中国》,兵器工业出版社1997年版,第48页。
② 《博客里一般写什么内容?》,http://zhidao.baidu.com/question/29876627.html。

事,那些心灵的独白,让那些相识的、不相识的或似曾相识的人,在这里驻足。"①大理想未必人人实现,小情致可以自得其乐,你尽可以笑了、哭了、累了、痛了、困了、嗔了。零限制、交互性、受传合一,使得思想霸权、话语统治,都在微时代接受着新媒体的挑战。

二

微时代的技术基础和生态指征的变化,辐射着生活的各个层面,影响着大众审美情趣的变迁。和传统审美情趣相较,微时代的审美风尚日渐表现出平民化的、感性化快餐化碎片化的、消费化的等特征。

平民化是微时代审美风尚的首要特征。传统审美情趣,需要一定的审美教育基础,包括一定的审美知识、语言、技能、观念等的基础,甚至还需要一定的经济支撑甚至一定的社会身份和地位的保障。比如说,中国的传统戏曲,从秦汉时期的乐舞、俳优、百戏,到宋元以后的杂剧、昆剧、京剧等,没有一定的唱念做打、生旦净丑等相关知识的了解,就难以产生浓郁的欣赏情趣,难以领会其精妙。而这些传统戏曲,依靠剧场演出,这样就要受到场地、演员、成本等各方面的限制。同一场戏的观众,因为经济基础甚或社会地位的不同,观剧的位置也可能不同,欣赏的效果也可能产生差异。而在"大家永远在线,除了睡觉"②的微时代,小屏幕、短时间、快享受,我们可以随时随地刷屏、观赏与交流,不再备受时间与空间的限制,欣赏的经济成本也大大降低。那种剧场位置的差异,远近、角度,都不复存在。而在今天的日常生活中,审美也已经不是专属于艺术的名词。我们的建筑、商场、广场、街道,我们的身体、服饰、饮食、日常用品,无一不被审美

---

① 罗江南等:《年轮网络日记》,生活·读书·新知三联书店2005年版,封面语。
② 金莹:《微时代·微传播·微电影》,《文学报》2014年6月26日,第2版。

的因素装扮着。"生活的艺术家",在一定程度上,是对平民化生活审美的一种憧憬、概括、表达。

与平民化生活审美相呼应的,是微时代审美风尚的感性化、快餐化、碎片化等。这种审美风尚,直接来自生活,作用于生活,它的主体,就是平民与大众。他们不想追求永恒,也不深究意义。他们在意的是当下的生活,是真切的自我。他们的审美感受,总是与身体感官密切相连,是对色、形、音、味的直接感受。高度的感性化,也意味着即时的快餐式享乐和随性的碎片性悦乐。电影《小时代》在一定程度上形象地诠释了这种快餐式碎片化的平民主义感性消费新样态。炫目的人物活动空间,时尚的人物穿着打扮,扁平的人物个性形象,单薄的故事情节演绎,使得整部电影更像是一场"男神"与"女神"的时装秀和感情秀。审美给现实和自我裹上了一层艺术的糖衣,漂亮、新异、时尚,骨子里仍然是享乐,但这种享乐早已不是原始的粗糙的享乐,而是以高度的技术、至上的个体、本质的效益,嫁接了曾经高雅神圣的艺术和审美所烹饪的一道道精致又随性的快餐。

消费化是微时代审美风尚的骨髓。一切物质、材料、技术的变革,一切生活环境、方式、样态的变化,在本质上,都是传媒、技术、资本的深度合谋,潜蕴着的是效益的灵魂。就连人自身,美发、美容、美甲、美体,自我包装无所不涉,人堕入到物质、技术、材料的掌控之中。而这种掌控,恰恰也是美容资本产业的期待。人美化了自我,也消费了自我。美国学者韦尔施曾在《重构美学》一书中指出,现实中,越来越多的要素正在披上美学的外衣,日常生活被塞满了艺术品格。这种抽取审美和艺术中最肤浅的成分,然后用一种粗滥的形式把它表征出来的生活的审美化和艺术化,只是用包装和形式给现实裹上的糖衣,它同样也波及了人自身,由此出现了一种"浅表的自恋主义"者,他们对自己的身体、灵魂、心智都进行了全方位的时尚设计。而这种"日常生活与微电子生产过程交互作用",所导致的整体现实生活的审美化,潜藏着的正是"服务于经济的目的",是为了通过"同美学联姻","提高身价",让"甚至无人问津的商品也能销售出去"。[①]

微时代的技术革命和传媒革命,实际上已将"无距离的美"推到了我们的面前。斑斓的色彩、迷人的外观、炫目的光影日渐进入我们的生活,花园别墅、大型展会、高档商场、明星选秀刺激和释放着大众的欲望和快感,不管在精神与价值的层面是否认同,我们都不能不承认,微时代的种种审美风尚已经相当典型地播演为某种泛审美化的日常生活情状。其突出的特点是:审美化的形式,时尚化的设计,平面化的享受。如果说,理性和技术的进步,曾经是为了发明和探索那种精神的快乐。今天,在微时代,消费和效益的绝对原则也借助新的电子传媒,为物质和享乐的感性张扬鸣锣开道。人依附于商品,必然退化为物。人只执着于物质享乐,也将导致本能与存在合一。无处不在的浅表设计,让人的审美感觉钝化。一切以享乐为目标的革命,可能使人丧失自由的品性。当时间和空间不再是距离,身份和地位不再是障碍,大众的狂欢,挑战着我们曾经追求的多样的感受力、丰富的幻想力、高度的创造力和深刻的反思精神。

三

维特根斯坦说,"一切都是对的,一切都不是对的","这就是你所处的境遇"。[②] 当我们畅怀迎接一个新的事物的到来时,我们也必然会关注、疑虑、叩思这个事物的未来,这或许就是人文学者的宿命。

在微时代,种种更为普遍日常的、感性细微的、流动多变的、开放互动的审美指向,正在解放、丰富、改变着我们的感性能力、审美情致、生活样态。让理想主义者和精英主义者忧郁的是,今天,我们还需要坚守美与艺术的传统吗?事实上,美和艺术,在不同的时代,从

---

① 沃尔夫冈·韦尔施:《重构美学》,上海译文出版社2002年版,第7页。
② 沃尔夫冈·韦尔施:《重构美学》,上海译文出版社2002年版,第16页。

来不是僵死不变的。美和艺术,在不同的时代,总是从生活的土壤中开出的绚烂花朵。不管美和艺术的形态怎样变化,总是以它的理想照亮生活,以它的情致温暖生活,以它的品格提升生活。今天,当我们面对微时代色彩纷呈让人眼花缭乱的种种新艺术样态和新生活情状时,一方面,我们应该承认和直面历史和时代的发展所带来的变化和进步,从中感受、体认这种新变带给审美和生活的种种新活力和新情趣。另一方面,我们也不能不承认,当微技术把高高在上的艺术、审美真切地带到了我们每个人的身边,使之变得触手可及,不再那么神秘与神圣时,艺术与生活、美与丑的边界也就不再那么明晰。生活、艺术、审美的交融,在微时代,比以往任何一个时代都更为紧密。而生活的艺术化和审美化,也必然成为比以往任何时代都更需要研索的理论问题和实践问题。

  19世纪中后期,唯美主义的先锋与代表,莫里斯、王尔德、佩特,曾"叹息世间大多数的人只是'生存'而已,极少有真个'生活'的人"。① 他们主张"生活是一种艺术",倡导"以艺术的精神对待生活",强调要使生活保持"强烈的、宝石般的""令人心醉神迷"的状态。他们认为,美是"人类生理化学反应达到暂时和谐时的感受",因此,"美不能持久"。② 人们应该抓住"美妙的激情""感官的激动""陌生的色彩""奇特的香味"来体验生命中一切短暂美好的瞬间。由于把美主要理解为新异形式带来的瞬间享乐,唯美主义最终走向了耽乐哲学。莫里斯热衷于日常器物、居室环境等的审美改造;王尔德也把自身作为生活艺术化的唯美实验田,齐膝马裤、黑色丝袜、鹅绒上衣、绸缎衬衫、紫红手套,胸前别着百合花或向日葵,才华横溢的王尔德最后留给人们的是迷醉官能享乐的"花花公子主义"的"纨绔子弟"形象。唯美主义本来试图以艺术的纯洁和审美的无功利来反抗功利黑

---

① 吴其尧:《唯美主义大师王尔德》,浙江大学出版社2006年版,第11页。
② 吴其尧:《唯美主义大师王尔德》,浙江大学出版社2006年版,第11页。

暗的现实,对抗平庸鄙俗的生活,但它构筑了自己的悖论。它对艺术纯粹形式和审美感性官能的极致张扬,呈现了资本对审美的全面渗透,成就了人对自我的商品化膜拜和商业化展示。唯美主义展现了资本文化与审美文化之间的抗衡,它在世俗生活的浮夸、虚荣、物质主义、解构道德中演化为审美文化与消费文化的某种连接点,也为与消费文化紧密相连的感官欲望的全面登场开启了某种通道。20世纪,日常生活审美化大潮汹涌而来。韦尔施将其称为"美的泛滥",是"表面的审美化"或"物质的审美化",追求的是"最肤浅的审美价值:不计目的的快感、娱乐和享受"。因为"服务于经济的目的",即使"日常生活被塞满了艺术品格","美的整体充其量变成了漂亮,崇高降格成了滑稽"。① 如果说,唯美主义是从理想到媚俗,日常生活审美化则直接构筑了"无距离的美"与生活之同一。这种审美化,在实质上就是一种以个体享乐原则和经济效益原则支撑的艺术实用化。

　　以艺术的情怀体味人生,以艺术的标准提升人生,是中国文化固有的重要特征之一。孔子尽善尽美、内外兼修的追求,庄子逍遥自由、无待物化的理想,都相契于中国艺术的智慧和神韵。中国艺术是温暖的。它不是神性的道路,很少形式的道路,颇好性情的道路。如中国最早的音乐理论专著《乐记》,即提出"情动于中,故形于声;声成文,谓之音"②。但"音"如何成为"乐",它没有直接讲,而是转换了一个角度,讲"知声而不知音者,禽兽是也。知音而不知乐者,众庶是也。惟君子为能知音"③。在这里,显然把主体性情的涵咏,视为艺术审美活动的必要条件。同时,以孔子为代表的原始儒家,也把颜回、曾点等代表的仁乐之境,视为生命成就的至美之境。而道家的宗

---

① 沃尔夫冈·韦尔施:《重构美学》,上海译文出版社2002年版,第6页。
② 周积寅、陈世宁主编:《中国古典艺术理论辑注》,东南大学出版社2010年版,第315页。
③ 周积寅、陈世宁主编:《中国古典艺术理论辑注》,东南大学出版社2010年版,第316页。

师老聃,以"无"立根,以"虚"立基,对文明社会人性的功利自私、贪得无厌等给予了极为深刻的反思与警示。后学庄子,则钟情以真人真性对抗文明的功利与虚伪,构筑了超越生命形体之千变万化和生命界限之短长有无的逍遥理想。中国文化的源头非专论艺术与审美,但以深厚的人文情怀和高旷的精神理想将艺术、审美与人生紧密地连接起来了,人生的理想憧憬内蕴了艺术的追求与审美的情致。这种人生审美的生活思潮,虽历经变迁,包括孔庄后学的曲解、历代文人的俗化,都难绝其韵。鲁迅、宗白华都高度评价了魏晋名士的艺术式生活,盛赞其钟情山水、超脱礼法的个性人格正是对浅俗薄情的反动。人生审美与艺术生活的思潮,在20世纪上半叶,纳中西滋养,从古代到现代,被郭沫若、梁启超、朱光潜、丰子恺等重新发现与塑造。尤其是以梁启超、朱光潜等为代表,将艺术审美生活相关联,要求以美的艺术精神为生命和生活立基,倡导创造与欣赏、小我与大我、物质与精神、感性与理性相统一的审美人生精神,倡导一种远功利而入世的审美人生态度。20世纪三四十年代,这种审美人生精神和审美人生态度,逐渐聚焦为"人生的艺术化"命题,对中国现代文人产生了广泛的影响。

无论是西方唯美感性的传统,还是中国人生审美的传统,它们所主张的"生活的艺术化"本都不是试图消解艺术于生活。但是,西方唯美主义和中国人生审美,最后却走了两个不同的路向。如果说艺术性大体体现为形式性、技巧性、精神性三种的话,那么西方唯美主义主要以形式性见长,并最终由精神的反抗走向了精神的媚俗。中国传统的人生审美,在庄子那里,已有行为之游和心灵之游的区分,分别关涉了技巧性和精神性的因素,而以逍遥游为代表的无待的精神翱翔,早已成为中国艺术精神的杰出写照。作为日常生活审美化思潮最为重要的研究者和批判者之一,韦尔施提出"感性的精神化,它的提炼和高尚化才属于审美"①,尽管这只是一家之言,但无疑,在任何时代,我们都不可能将审美和艺术局限于个体的人的纯粹感性,也不应该有超越于人的价值向度的形式和技巧。如果说,在微时代,道德的和政治的立场,不再那么明显于前台,那么,形式与技巧的背后,自然有资本和经济来粉墨登场。微时代,给予我们最大的挑战,或许就是技术—精神、感性—心灵、欲望—情性之间的迷瘴,不仅是审美为生活所吞噬的困惑,更有人消费自我的焦灼。在生活和人性的深处,我们如何实现精神、心灵、情性的体味、提升、建构?或许,生活的艺术化,它所构筑的情感信仰和价值张力,正是实用和理想、感性与理性、技术和价值、物质和精神之间的一条可能的人文通道。

---

① 沃尔夫冈·韦尔施:《重构美学》,上海译文出版社2002年版,第18页。

3

第三部分
境·寻

美学研究的世界视野与中国实践
——美学家汝信先生访谈*

从战士到学者

金雅：您在哲学、美学等领域做了大量重要而富有成效的学术研究和组织领导工作，引领推动了我国哲学、美学事业的发展，同时还热心帮助扶掖了一批后学。请问您是怎样走上学术研究道路的？

汝信：我童年和青少年时期是在战乱中度过的，抗战胜利后考入上海圣约翰大学，主修政治学，副修经济学。后来从事哲学和美学研究工作完全是半路出家，在大学期间没有系统地学过。当时，徐怀启教授讲的"哲学与宗教"课程，就是我所受的唯一正规的哲学训练了。因为参加地下党领导的读书会和学生运动，开始接触马克思主义，读了一些哲学普及读物，但从来没有想过会去做专门的哲学和美学研究工作，以后怎么会走上这条路，或许是出于所谓"历史的误会"吧。

金雅：能否具体谈谈这个"历史的误会"？

汝信：1950年冬，我参加中国人民志愿军赴朝作战，在冰天雪地里正好赶上了第二次战役，然后又南下参加了第五次战役，从长津湖一直前进到"三八线"。在艰苦的行军和敌机轰炸中几乎把随身用品

---

* 原刊《文艺报》2015年7月13日，《复印报刊资料·美学》2015年第10期全文转载。

丢了个精光,成了彻底的"无产者",战役结束转移到后方,却意外地发现,在出发前轻装留下的物品中还保存着一本俄文的《车尔尼雪夫斯基选集》,它是我出国途经沈阳时在国际书店买的,就成为我当时在朝鲜战场用来提高俄语水平的唯一工具。这样,由于偶然的机会,我开始接触西方哲学和美学。我学俄语不久,要读懂车尔尼雪夫斯基的著作,其困难是可想而知的。在防空洞里微弱的烛光下,我逐字逐句地啃,翻来覆去地琢磨车尔尼雪夫斯基原文的意思,有的简直是猜。这样硬啃生吞的结果,不仅逐渐增加了我对这位"俄国的普罗米修斯"的理解并油然产生了崇敬之情,而且越来越使我对哲学和美学产生了兴趣。

金雅:您这个经历很传奇。您那一代人,从战士到将军的可能不止一个两个,但成为成就突出的学者的恐怕不多吧。您能否谈谈是如何开始专业的美学研究工作的?

汝信:1955年,我从朝鲜回到北京,转业到中国科学院干部培养部工作,开始比较系统地了解马克思主义哲学。当时,党发出向科学进军的号召,我也萌发了从事科学研究工作的强烈愿望。凭着年轻人的勇气,我利用业余时间开始搞研究和翻译工作。抱着试一试的心情,我写了《车尔尼雪夫斯基的社会政治观点》一文寄给《文史哲》杂志,这篇习作居然承蒙采用,这就增强了我研究哲学的信心。为了提高自己的理论水平,1956年我决定离职投考副博士研究生。按过去在大学里所学专业,我本来打算投考经济学研究所的政治经济学专业,但有鉴于列宁所说"不钻研和不理解黑格尔的全部逻辑学,就不能完全理解马克思的《资本论》",觉得还是应该先学习掌握辩证的方法,因此下决心到哲学研究所跟贺麟教授学习黑格尔哲学。贺麟先生收下了我这个哲学根基很差的学生,要我系统地从头补课,阅读从古希腊到近代的西方哲学史上的重要原著,当然更着重指导我读黑格尔的一些主要著作,特别是《精神现象学》《小逻辑》和《美学》。贺麟先生治学主张广泛地阅读和重点精读相结合,如《精神现象学》

的著名的序言由他逐字逐句向我们讲解，使我得益颇多。在他的指导下，我写了《论车尔尼雪夫斯基对黑格尔美学的批判》一文，于1958年发表于《哲学研究》杂志，这是我的第一篇研究黑格尔哲学和西方美学史的论文，我对西方哲学和美学的研究就是从此开始的。

西方资源与世界视野

金雅：20世纪下半叶以来，您在美学特别是西方美学引进和研究领域做了大量开拓性工作，出版了《黑格尔范畴论批判》《西方美学史论丛》《西方美学史论丛续编》《西方的哲学与美学》《美的找寻》《论西方美学与艺术》等著作，主编《西方美学史》（四卷）、《外国美学》集刊（1—16期）等，并在《哲学研究》《人民日报》《文艺报》《新建设》《文史哲》《外国美学》等发表了《柏拉图的美学思想》《黑格尔的悲剧论》《柏克美学思想述评》《论车尔尼雪夫斯基对黑格尔美学的批判》《论尼采悲剧理论的起源》等一批专题论文。请问您为何选择西方美学作为自己的主要领域？

汝信：这首先与我研究生学习期间的经历有关。我的导师贺麟学贯中西，早年是现代新儒家的早期代表人物之一，后集中精力于西方哲学，对黑格尔、斯宾诺莎、怀特海等西方近现代哲学家都有深入的研究。而我的学术起步和学术兴趣就是在贺麟先生指导下从研究黑格尔和车尔尼雪夫斯基开始的。1958年，我结束了研究生的学习，留在哲学所西方哲学史组工作，这时我已经深深地陷入西方哲学史的学习和研究。从原来重点关注的黑格尔和车尔尼雪夫斯基，扩展到古希腊的赫拉克利特、柏拉图，以及柏克、尼采、别林斯基、克尔凯郭尔、杜威等。那时，除了朱光潜、宗白华两位学术界老前辈外，国内研究西方美学史的人不多，还缺乏足够的资料和参考书。在相当困难的条件下，我陆续写了一些论述西方美学家的文章，得到朱光潜先生和宗白华先生的热情指教和鼓励，后来把这些文章编成《西方美学史论丛》和《论丛续编》两本论文集。同时,我也关注西方美学和马克思主义哲学的渊源,特别是辩证法、历史观、实践论等思想的运用。我认为,研究西方美学不能离开马克思主义的基本立场,应该在批判地吸收和继承对方的一切积极因素的基础上,扬弃对方,使自己丰富和发展起来并超越对方。

金雅:您的《西方美学史论丛》与朱光潜的《西方美学史》都出版于1963年,作为从现代学科意义上系统研究西方美学的重要著作影响深远。您主编的四卷本《西方美学史》则历时9年,汇聚了全国西方美学研究的诸多名家共同攻关,推进了西方美学史研究的深化与发展。《美的找寻》则以观览世界著名文化遗址、博物馆、美术展、艺术表演等为具体话题,深入浅出地论析了审美、艺术、人类实践之间的关系,是既有深度又具可读性的美学散记。而您的《柏拉图的美学思想》《黑格尔的悲剧论》《论尼采悲剧理论的起源》等文,材料翔实,文风朴实,尤其是有理有据以理服人的论析风格,令人印象深刻。请问您自己比较喜欢的是哪部著作或论文?

汝信:感谢你对我写的美学文章的肯定,不过我觉得是过誉了。特别是收入《西方美学史论丛》和《续编》这两个文集的文章,大部分写于"文革"前20世纪五六十年代,那是我开始学习西方哲学史和美学史的"学徒"时期,所以那些文章只是一个年轻人的习作,如果说还有什么可取之处,那就是其中有股初生之犊的勇气,敢于用不同于传统的新观点对柏拉图、黑格尔等祖师级权威人物评头论足,或提出新的解读。同时,我也认识到,这些文章不可避免地带有那个时代的烙印,当时各种政治运动不断,只是在运动间隙中能挤出一点时间从事学术研究,有的是未经深思熟虑的急就章,而且明显地受当时"左"的思潮的影响,即使如此,《论丛》出版后还有评论说其中一些文章没有很好地贯彻阶级斗争的观点。我曾经考虑重新修订这两个论文集而终于放弃这个打算,是因为我想起车尔尼雪夫斯基说过的话:人到老年,不宜修改他年轻时写下的文字。尽管粗陋,还是让它保持原貌,作为我初学西方美学史的一个真实的记录吧。

　　我自己比较喜欢的还是《美的找寻》，这与我研究西方美学的兴趣的转移有关。过去我曾试图到书本里去寻找美学问题的答案，特别赞赏德国古典哲学的杰出代表们所精心营造的美学理论体系，也曾广泛地向现代西方哲学和美学著作求教，后来却领悟到不管书本里饱含着多少睿智卓见和丰富的知识，都不能真正解决我们现实中的许多美学问题，只是停留于抽象思辨的王国，当面向无限丰富多彩的现实和人类艺术创造时，形形色色的理论体系却往往显得苍白无力，这充分证实了歌德的名言："理论是灰色的，而生命之树常青。"这也促使我尝试用另一种方式去研究西方美学，那就是直接面对一些人类历史上伟大艺术作品，结合自己亲自鉴赏的审美体验去进行美学的探索。我利用改革开放后出国交流的机会，参观了不少世界上著名的文化遗址、博物馆、美术展览和一些文艺团体的高水平演出，这使我打开眼界，也有新的感悟。我以美学散记的形式陆续写了有关埃及宗教艺术、古希腊雕塑以及米开朗琪罗、莎士比亚、罗丹、凡·高、毕加索、克列等艺术大师的文章，仿佛是同他们进行了一次超越时空的精神上的自由交谈。虽然我只是业余的艺术鉴赏者，但还是力求做到言必有据，不讲空话、套话，说出我自己的看法。面对这些人类伟大的艺术创造，我不仅得到极大的美的享受，也引发了思考和想象，我尽可能把这些真情实感体现在我那拙笨的文字里，也算是聊备一格吧。

　　金雅：黑格尔美学是您美学研究的重要起点。您对黑格尔美学的几个重要问题都进行了深入的剖析。如您指出其悲剧理论的深刻性之一在于，悲剧的真正对象不是人和自然的冲突，而是人和人之间的冲突、社会冲突。今天，社会发展的面貌已经产生了巨大的变化，社会冲突的性质和形态也发生了显著的变化。我们又该如何正确地理解和恰当地运用黑格尔的悲剧理论呢？

　　汝信：黑格尔哲学曾是我研究的重点，已故的周扬同志说我是研究"黑学"的。黑格尔哲学体系包罗万象,气势宏伟,思想丰富深刻,诚如恩格斯所言,只要深入到黑格尔哲学大厦里面去,就会发现无数珍宝,而这些珍宝在今天也仍具有充分价值。黑格尔美学及其中的悲剧理论就是值得我们批判继承的思想财富之一。黑格尔的长处在于他始终以历史的、辩证的、发展的观点去看美学和艺术的问题(这也是他比康德高明之处,虽然康德对后世的影响可能更大),特别是他的悲剧理论贯穿着矛盾冲突的辩证法思想,这在西方美学史上是首屈一指的。但是,黑格尔是唯心主义者,他错误地把整个世界历史的发展都归结为精神自身的发展,这样就把事情弄颠倒了。在他看来,悲剧的矛盾冲突实质上是由于伦理的分裂而形成的不同的精神力量之间的斗争,双方都具有片面性而在斗争中两败俱伤,从而矛盾得到"和解",最后"永恒正义"取得胜利。显然,黑格尔的悲剧理论是符合于他的哲学体系的保守结论的。他虽然用对立统一的辩证观点揭示了悲剧艺术的普遍规律,但他的理论并不能正确解释特定的社会历史条件和悲剧环境下形成的悲剧人物的性格、思想感情、心理和行动所造成的矛盾冲突的特殊性。黑格尔自己也知道,他的理论是以古希腊悲剧为范本,并不适用于西方近代悲剧(如莎士比亚的作品)。因此,在今天,对黑格尔的悲剧论,我们应批判地吸取其合理的内核——矛盾斗争的辩证法,而否弃其现成的理论形态。我以为,悲剧源于社会生活,有怎样的生活,才有怎样的悲剧,黑格尔提供了用辩证法观点去看悲剧的方法,但要真正理解这一部悲剧,还得去解剖产生悲剧的特定的生活。

金雅:您对尼采美学也进行了深入而富有新意的解读,认为尼采鼓吹的悲剧精神是浮士德精神的一个特殊的畸形的变种。《悲剧的诞生》的真实含意不在于论悲剧,更不在于论希腊悲剧,而在于提出一种世界观,一种生活哲学。并把尼采放在整个德国美学的整体背景上,认为德国美学家们的悲剧理论实际上无非是从美学的角度对德国社会生活的悲剧性所做的种种解释,他们关于悲剧的哲学思考,其实是对德国的历史和现实的本质的思考。同时,您也客观指出,尼采留给后人的最影响深远的观点是对非理性、本能、无意识因素的强调。尼采是西方美学史上一个独特而重要的个案,请问我们应该如何来把握尼采的天才、矛盾和价值呢?

汝信:说到尼采,他在西方思想史上一直是众说纷纭颇有争议的人物。正如德国哲学家亚斯贝尔斯所说,自我矛盾是尼采思想的基本特征。因此,人们从不同的立场、观点和方法去看尼采,往往得出截然不同的看法和结论。他的优点在于坦率,敢于毫不掩饰地说出自己的见解,有些错误甚至反动的观点也很明显突出,如宣扬个人至上、蔑视群众、反对社会主义等,但他的思想中也确实包含着一些对西方资本主义社会具有强大破坏作用的批判因素,使作为西方社会思想支柱的传统价值观、宗教、道德、文化受到摧毁性的冲击,预示了西方社会里正在孕育和发展着的深刻的社会精神危机和文化危机。我以为研究尼采,首先要分辨他的思想中的消极因素和具有积极意义的批判因素,他需要的不是辩护,而是理解。至于尼采的悲剧论,值得肯定的不是他对悲剧的解释,而是他所提倡的面对悲剧的人生态度。面对人生悲剧,在苦难中仍然保持着人的尊严,既不怨天尤人,消极地屈从命运,也不求助于宗教,借逃避现实以获得廉价的安慰。悲剧的真谛不是否定生活,而是肯定生活;不是使人消沉颓废,而是使人变得坚强;不是被巨大的痛苦所压倒,而是不信神,不信邪,靠自己的双腿站起来,重新鼓起生活的勇气。这样地理解尼采,或许还有一点积极意义。

金雅:您一直非常强调艺术对于审美和人的意义,指出艺术史既是人的精神成长史,也是美的创造史;通过艺术,才能明白审美的道理和人之所以为人的道理。您对很多世界著名艺术作品的评析非常精彩。如您在评论罗丹的《加莱义民》时指出,英雄既不是天神,也不是超人。做一个英雄或是做一个懦夫,完全决定于自己,只要愿意,每一个普通人都能表现出高度的英雄主义。在评论《吻》时,则热烈赞美这对尽情拥吻的热恋青年,认为他们所呈现的纯洁真诚的爱情就如那块洁白晶莹的大理石,而人体的美和道德的真诚奇妙地结合在一起,使这个作品无论在审美价值上或是在伦理价值上都达到了很高的境界。这样的评析不仅体现了您在美学上的修养和精见,实际上也体现了您对人本身的关怀,体现了您的人文思想。您曾写过《人道主义就是修正主义吗》一文,认为讨论马克思主义与人道主义的关系,不仅仅是为了解决对某个早已成为过去的思想派别的评价问题,更是为了解决马克思主义应该怎样对待现实生活中有关人的一系列问题。当下日益发展的技术和经济,使得人的问题仍然是包括美学在内的一切人文学科的突出问题。今天,我们应该如何处理好美学研究和实践中的人学问题,如何处理好它与马克思主义世界观的关系?

汝信:这里提到的《罗丹博物馆参观记》和《人道主义就是修正主义吗》两篇文章写于20世纪70年代末至80年代初,都提出了如何对待人的问题,这是有当时的背景和缘由的。那时刚刚经历了"文革"十年浩劫,在"四人帮"文化专制主义统治下,目睹对人的尊严的践踏和对人性的摧残,一旦有机会直接从罗丹的作品中看到了真实的人,其激动的心情是难以用言语来表达的,我才明白原来人的伟大和崇高是可以这样通过艺术来表现的。我从巴黎参加联合国教科文组织大会归来后写的关于罗丹的文章,实际上是从美学上对"文革"的反思,也是对"四人帮"所鼓吹的那一套"理论"的驳斥。我的这篇文章在《文艺报》发表后,文学界的一位老前辈、著名的诗人和理论家与我谈起他年轻时读宗白华关于罗丹的文章和我这篇文章的不同感受,由此谈到他对过去我们一直把人道主义当作修正主义来批判的不满,激愤之情溢于言表。这就激发了"文革"以来久已隐埋在我心中的怀疑,要求我从哲学上对人的问题重新进行反思,关于人道主义的文章就是反思的结果。写这篇文章的另一缘由是我在60年代反对修正主义的高潮中,曾参加周扬同志主持的反修写作组,任务是写一部系统地彻底批判人道主义的专著,挖掉修正主义思想的"根子"。经过将近两年的紧张工作,认真地研读了马列经典著作,编选了不少有关资料,也写成了初稿,但"文革"的来临使该书流产,而具有讽刺意味的是,周扬这位理论界反修的领导人自己也被打成"大修正主义分子",他主持的对修正主义的批判则被诬之为"假批判"。如果不从中吸取一些教训,那么我们为"文革"付出的沉痛的代价岂非白费了吗?后来,关于人道主义问题引起了一场争议,这是很自然的,因为在这问题上确实存在不同的观点。所幸的是,关于人的问题终于受到了理论界的关注,甚至产生了"人学"的研究,"以人为本"的提法也得到了公认,我以为这是改革开放以来的一大理论成果。记得30多年前,我曾提出我国美学研究首先要注意研究现实生活中的美学问题,并且要加强对人的研究,当然不是去研究生物学的人、抽象的人,而是要去研究处于历史发展过程中现实的人,当前就是要研究我国社会主义社会里的现实的人及其审美需要,我以为这是中国当代马克思主义美学的一个首要任务。

中国问题与中国道路

金雅:读您的论著,有几个方面是很受启益的。一是您始终以辩证的观点看对象,科学说理,不简单地全盘肯定或一棍子打死。二是您坚持从历史的发展中看对象,实事求是,具体分析。我们对外来文化的态度,不乏闭关锁国和盲目崇信的惨痛教训。您认为,今天我们应该如何解决这些问题?

汝信:如何正确对待外来文化,过去我们确有不少经验教训值得总结。就美学而论,自从19世纪末西方美学开始引入中国,的确带来许多新概念、新理论、新方法,给中国传统美学思想注入了新活力,面貌为之一新,实现了向现代美学的转化,特别是马克思主义美学对当代中国美学的发展产生了革命性的影响。在这方面我国老一辈的美学家们做出了重大贡献,应予充分肯定。历史证明,中国美学要得到健康发展,体现时代精神和适应时代要求,必须面向世界,吸收人类所创造的一切优秀文明成果,批判地借鉴外国美学研究所取得的成就。特别是当今信息化时代,故步自封、闭门造车是绝对不行的。但是在借鉴外国文化和美学时,务必要有鉴别、有分析批判地吸取其合理因素和精华,切忌盲目轻信,照抄照搬,尤其是现代外国哲学和美学是当今西方社会的产物,在不同程度上体现其意识形态的影响,千万不能全盘接受。

金雅: 习近平主席对文艺问题发表了重要讲话,明确提出要传承和弘扬中华美学精神。您认为中华美学精神的核心是什么?今天我们应该如何传承与推进?

汝信: 习近平主席关于文艺问题的讲话是继毛泽东在延安文艺座谈会上的讲话之后,对我国文学艺术和文化发展具有决定性指导意义的最重要的文献,为中国特色社会主义的文艺和文化建设的繁荣发展指明了正确的道路和方向。讲话中明确提出要传承和弘扬中华美学精神,我对中国传统美学思想缺乏深入研究,据我粗浅的看法,今天我们应弘扬的有以下这几方面:第一,深厚的人文精神,以人为本,以人为中心。中国自古以来有"人贵于物"的思想,肯定人的价值,注重人在现实生活中的审美需求和审美实践、审美享受,不把审美理想寄托在虚无缥缈的彼岸世界或上帝之域。第二,十分重视和强调审美教育和文学艺术的重大社会作用,不是把它们看作单纯的满足低级官能享受的娱乐工具或谋利手段,而是把它们看作对社会具有重大影响,甚至关系到国家兴衰的头等大事,宣扬强烈的爱国主义和崇高的民族精神。第三,努力追求真善美的统一,特别是美与善的统一,把审美和人格的塑造与高尚道德情操的养成联系起来,主张通过审美活动和审美教育提升人的精神境界,使思想得以净化,情感得到陶冶,文化素质得到提高,从而使人身心得到和谐发展,有助于和谐社会的创造。第四,中国美学紧密联系审美活动和文艺创作的实践，重实际而少空谈，结合诗、文、音乐、绘画、书法、戏剧、小说等不同艺术领域中的美学问题进行深入的理论探讨，有力地推动了文艺的发展，在漫长的历史过程中帮助创造了富有中国特色的光辉灿烂的中国文化。第五，正确发扬中国古代"天人合一"的思想，尊重自然，人与自然和谐相处，赞赏自然而又不在自然面前卑躬屈膝。我以为，对我国当前精神文明建设和文化艺术繁荣发展来说，以上这些方面都是值得弘扬的正能量。

当然，弘扬中华美学精神并不是要原封不动地恢复传统美学思想，而必须要以马克思主义为指导加以重新审视，并根据当今中国的实际和时代的要求进行新的解释和发挥而实现创造性的转化。例如，天人合一的传统思想中非科学的迷信和神秘主义成分必须清除，而用现代生态文明的观点加以充实改造。对中国传统美学中的一些重要命题如"诗言志""文以明道"，也需根据现时代的精神用中国化的马克思主义观点予以新的诠释。过去历代对这些命题有各种不同的理解和说法，但对当代中国广大人民来说，"诗言志"的志是大志，就是要实现中华民族伟大复兴的中国梦。"文以明道"的道，也不是过去儒家所说的"道统"或"天理"，而是要坚定道路自信，走中国人自己的道路，建设中国特色社会主义。

金雅：您的学术研究和人生道路都给人很多启益。您一直很关心青年学者的成长，能否给青年美学学者一些建议？

汝信：关于怎样研究美学，我谈不出什么成功的经验，教训倒不少，只能提些建议供年轻朋友参考。第一，为了打好理论基础，需要认真读一些美学经典名著，但不要迷信书本。孟老夫子说得好，"尽信书不如无书"，重要的还是要独立思考，要多想一想书中讲的是否切合实际，是否真有道理，切忌人云亦云，更不要盲目跟风、赶时髦的浪潮。第二，要重视历史的研究，学会用历史唯物主义观点去观察和理解历史。历史是人创造的，同时人又生活在历史之中并随着历史进程而发展变化，因此一切美学问题都离不开历史，只能在人的历史实践中求得解释，离开历史的实际去抽象地谈美学问题，是没有出路的。第三，研究美学和研究其他学问不同，需要有审美鉴赏能力，这种能力不是天生的，而是靠审美实践逐步养成的。所以要通过对各种艺术的欣赏来努力培养和提升自己的鉴赏力，最好是能亲自体验某种艺术的创作，成为真正的内行。我曾为此做过努力，但未能真正打开艺术王国之门，登堂入室，因此美学研究始终没有超出业余的水平，这算是最大的教训吧。

文艺理论的使命与承担
——文艺理论家王元骧访谈*

金雅: 半个多世纪以来,您在文艺理论研究的道路上辛勤耕耘,取得了丰硕的成果。请问您是怎样走上文艺理论研究的道路,又是如何数十年如一日坚守在这个领域的?

王元骧: 这完全是出于领导的安排。我一直以为我的形象思维能力比抽象思维的能力强。我小时喜欢画画、唱歌、看戏以及无师自通地做一些小玩意儿。读初中时又偏爱文学,梦想长大后当作家。所以进大学的时候我就毫不犹豫地选择了中文系。到了大二,在撰写学年论文时,感到分析难以深入,便找了一些文学理论的著作来看,才对文学理论初步有所接触,但我的兴趣还是在文学作品方面。1958年秋毕业留校任教,我当时所读的学校浙江师范学院是1952年院系调整时由浙江大学文学院、师范学院、理学院的一部分以及之江大学等单位组成的(1958年冬更名为"杭州大学",1998年又与其他三所由原浙大分出的学校联合,组建成"新浙大"),师资力量较强,但在新中国成立以前不论浙大还是之大中文系所授的课程都只限于"国学"范围,像现代文学、文学理论等课程一概没有,当然也没有文学理论教师。所以毕业留校,领导就安排我教文学理论课,一

---

* 原刊《文艺报》2012年10月15日。

教就是50多年。我从事文学理论研究,当初也完全是由于教学工作的推动。

审美反映比情感反映更确切

金雅:20世纪80年代,您结合文艺实践对反映论原理做出了深入的阐发,特别是强调了情感的特性及其在审美反映中的中介作用,这个思想很深刻,对新时期文艺理论的发展与深化也是重要的推进。后来我国文艺理论界也普遍把您视为新时期"审美反映论"的代表人物之一,您自己是怎么看的?

王元骧:像我们这代人学习文学理论在很大程度上都受了当时苏联文学理论的影响。苏联理论界把马克思主义视为一种认识论哲学,并以唯物论与唯心论作为区分马克思主义与非马克思主义的界线,把"反映论"作为马克思主义文学理论的思想基础。我认为这是可以接受的,问题在于对"反映"的理解在很大程度上带有直观论和机械论的倾向,在不同程度上都把主观与客观、反映与创造对立起来。我当时就不大认同这一观点,在1962年发表于《文艺报》的《关于"熟悉的陌生人"》和发表于1964年《文学评论》的《对于阿Q典型研究中一些问题的看法》中,就是不赞同仅仅从客观对象方面,而主张联系作家的创作个性来看待典型问题,把典型看作不仅仅是生活反映,一种社会学的标本,而认为同时是作家对生活的一种独特发现和创造。这从某种意义上说,也就是我后来所主张的审美反映论的思想滥觞。我之所以一开始从事文学理论研究就比较重视文学的特性而避免教条主义和庸俗社会学,这一方面与我从小就接受各种艺术的熏陶,心目中有较多的艺术参照系有关;另一方面也得益于我当时从《文艺理论译丛》和《古典文艺理论译丛》中所读到的一些西方古典文论以及俄国革命民主主义批评家如别林斯基等人的著作;当时国内的著作虽然可读的不多,但是像胡采的《从生活到艺术》、毛星的

《形象、感受和批评》以及中国作家协会广东分会理论研究组的《典型形象——熟悉的陌生人》等，都对我有较大的启示。我在1987年写过一篇文章，叫《反映论原理与文学本质问题》，可以看作我前期文艺思想的系统总结。在这篇文章中我认为文学是以作家的情感为心理中介来反映生活的，并对之做了较为系统的论述，被学界概括为"情感反映"说。但后来觉得情感是一个较为笼统、宽泛的概念，像理智感、道德感、宗教感、美感等都包括在内，所以觉得当时学界流传的"审美反映"比"情感反映"更为确切，于是我也就接受了这个概念。

金雅：梁启超有句名言，"不惜以今日之我，难昔日之我"。我觉得这种不计名利得失纯粹追求真理的勇气是非常值得敬佩的。而您数十年来，不仅始终在文艺研究的领域坚守，还不断有所自我突破与超越，我觉得是非常难能可贵的。有学界同仁把您过去文艺思想的主要发展，概括为"审美反映论""文艺实践论""文艺本体论"三个阶段，您自己赞同吗？

王元骧：如果按我不同时期论述的重点来看，也不妨这样说；但我不赞同认为这是我文艺思想的"转轨"。因为这三者有着内在的深刻联系。或者可以说都是由于审美反映论的发展、深化和完善而来的。这是因为情感是客体能否满足主体需要所生的一种内心体验，是以体验的形式所表达的对客观事物的一种态度和评价，它不属于"事实意识"而属于"价值意识"，所反映的不是"是什么"而是"应如何"。而"应如何"是一个理想的尺度，它是需要通过人的活动去争取的。所以我不赞同传统的反映论文艺观所理解的把文学纳入知识的系统，认为它只是给人以认识，而认为它的职能主要是表达一种人生信念，以充实人实践的心理能量和精神动力。这是我20个世纪90年代所发文章的论述重点。但不久又发现从这种价值论维度来理解文艺的性质尚欠周全，因为现在是一个价值多元的时代，我们凭什么来判断价值取向的正误，选择和确立我们所应该遵循的价值坐标呢？这样我就想到了"文艺本体论"的问题。因为唯此我们的价值评判才有科学的思想依据。作于 2003 年的《评我国新时期的"文艺本体论"研究》和《关于艺术形而上学的思考》，和 2007 年的《文艺本体论的现实意义和理论价值》等文大致代表我在这个问题上的思考成果，不过在后来的一些文章中又陆续有所补充和完善。

文艺本体论乃审美反映论的深化

金雅："文艺本体论"问题对文学来说是很重要的，但难度也比较大，理论性比较强。您觉得自己在"文艺本体论"研究中有哪些新的发现与突破？

王元骧："本体论"在古希腊哲学中视为关于世界本原和始基的学问。文艺是以人为对象和目的，这决定了"文艺本体论"与"人学本体论"有着天然的不可分割的联系。人是从猿进化而来的，是由历史和文化造就的，因此要研究人就要有历史的观点，"历史是追求一定目的的人的活动"，这样"目的论"也就成了"人学本体论"的应有之义。所以对于"文艺本体论"，我认为只有把存在论的维度和目的论的维度结合起来，才能获得正确的解释。实际上在古希腊哲学中，"本体论"原本就是与"目的论"联系在一起的，目的论被视为本体论的核心内容；只是由于后来被发展成为"上帝创世说"，认为世界都是按上帝的旨意而创造和安排的，以致到了近代被有些哲人未经深入研究就予以舍弃。这一点康德却另有眼光，他把本体论看作只是认识论中的构成原理，而在实践论、伦理学中作为范导原理，作为把人不断引向"至善"境界的价值坐标保存下来，使人从"实是的人"进入"应是的人"，有了方向和目标。我认为这是很值得我们注意的，这是一。其次，"目的论"与"永恒性"的关系非常密切。"永恒性"把本体世界看作凝固不变的而引起了许多人的质疑，但这并不排除它有深刻和合理的思想在。因为它把时间的观念引入了"人学本体论"，表明人是一种时间性的存在，正是由于时间使一切美好的东西都成了暂时的、瞬息即逝的，这才引发了人追求永恒的渴望和冲动。这样，追求永恒也就成了对暂时、有限、当下的超越，它激发人的生存自觉，让人感到正是生命的有限应倍感珍惜，而不虚度年华，如何把个人有限的生命投入到为人类发展进步的永恒的事业之中，而使有限的生命在人类的事业中得到延续。再次，传统的本体论后来之所以遭到否定，根本的原因就在于它把世界的本体看作一种超验的东西而与经验的东西对立起来走向二元论。而我认为如果按照前述从人学的角度把"本体"理解为一个把人不断引向"至善"境界的价值坐标，那么它就不可能完全是仅凭理性认知和逻辑推论而确立，同时也是建立在自己人生体验基础上的一种道义上的选择和追求。按我国传统哲学的话来说，它不属于"认知""闻见之知"，而是"体知""德性之知"。这两者的区别是：前者的对象是外在于人的，是由人的感官所得；后者的对象是内在于人的，是由人的体验所得，它需要通过自身的"着实操持，密切体认"等"心上功夫"才能建立。这样就克服了二元论的倾向而把超验与经验、信仰与知识有机统一起来，而走出纯思辨的囹圄。"人学本体论"就是按历史的、文化的眼光对人的本性的一种界定，我们把"文学本体论"建立在"人学本体论"的基础上，既表明要说明"文学是什么？它的意义何在？"是不可能孤立地从文学自身而只有联系人的生存的需求才能找到正确的回答，也强调了文艺在完善人的本体建构上应该发挥自身所应有的作用。

走向人生论美学

金雅：我国文化与哲学传统具有浓郁的人生情怀。儒道释的学说中都潜蕴了审美的维度，注重人格情趣的提升与人生境界的建构。这种传统在20世纪上半叶中国现代美学与艺术理论中得到了进一步的发展。如梁启超、朱光潜、宗白华等以深厚的人生情怀创化中西资源，提出了"趣味""情趣""人生艺术化"等范畴与命题。近几年，您在《我看20世纪中国美学》中肯定了这一方向,并发表了《美:让人幸福、快乐》《审美:让人仰望星空》等一批文章,出版了《论美与人的生存》的论文集,倡导把审美、艺术、人生统一起来,这是否标志着您开始转向"人生论美学"的研究,它与您过去的思想之间有什么联系?

王元骧:我对美学早有兴趣,在1963年就为本科生试开过美学课,只是由于工作的需要,我才把主要精力都花在文学理论教学和研究的方面。其实美学与文学理论的联系是非常紧密的。因为美学研究的是人与现实的审美关系,而文学艺术就是这种审美关系发展到一定阶段的产物,是人的审美需要和审美理想的集中体现,所以文学艺术的许多根本问题也就是美学的问题。而直接促使我这些年来把思考的重点转移到美学上来的原因有二:一、我觉得我国的文艺理论美学基础较弱,不仅美学中的许多优秀成果都没有予以吸取,而且对之充斥了种种误解和曲解,如对于美与真和善的关系,审美愉悦和感觉快适的关系,审美的无利害性与利害性的关系的理解等都非常混乱,含含糊糊、一知半解,以致各说各的,不仅讨论了半天,什么问题也没有解决,而且由于曲解而把问题引入歧途。所以我觉得要使文艺理论得以健康的发展,很需要加强美学的基础研究;二、就美学方面来看,在当今我国"实践论美学"与"后实践论美学"的对峙中,我也有点自己的想法,认为实践论美学主要从宏观的、社会历史的观点来理解审美关系,所探讨的还只是审美关系所产生的社会根源,要解释具体的审美现象和审美经验,尚有待向微观的个体的心理的层面的研究深入;而"后实践论美学"转向从微观的、个人心理的方面来理解"审美关系"时,放弃和否定了对审美关系做社会历史层面的研究,不仅难以揭示审美在人的生存活动中的重要地位,而且由于丧失理论根基而容易走向主观主义和相对主义。如何克服前者的不足和后者的片面?我认为就应把宏观层的研究与微观层的研究结合起来以"中观"的眼光来进行研究。于是我就想到"人生论美学"。因为"人生论"所理解的"人"既非作为社会历史的普遍的人,也非个体的心理的人,而是两者统一的现实的整体的人,这样,从"人生论"的角度来研究美学就更能把审美与完善人格建构紧密地联系起来,这不仅是我国传统美学的精神所在,也是从古希腊柏拉图开始,经由中世纪基督教美学、德国古典美学所沿承下来的思想,我在《美学研究:走两大系统融合之路》《再论美学研究:走两大系统融合之路》以及《康德美学的宗教精神和道德精神》《论国人对康德美学的三大误解》等文中,曾对之做过较为周详的论证;我还写过一篇《王阳明与康德美学思想的比较研究》,说明在这个根本问题上,中西哲人的思想是完全一致的。这些研究可以说是我提出"人生论美学"的前期准备。我提倡"人生论美学"就是希望美包括文学艺术在内对于人走向自由自觉、自我完善方面有所作为。这里也融入了我对"人学本体论"思考所得的体会在内。所以"人生论美学"与"文艺本体论"之间我觉得可以互补、互证的。

金雅:"人生论美学"把审美与人的生命与生存、提升人格与生命境界联系起来,因此,也就关涉到审美教育与艺术教育的问题。近年来,随着素质教育的倡导,以及人们对现代商业社会和科技时代的一些共同问题的关注,艺术教育、文学教育、情感教育等已日渐引起重视。您赞同审美教育属于情感教育,请您具体谈谈情感教育在完善人格建构方面有什么作用?

王元骧:我赞同美育是情感教育,但并不认为它的意义只限于愉悦身心,而认为它对人的全面发展有着十分重要的意义和作用。人如何才能走向完善?亚里士多德提出"人是理性的动物",培根又提出"知识就是力量",以致直到今天人们所看重的只是知识的教育,而很少看到情感在整个人格结构中的地位和作用。知识只不过是人们谋生的一种工具和手段,而对于一个整全的人格来说,"知""情""意"三者是缺一不可的,其中"情"又是从"知"过渡到"意",使三者有机统一起来的不可缺少的中介。因为认识到了的东西不一定就是属于自己的东西,只有体验到了的东西,才能内化为自己有血有肉的思想,成为人的行动的内在动力,在行动中得到落实,这就充分说明情感的陶冶和提升在完善人格结构中的地位的重要。而人的情感生活中最可贵最不可缺少的无非是"爱"与"敬"的情感,爱驱使人无私奉献,敬激励人奋发有为。而美是由优美与崇高两种形态组成的,它的目的正是培养人的"爱"与"敬"的情感,使人通过审美在情感上获得全面的陶冶和提升。所以要谈人的自由意志和独立人格,人的全面发展,要谈人生的意义和目的,人生的快乐和幸福亦即苏格拉底所说的"善生"的问题,也就离不开对人的情感生活的研究,离不开审美教育。

倡导人生艺术化

金雅:近年来,西方后现代"日常生活审美化"思潮也引起了不少人的关注,您所主张的"人生论美学"与它又有什么区别?

王元骧:"人生论美学"译成英文也就是"Aesthetics of life",也就是"生活美学",好像就是"日常生活审美化"的意思,这是由于汉语中的"人生"这个词很难为英语所对译。这得追溯到中西哲学文化背景的差异。在西方特别是英语国家中,经验与超验是二元对立的,所以所谓的"日常生活审美化"就是把美当作一种消费文化,以满足人的一时的享受的需要,并不指望通过它来陶冶和提升情感;而中国哲学中经验与超验是统一的,像《大学》中说"修、齐、治、平"、《左传》中说的"三不朽"以及张载的"四句教"等都强调通过"践仁"来达到"成圣"的目的,在经验生活中实践人生超验的价值,由此产生了我国所特有的"人生哲学"。"人生论美学"就是对于这一精神的一种肯定和继承。它把审美看作一种精神愉悦,主张通过审美来提升人生而达到"人生艺术化"的目的;而"日常生活审美化"则视审美是一种"感觉的快适",美其名曰可以"缓解生存的压力"。"感觉的快适"是一时的、生理性的、纯消费的,是没有精神方面的内容的,这样就把美仅仅视作一种手段,而丧失了它自身所固有的目的——"以人为目的"。所以我不赞同有些学者把"日常生活审美化"当作文艺的发展方向,当作"当代形态的文学研究"来提倡,认为只不过是对"消费社会"文艺现状的一种描述。因为理论不能只局限于描述现状,它更须揭示规律,让人们看清客观形成的美与人的生存所固有的内在联系。

金雅: 我很赞同您的观点。但也有学者认为您一直偏重于情感、精神方面的美化提升,尽管在理论论述上比较周全,但这种思想倾向本身有些"高蹈"。对此您怎么看?

王元骧: "高蹈"是脱离社会现实之意,所以人们把出现于法国19世纪中叶的以阿波罗和缪斯诸神居住的山名而命名的主张诗歌应远离社会斗争、回避政治问题,以"为艺术而艺术"为宗旨的"巴那斯派"又称为"高蹈派"。而我的理论刚好相反,我的问题始终是从现实出发的,是针对自市场经济以来人们在物欲驱使下不断地走向物化和异化以及由此而带来文艺放弃精神上的承担趋消费化、娱乐化而发的,认为理论不能只停留在对经验现象的描述上,而应该是批判的反思的,这样,才能与现实形成一种必要的张力,引导文艺朝着正确的方向发展。而反思就需要一个思想前提,现在既是一个价值多元又是一个价值迷误的时代,正如现实生活中许多人已找不到生存的根基、不知为何而活着那样,我们的文学理论也不知道把自己的价值坐标定位在哪里,这又怎么能承担和引导文艺发展的使命呢?我这些年来一直不放弃基础理论研究,就是想使我们的文学理论有一个较为合理的反思的前提。认为我的理论有些"高蹈"可能是由于站在经验主义、实证主义、实用主义的立场,把理论看作只是为了说明现状而不理解它的反思性、批判性的品格之故。

理论是一种看待问题的智慧

金雅: 按照您对于理论的性质和功能的理解,您认为我国文艺理论研究的现状如何?存在哪些问题?主要原因是什么?

王元骧：现在理论研究不被人们所看好，认为它是"大而空"的不解决现实问题，有人甚至提出要"告别理论"，认为它的出路只能是向批评转移。这观点我认为既不正确又有一定的道理。之所以不正确，是因为理论乃是对事物本质规律的一种把握，是抽象思维的产物，相对于经验现象的"多"来说，是属于"一"的东西，以致人们误以为理论都是抽象的。这是人们把"本质"和"关系"分割的结果。而在辩证法看来，在"本质中一切都是相对的"，"它们只是在它们的相互关系中才有意义"，因此真理总是具体的，它"只是在它们的总和中以及它们的关系中才会实现"。所以理论不是一种教条，它只有在实际应用过程中才能彰显它的真理性，我们不能脱离现实关系对它作抽象的理解。如我们古代对诗的理解有"言志"与"缘情"二说，前者重社会的、普遍的、伦理的情感，它反映了上古社会人们对文学的理解。到了魏晋时期，随着"人的觉醒和文的自觉"，陆机提出了"缘情"说，突出了文学中个人的、心理的、当下的情感，这自然是对文学认识的一种发展和深化，但由于轻视情感的社会、普遍、伦理的内容，又造成了六朝绮靡的诗风。所以到了唐代孔颖达试图把两者统一起来，提出"在己为情，情动为志，情志一也"。我们到底应该怎样评价它们的是非正误呢？我想只能结合实际情况来下判断而不能抽象地下结论。这就说明真理是具体的，理论只能联系实际、在实际应用中彰显它的真理。所以认为凡是理论都是"大而空"的，显然是把理论看作一种抽象的教条而没有理解理论是一种看待问题的智慧。但如果是对我国当今文学理论研究所较为普遍存在的弊病的概括，那我是完全赞同的。"大而空"就是脱离实际高谈阔论，不解决实际问题。这种不良倾向的具体表现在我看来有这样几方面：一、缺乏问题意识。理论是由于实践中遇到了问题，需要解决而进行研究的。所以问题乃是理论的核心评价，一篇理论文章、一部理论著作，首先就要看它所提问题的意义的大小以及需要解决的紧迫程度。问题只能是从实际中来。而环顾我国当今的文学理论，似乎极少从我国的文艺的实践中提问题来加以研究，不是追随西方，拿西方学者的观点来现贩现卖，就是回避现实去钻研一些细枝末节的、技术性的、牛角尖的问题。这样的"理论"怎么能起到介入现实、促进现实发展和进步的作用呢？二、缺乏人文情怀。问题是现实中存在的，而发现问题需要有我们自己的见识和眼力，见识和眼力与我们自己思想上的追求是分不开的。从这个意义上说，不能发现问题在很大程度上源于我们从事理论研究的人缺少应有的人文情怀，缺少对于当今人的生存状态的关注以及文学对于人的生存的意义和价值的思考。这些年来，人们的物质生活有了很大的提高，但许多人都感到生活十分抑郁而并不幸福。这是不是人们终日为"物质操劳"而忘了对"灵魂的操心"有关？文学向来被人们称之为"精神的家园"，是人的精神的皈依、寄托之所，那么面对当今人的生存状态，我们的文学在对人精神疗救方面到底应该发挥怎样的作用？我看文学理论界就很少考虑，相反地宣扬"娱乐至上""娱乐至死"的却大有人在。这是不是又一种脱离实际？三、缺乏应有的学养和训练。文学理论是对文学问题的哲学思考。所以从事文学理论研究，文学知识和经验的积累以及理论思维能力的培养是不可少的。文学经验包括文学创作和文学阅读两方面，我们不能要求每个理论家都兼搞创作，但是阅读经验却不能没有，只有深得文学的三昧才能在理论上提得出真知灼见。但现在的一些理论文章连篇累牍都是从西方移植过来的时髦的概念，却少有作者自己研究文学艺术的真切的感受和发现，空洞浮泛而又高深莫测。但我这样说并不等于文学理论研究回到经验的描述。因为理论既然是以问题为核心的，理论研究在逻辑程序上说就是个提出问题、分析问题、解决问题的过程。这就需要理论工作者必须具有一定思维的能力。思维是有一定的形式和规则的，因而要有效地进行思维就必须懂得思维科学。它是一种引导我们获取科学真理的思想工具和武器。如唯物辩证法，我认为就是一种很有效的思想工具和武器。有人把它比作一种"智力体操"，正如我们的身体只有经过操练才能行动自如那样，我们的思想也只有有了辩证思维的武器才能目光敏锐、机智灵活,这样才能把问题不断地引向深入,在看待和处理问题上不至于走向极端、陷入僵局,有望做出科学的解决。现在我国文学理论界多为浮泛之论,不解决实际问题,也与缺乏理论思维能力的训练、不能有效地回答问题有关。综合我们当今文艺理论普遍存在的这些现象,我认为以"大而空"来概括并不过分。

金雅:理论思维能力对于理论研究确实非常重要,或许目前从事文学理论研究的人不一定都深刻意识到这一点,以致所发表的意见可能只是停留在个人感觉的层面,未能充分向学理层面深入。记得您曾提倡过"综合创新"的方法,您是否认为这就是您所推崇的唯物辩证法在文学理论研究中的具体运用?它的优势又在哪里?

王元骧:这是由于文学是一个整体,需要我们多视角、多维度才能对它做出全面而完整的把握。历史上的许多研究成果由于人们视角的偏狭,虽然难以达到这一目的,而凡是留到今天的,都必然有它的合理、可取之处,都值得我们继承吸收。但这需要我们在正确的观点指导下,对之进行分析批判,才能吸取其合理的成分,为我所用。任何理论创造都不可脱离历史成果的吸取从零开始,我们所掌握的理论资源愈丰富,在理论创造中可资参照和借鉴的材料愈多,我们的理论发展所能达到的水平也就愈高。这也是我所推崇的唯物辩证的思维方法在理论研究中的具体应用和体现。

金雅:从20世纪80年代开始,我就学习您的论著,在理论立场、研究方法等方面都深受教益。我认为您的文艺理论具有很好的学理性、深刻性和反思意识,具有很强的问题意识和现实针对性。特别是,您不管在哪个阶段,谈论哪个具体问题,实质上都没有脱开文艺理论的人生使命与现实承担的问题,您的基础理论研究与文艺实践与现实关怀是密切联系在一起的,我个人认为这是您的文艺理论最具个人特征和理论价值的方面,请问您自己是怎样看的?

王元骧：我的文章重在学理上的论证，因为我觉得理论是以理服人的，不能只谈点个人的意见和感想，要把道理说透彻，所以给人的感觉有点学院气。其实我写的都是自己人生和阅读的真切体验。我是在向读者交心，有好几位年轻同志说我的文章"让他们看得很激动"，就是由于我所说的都是发自内心的，故能做到"以情动人"。文学理论属人文科学，人文科学是研究人性、人的教化、人格的完善的学问。它的本性就是拒斥以个人自由主义的立场去从事研究，要是连人文学者都没有是非、善恶、美丑、爱憎的观念，对于社会上发生的一切都取冷漠的态度，而没有批判激情，那么，这个社会还有救吗？我知道我的许多想法在当今社会并不为多数人所理解，但我的文与人、言与行是一致的。我所说的也就是我身体力行的；只要我自己已尽到了责任，我也就问心无愧了！让时间去检验吧！

中华美学精神：理论与实践
——与仲呈祥先生对话*

习近平总书记在文艺工作座谈会上明确提出："追求真善美是文艺的永恒价值"，"要结合新的时代条件传承和弘扬中华优秀传统文化，传承和弘扬中华美学精神"。本报特邀中国文艺评论家协会主席、中国传媒大学艺术研究院教授仲呈祥和浙江理工大学中国美学与艺术理论研究中心教授金雅就此展开对话，旨在推进对相关理论与实践问题的深入研讨，推动中华美学精神的资源梳理和理论建构，推进中华美学精神在当代实践中的引领指导与传承弘扬。

金雅：仲先生您好，"中华美学精神"的提出，是对中华美学的民族思想、民族理论中的优秀资源的精辟概括，这个概括很明确，也很有高度，很有远见。您是艺术批评和理论界的前辈，我很想听您谈谈对这个概括的具体意义的理解。

仲呈祥：金教授您好，我们今天来共同学习习总书记关于"传承和弘扬中华美学精神"的重要指示，我很高兴。我以为，这个概括有几个方面的意义：第一，它首次明确了"中华美学精神"这个概念。这

---

* 原刊《中国艺术报》2015 年 9 月 9 日。

是一个内涵深刻高度概括的理论命题,也是一个很具指导意义针对性很强的实践命题。第二,它为当代中国艺术实践确立了重要的精神根基。因为任何一个民族的艺术都离不开与本民族的美学精神的深切关联,否则就是无源之水、无魂之体,难以产生深沉优秀的精品力作。第三,它是国家文化战略的重要组成部分,是涵养社会主义核心价值观的重要内容,也是中华民族为人类贡献的独特智慧。正如习总书记所强调的,包括中华美学精神在内的中华优秀传统文化,"是中华民族的精神命脉,是涵养社会主义核心价值观的重要源泉,也是我们在世界文化激荡中站稳脚跟的坚实根基"。中华美学精神博大精深,积淀在文论、诗论、乐论、画论、书论、剧论、园论等诸种文献典籍中,含蕴着中华民族独特的审美精神机能与生命本体,体现了中华民族独特的审美感受、直觉、思维、心理与创造力,其被搁置、被消解、被颠覆,结果是令我们在文明上与西方日益趋同,越来越淡化了自己的独特风格与民族特质,进而忽视了中西文化与美学的差异,尤其是隐藏在文化与美学深层次下的政治与经济的利益冲突,甚至忘却了如何捍卫处于弱势的中华文化的尊严与价值安全。可以说,中华美学精神的传承和弘扬,从小处来看,是艺术和美学自身的问题;从大处来看,也关联到中华文化的问题,关联到中华文明的整体问题。

金雅:是的,传承与弘扬中华美学精神,需要我们认真梳理中华美学的丰富资源,结合当下实践实现创造性转化和创新性发展。自觉、系统的理论建设,是传承弘扬中华美学精神的重要课题。理论的自觉才能更好推动引领实践的发展。对于人文学科来说,理论的引领对于实践的发展具有价值和方法的双重意义。任何一个民族的人文学科,都离不开自己民族的深厚文化土壤。民族的美学精神,与民族文化的深层品格密切关联。在人类文化的源头,重要的美学思想家都是大哲学家。如西方的柏拉图和亚里士多德,我国的孔子和庄子。从人类心理的知情意三大基本元素来说,审美与情感的对话,及其对知和意的辐射和沟通,是人类文明发展不可回避的重要问题和深层问题。在一定意义上说,情的人化正是人之为人的最为核心、隐秘、深刻、关键的问题之一。而中国文化中,人的自我提升和拯救,不像西方文化主要借助于宗教来实现,而是在现实的生活中,在此岸世界中,主要借助艺术和审美活动来实现。所以,中国文人自古以来就非常向往艺术的生活、诗化的生存。在这种超世与入世的统一中,获得精神的慰藉、解脱、升华。无论人生多么苦难、生活多么艰辛,中华文化中始终有那种温暖而畅逸的现世情怀,既执着又空灵,去超越现实之丑,升华出诗性之美。中华美学精神与中华民族的关联,不仅是艺术的,或哲学的,也是生命的,是广义的内在的深刻的文化精神的。

仲呈祥:是的,我一直主张,文化化人,艺术养心;重在引领,贵在自觉。我们讨论中华美学精神,首先就要弄清楚中华民族的文化基因是什么,这些基因是怎样深入参与了审美活动的鲜活实践和审美精神的逻辑生成。在民族哲学思维、宗教思维尚欠发达的国度,对历史和文化进行反思,对精神和灵魂进行超拔,这样的任务,会更多地落到艺术和审美的肩上,这使得中华艺术和审美活动,与中华文化的传承发展,与中华民族的生存进步,有着更为紧密而深刻的关联。在一定程度上也使得中华艺术与美学的现代历程,不像西方那样走上纯理论、纯形式的道路,而总是与活生生的生活、生命、生存交汇在一起,构筑起中华艺术与审美的独特的张力场,一种特有的民族风貌与民族情韵,一种大文化的底蕴和大人文的情怀。中华文化对中华美学精神的深层契入,涵盖了本体、价值、形象、形式、形态、思维、心理、方法等审美活动和审美理论的各个方面,集中体现为一系列富有民族神韵的审美意趣。我认为,其中最重要的就是和谐包容的理念。中华民族是一个高度崇尚和谐的民族。天人合一,是中华文化的基本尺度。阴阳和合,是中华文化的基本准则。它们都强调了和谐。可以说,讲仁爱,重民本,崇正义,主诚信,尚和合,求大同,归结到一点,美是和谐。中华美学精神以和谐为其要。

金雅：将中华美学精神之根探入中华文化基因中去认识，具有非常重要而深刻的意义。但对中华文化的和谐观，需要全面认识。《周易》讲和谐主要是建立在阴阳关系的基础之上，是讲事物对立面的互补与统一。《国语》与《左传》提出了"和实生物，同则不继"的命题，揭示了相异以相成、相反以相继的道理。孔子以此观人，认为君子"和而不同"，小人"同而不和"。老子以此观宇宙，认为"万物负阴而抱阳，冲气以为和"。可以说，我们的先人不仅早就确立了事物差异相成、对立互补、冲突升华而生成和谐的辩证动态的和谐观，还几乎以此囊括了对宇宙、自然、社会、人自身一切现象及其规律的解读。这种和谐理念融化在艺术和审美中，就形成了对刚柔、小大、形神、言意、情理、巧拙、动静、虚实、物我、出入、有无等一系列对立统一元素所产生的整体、丰富、动态的和谐美感的创化与赏会。

仲呈祥：你言极是。中华文化的和谐观确实是非常深刻的，也是相当辩证的。但在几千年的文化发展中，对和谐的追求，也常常有意无意地表现出悬搁对立冲突的一面，偏好或放大相从相顺的一面，以致产生出一些消极的因素，如有和谐而无是无非，就是一种精神的俗化弱化，不敢直面尖锐的矛盾，不喜直面惨烈的毁灭，不会欣赏激越的抗争。表现在艺术中，一味追求大团圆的结局，人物缺乏深刻的内心冲突，情节缺乏内在的逻辑张力，环境缺乏多元的动态组合。一些作品思想肤浅、故事俗套、人物雷同。真正体现和谐之美的艺术作品，不仅要求形式元素的和谐，也要求内容元素间的张力，要求形式与内容之间的呼应，要求作品气韵与作家人格之间的相契，从而达到一种深层的具有审美力度的和谐美。那种以消解事物内在丰富性和事物关系复杂性为前提的所谓和谐，往往是简单趋同或绝对同一，不能生成和谐之美。以牺牲主体创造性和个体意识为前提的所谓和谐，其结果也是使事物的内在差别性淹没在浅表同一性中，同样难以生成和谐之美。我经常参加各种影视作品的看片，有时感觉很麻木，因为真正具有深度精神美感的太少，这首先就是对中华美学的和谐意趣缺乏真正的辩证把握。

金雅:中华文化的和谐观,是讲深层次的矛盾变化和对立统一的,是追求多元因素及其矛盾冲突所构成的深层张力和超越升华的。我们在对事物阴与阳、柔与刚的体味赏会时,不能只执一端。和谐美中是不可缺少"阳"的要素的,没有阴阳的互动互补,就不能生成和谐之美。我们曾长期有一种误解,好像我们的和谐美就是讲优美,中国人就只懂得追求含蓄蕴藉,只懂得欣赏温柔敦厚。确实,我们的古典艺术和古典美学,和上面这个和谐、这个中和的观念很有关系,发展出了含蓄、冲淡、虚静、空灵等偏于优美的美感意趣。但是,我们在文化精神中,在艺术和审美中,又始终没有割断对阳刚之美的追求,对刚健清新的肯定。如"大"这个范畴,在中国古代出现很早,指的就是阳刚一类的美感。阳刚之美体现在儒家文化精神上,很重要的就是对崇高的人格理想、人格境界的追求,强调一种刚健有为的人格之美,一种修身养性乃是为了齐家治国平天下的胸怀之美。事实上,我们既能够畅情于"明月松间照",也能够赏会于"刑天舞干戚"。

仲呈祥:张岱年先生在总结中国文化精神时,就把刚健有为放在第一位,这是很有识见的。20世纪初,在空前的民族危机和深重的民族苦难中,梁启超、王国维、鲁迅等,都曾针对中华古典文学艺术长期偏于优美含蓄的特点,大力倡导过崇高悲壮的美感。他们对"刺""提"的呼唤,对"匕首""投枪"的呼唤,都肯定了文学艺术强神立人的功效,突出了文学艺术的社会担当和崇高美感。确实,含蓄、虚静、冲淡等,都不失为中华艺术审美的重要意趣。但我们不可忘了,中华艺术中那些刚健崇高、慷慨悲壮的作品;不可忘了,中华美学自古以来就倡导的尽善尽美的理念和经世、立人、美刺的追求。今天,呼唤崇高对审美和艺术的发展具有特别重要的意义。近年来,我国的文艺实践出现并蔓延着一种唯市场是从,只重养眼,不重养心,甚至花眼乱心,以媚俗庸俗的视听感官生理上的刺激感去冲淡并取代精神美感的审美取向,这是对崇高精神的悬搁,也是对民族文化精神的弱化,是一种审美上的要不得的群体软骨病,培养造就了一种浮躁而不沉稳、肤浅而不深刻、油滑而不幽默、媚俗而不雅致的审美鉴赏氛围。这在大众化的影视艺术和网络艺术中表现尤为明显。

金雅:中华文化还有一个很重要的特点就是它的生命底蕴。中华文化把人和宇宙视为大生命的整体。它讲和谐是在生命的基础上讲的,所以是动的和谐,活的和谐,是冲突变化流动升华的和谐。所以,中华美学精神就形成了另一个很重要的内核,即对生命的爱赏之情,一种"生生"之美趣。中华文化把"天地之大德"喻为"生"。生生之美揭示了生命生成变化动态和谐的规律,呈现了炽热的生命情怀和温暖的现世情致。可以说,对生的珍视,儒道释概莫能外。儒家肯定生命的社会价值,道家追求生命的完整自由,释家强调生命的超逸自在,都体现了爱生、敬生、惜生、护生的生命襟怀。但中华文化对生命的诠释,同样很有自己的特点。它重视生命的形神调和身心统一,强调生命的小大之辩与诗性超越,它不简单讲生物之身物理之形,而讲流动的气、生动的韵赋予生命的生意,由此形成了中华美学一系列亦实亦虚的审美范畴,不重形似、语丽、形奇,而重传神、意趣、境界。

仲呈祥:是的,与西方哲学强调主客二分不同,中国哲学更强调天人合一、道法自然;与西方古典美学精神重写实不同,中华美学精神是重写意的。它是通过生命的律动来观照审美的活动,即实即虚,孕育出包括情、趣、境、气、韵、味、品等在内的具有民族学理特质的美学范畴,十分注重意象的营构,坚守以诗情画意去观照自然,体悟人生。这一点,与中华美学高度重视情感在审美和艺术中的意义,有着重要的关联。如果说西方美学更重视对美的客观认知,中华美学则更重视对美的主观体认,追求一种植根在现世人生之中的诗情、诗意、诗性,以及高洁而神圣的精神维度。中华美学精神主张美感是神圣的而非低俗的,是追求高远而非卑下的。

金雅:是的,中华美学具有浓郁的写意品格和诗意情怀。中华美学不仅仅是为了知识的研讨与构建,也是为了关怀人涵育人。中华美学的审美世界,既不会超拔到神,也不会沉落到欲,它最后是要回到人,回到人的鲜活生命、人的具体生活、人的现实生存中的,回到人的生命、生活、生存的本真意义和本然价值上。中华美学在美与人之间,找到的不是神的中介,也不是欲的中介,而是艺术的中介。通过艺术,去实现审美的生存和诗意的生活。所以,不论在艺术还是生活中,中华美学都追求一种审美的诗意和生存的诗性。这种诗性的张力,可以引领艺术和生活不至于流于形式、坠入欲望。

仲呈祥: 西方哲人讲灵魂的安顿在天堂,中国哲人则主张在现世人生的人间情怀中生成和体味精神的美感,弘扬一种入世与出世的交融统一,追求通过艺术化审美化的生命境界来保持与现实之间的诗意尺度。所以,在中华民族的哲学智慧和审美智慧中,一直为艺术和审美预留了重要的位置。徐复观先生认为人类精神文化的最早形态可能是原始宗教和原始艺术。西方人关注追求外部世界的真理,将信仰的维度导向了宗教。中国人关注追求内在世界的意义,在艺术中去寻找安身立命的所在。中华艺术,写意而灵动,诗情而诗性。诗性美是中华艺术之美的重要特征,也是中华民族生命超拔的重要维度。

金雅: 任何一个民族,在他的发展中,都经历了认识自然与外部世界、强壮自我和精神世界的过程。他需要在有限的自我生命个体之外,寻找到那个无限永恒的意义维度,从而建构起个体生命与外部世界之间的适度张力,不使生命漂浮,不使生命沉沦。文化中的神性维度值得肯定,文化中的诗性维度也有独特的价值。诗性文化与神性文化的区别,在于前者以具象观照和反思体验超拔于现实,又始终饱含人间的温情。对于神性文化相对缺席的中华文化来说,诗性文化成为世俗生命的重要慰藉和人间理想的重要寄托,也成为中华美学精神最为重要的价值向度。它从艺术通至生命和生存,凸显了物我、有无、出入的张力交融,凝聚为一种独特而高逸的生命情怀和审美境界，这也是中华优秀艺术代代传承和表达之至趣。

仲呈祥：北京大学的朱良志先生有一个观点，他说，中国不是有没有美学的问题，而是有什么样的美学的问题。他又说，把握中国美学要从内在逻辑着手，不要把中国美学当作论证西方美学的资料。这个话很有针对性，也很有道理。20世纪以来，学术界盛行一种言必称西的思潮，致使对中华美学资源的开掘、整理、创新都很不够。这种盲目西化的思潮所带来的把中华美学精神原本的文化基因加以解构后贩卖的"转基因"，已经严重影响了对中华美学精神的传承和弘扬。中华美学确实应该有襟怀，要"美人之美"，但也不可忘了"各美其美"，并最终去实现"美美与共"，达成"天下大同"。这四步走，在中国美学和中国文化的发展中，既是一个古今传承的问题，也是一个中西交汇的问题，既是一个理论的问题，也是一个实践的问题。费孝通先生这"十六字经"，对传承弘扬中华美学精神并使之与当代文化相适应、与现代社会相协调，极为重要。

金雅：20世纪初我们从西方美学吸纳了学科意识、概念术语、逻辑方法、话语形态等，推动了我们的美学由古典的潜逻辑形态转化为逻辑的显理论形态。这是中华美学进程中的重大发展，使得我们对审美经验、审美感受、审美愉悦、审美评判等的描述、分析、传达等有了一种普适性的支撑。同时，我们也应该意识到，中华美学有自己的独特的东西，它是从我们自身的文化土壤中生长起来的，是从我们自己的审美实践中总结出来的，离开这种根，离开这种深切的血肉联系，离开这种独特的话语体系和风神品性，简单地搬用套用别人的东西，是很难真正解决我们审美的实际问题的。今天，我们不仅亟须接续民族美学的优秀精神，也亟须强化自觉的理论意识，切实推进理论对审美和艺术实践的深度切入。

仲呈祥：用美学精神来引领艺术实践，是促进艺术健康发展，提升艺术实践品格的重要保障。美学不能只是消极适应欣赏的趣味。我们讲要服务群众，但不是消极地简单地去迎合，不是去放弃精神上的引领,不是去放弃理论上的指导。我们不能为了改变过去简单把艺术从属于政治、以政治方式取代审美方式的极端,又走向笼统从属于经济、以利润方式取代审美方式的另一极端;不能为了改变过去一度忽视审美化、艺术化的公式化、概念化的创作极端,又走向把唯美主义、形式主义当作创作的最高美学追求的另一极端;不能为了过去一度忽视受众视听感官的愉悦快感的极端,又走向误把视听感官生理上的快感当作精神上的美感的另一极端。如对影视剧的评判,我认为作品的质量远比收视率要重要。现在有些理论家、评论家自己的理论水平也很平庸,只是一味迎合市场的需求大众的口味,其结果就是一种恶性循环,使得那些庸俗低俗的趣味,因为有某些所谓理论家们的叫好而登堂入室。而这些被强化了的低俗审美心理和情绪,又进而反过来裹挟文化上不自觉的创作者生产出文化品位和审美情绪更为低下的精神产品。这样,造成了精神生产与文化消费即艺术创作与审美鉴赏之间的二律背反即恶性循环。这是极为可怕、促人警醒的!

金雅:20世纪后半叶起,全球化的进程加快,市场经济的飞速发展,国门打开各种西方文化思潮的涌入,无可避免地带来了对国人思想观念价值观念的巨大冲击。西方文化的商业原则、大众口味、科技指征等随着现代商业运作模式和资本机制迅速扩散,国人的生存方式和生活情趣正在大幅度地被改造。与此相应,艺术和审美领域中,种种物欲主义、游世主义、个体主义、形式至上的思潮,种种欲望追逐、感官享乐、放纵粗俗、消解意义的现象,并不鲜见。可以说,正是在当下纷繁缭乱的生活景象中,在汹涌而来的西方现代文化、后现代文化和本土文化的复杂交融中,美和艺术的出场,美和艺术坚守自己的精神家园和理想高度,审美理论保持足够的警醒和反思的品格,是极为重要而富有意义的。

仲呈祥:是的,艺术创作必须要有底线,这个底线就是中华民族优秀的理论传统和一以贯之的美学精神。我们要处理好"养心"与

"养眼","化人"与"化钱","自觉"与"盲目","引领"与"迎合"等几组重要关系。人类有两种消费,一种是物质消费,一种是精神消费。前者需要通过刺激消费来发展生产力,后者则需要通过引领消费来提升精神品格。片面夸大"观众是上帝",就会淡化甚至消解文艺工作者传播文明、引领文明的使命意识和责任意识。20世纪初,梁启超呼吁要通过文学去"新民",鲁迅弃医从文要去"改造国民性",都体现了可贵的文化自觉、文化反思、文化批判的意识,和自觉、高度的社会责任感与历史使命感。

金雅:艺术的反思不是生硬说教,它要借助于生动的形象,要借助审美的情感来传达。其中,美的情感更具有深刻内在的意义。艺术的本质是情感,但艺术情感是不同于日常生活的情感的,它是将日常生活的情感提升为美的情感。对于情感的审美涵育和审美提升,中华美学比西方美学更具优势。西方美学讲纯粹观照,就难以避免走向唯美形式的追求,走向非理性直觉的崇尚。中华美学是追求真善美统一的,中华艺术中的情感是蕴真涵善的,它不以粹情为美,不欣赏唯美和泄欲。中华美学追求情感的普遍性,不能只关注一己的欲望满足,应该基于理性又超越理性,立足个别又指向一般,由此成为"大庇天下寒士俱欢颜"的人类情感的代言人。它也崇尚情感的超功利性,通过与实用的、理性的目的保持诗意的距离,来涵育自由的心境,去感受与体验对象之美,由此形成"天地与我并生,万物与我为一"的高旷情怀。

仲呈祥:实际上,在艺术审美活动中,我们既需要关注艺术创作这一端,也需要关注艺术接受这一端,它们既是互为关联影响的两个环节,但又不能混为一谈。新时期尤其是21世纪以来,影视艺术理论中出现了"三性统一"的论调,即"思想性、艺术性、观赏性"相统一,这实际上是支撑"娱乐本体论"的一种说法。这种论调在逻辑上就出现了错位,因为思想性和艺术性是创作美学范畴的问题,观赏性则是接受美学范畴的问题。逻辑学和范畴学的基本法则告诉我们:不能把不同逻辑起点上抽象出的概念放到同一范畴里推理，那样得出的判断是不科学的。思想性与艺术性的逻辑起点是作品自身的品格，而观赏性的逻辑起点是观众的接受效应，前者是客观存在的恒量，后者却是因人而异、因时而变、因地而迁的变量。什么范畴的矛盾应主要在什么范畴里解决。因此，观赏性只能主要在接受美学范畴里一靠着力提高观众素养、二靠净化鉴赏环境来解决。不能把观赏性一味推给创作美学范畴里的创作者来解决，要求创作者面对素养不高的观众和不干净的鉴赏环境去占领市场，就只能一味迎合而放弃引领，其必然后果便是艺术创作与审美鉴赏的二律背反。理论思维一旦失之毫厘，创作实践难免谬以千里。用观赏性来引领左右创作实践，极易生产出那些生理刺激的、色情打斗的作品，生产出那些声光电的炫人耳目、形式大于内容的作品，而忽略轻慢了艺术作品的精神内涵和思想情趣。

金雅：改革开放以来，我国的文艺创作激发出巨大的活力，也取得了一系列丰硕的成果。但正如习近平总书记指出的，我们"也不能否认，在文艺创作方面，也存在着有数量而缺质量，有'高原'缺'高峰'的现象，存在着抄袭模仿、千篇一律的问题，存在着机械化生产、快餐式消费的问题"。由此，理论批评肩负着重要的责任和使命。那些西方概念术语满天飞，自说自话、自娱自乐、隔靴搔痒、卖弄炫耀的理论批评，不可能真正发挥理论批评应有的作用。中华美学精神的命题，要求理论批评回到中华美学自身的精神根基上去，回到中华美学自身的精神风骨上去，真正回应艺术实践的挑战，引领推动艺术实践创新发展的时代使命。

仲呈祥：不自觉不自信的理论，无所作为的理论，必然被实践抛弃。我国审美和艺术领域，存在理论与实践各行各事、互相瞧不上的状貌，这既需要艺术家提升理论意识，也需要实践界自照镜子。当然，我们的美学资源，不是说都是精华，也不是说都能切合今天实践的具体需要，所以，我们要把那些有生命力的、能够真正体现中华美学神髓的优秀精神传统梳理与发掘出来,予以传承和弘扬。要在自觉的理论建设的基础上,充分发掘其实践内涵;要在与世界各国美学互吸互鉴的基础上,发展和提升中华美学;要从中华文化"创新性发展、创造性转化"的战略高度,寻中华美学之根,推动中华美学精神对艺术实践、生活实践、育人实践等的引领作用,发挥民族美学在世界文化激荡中的引领作用。

为学·为人·为事：我的老师钱中文先生[*]

说来惭愧，我跟着钱中文先生学习三年，只知道先生是1932年生人，却不知道先生具体的生辰日，也从未给先生祝过寿。前些天，社科院的师兄刘方喜君发来邮件，言今年是先生诞辰80周年，要编一个纪念集子。这让我特别高兴，也感慨万千，一方面是自责自己作为学生的粗疏，另一方面与先生交往的过程中，也常常有冲动想写一点文字，记下先生给我的种种感动与帮助。这一次，终于因为这个集子的编选，让我一直想做的这个事情有了一个很有意义的因由。

2004年春天，我即将在浙江大学结束博士学习。当时的课题是梁启超美学思想研究。虽然博士学位论文完成了，答辩时也得到了专家们的一致肯定、勉励，但我自己觉得这个领域的一些问题还需要继续拓展开来深入下去。因此，就有了做博士后研究的初步打算。恰在此时，钱中文先生应浙江大学中文系之邀前来讲学。此前，我只知先生盛名，未曾谋面交往。在讲座过程中，钱先生非常认真。记得是下午，先生一直讲到外面天都黑下来了，还有学生热烈提问，先生仍是一丝不苟，每一个都给予细致耐心的回答。我本来已有打算想就近申请进入上海高校的博士后站。那天忽然就改变了想法。待到讲座终于结束，我就向钱先生毛遂自荐，介绍了自己博士论文的基本

---

[*] 原刊《当代文艺学的变革与走向——钱中文先生诞辰80周年纪念文集》（人民日报出版社2012年版）。

情况，表达了想到钱先生门下从事博士后研究的愿望。其实，我内心忐忑不安着，不知先生是否能接纳我这样一个仅仅只有一面之交的弟子。但是，先生讲座过程中流露出来的温雅、内敛、严谨、耐心、热诚的学者风度，散发出巨大的魅力，吸引着我，也给了我信心。先生听完我的介绍，果然没有草草打发，而是耐心地询问了我博士论文写作的一些具体问题，和我今后进一步研究的打算。先生第二天中午即要离开杭州。我们约定第二天上午，我将博士论文送给先生审阅。这天上午，在先生下榻的杭州大学贵宾楼，我们就我的博士论文和美学、文艺学领域的一些相关学术问题，进行了非常愉快的交谈。先生总是宽厚地听我说，时而以温和的语气穿插一两个问题。现在回想起来，我当初真不知是哪来的勇气，竟敢在这样一位学养深厚、德高望重的知名前辈学者面前班门弄斧，大概真的是初生牛犊不怕虎吧，换成现在，我怕是没有这般底气了。但是，和先生那种平等、愉快的交流给我留下了深刻、美好的记忆。后来，我和先生也有过无数次类似的交流对话，先生从来没有居高临下的训斥，不管我的研究顺利还是遇到瓶颈，他总是以他的宽厚、平等、从容给予我信心，以他的切中肯綮的指导给我精到的点拨。在先生门下三年，我收获的不仅是学术与学问，也是做人做事的境界与态度。

先生是一个学者。从先生向学，给我启益最大的就是对待学问的态度与方法。先生问学，眼界宏阔，气度博大，高屋建瓴，直抵要害。先生主张学问无界，应兼容并包。他研究巴赫金，巴氏理论的交往对话主义也是先生所主张的基本学术立场之一。他认为，中国学界如没有平等的交往对话，就不可能形成普遍的追求真理之风，就不可能形成自由的思想、独立的精神和学术的个性。他反对任何极端的思维方式和情绪化、非学理的理论批评，反对学术上的门户之见。他提出新理性主义，倡导警惕在扬弃旧理性时向着唯理性主义、理性万能和极端化的工具理性、实用理性的变异，主张贯通对人的生存、文化思潮、文学艺术现象的反思批判与人文坚守。他既反对以庸俗社会学的立场方法对待文学,也反对将文学反映论庸俗化,而是注重对文学自身特性的研究,提出文学是一种审美意识形态,文学创作是一种审美反映,并对审美反映的创造性本质进行了研讨阐释。他将文学与文化相联系,论证了民族文化与文学发展的关系。坚持文学自律与他律的统一,倡导在广阔的文化背景上开展文学研究。他主张做学问要真诚。在中国社会科学院为院学术委员编选的个人文集自序中,钱先生写下了这样的坦诚之言:"像我这样的人,从50年代开始,就不断受到庸俗社会学和极'左'思潮的影响,是一个失去了自我的跟跟派,思想并非白板一块,和没有思想负担的年轻人是不一样的。所以一旦获得自由,首先的行动就是要反思自己、清算自己,告别过去的自我。所幸在80年代中期前,这种内心的自我清算,算是逐渐完成了,一旦告别了过去,就觉得人身独立了、自由了。同时这个过程,也是在学术上找回自我的过程,这主要是说话做文章,不说假话和不写那些满足某种需要的套话,而只说属于自己的意见,努力写下不同于过去的有些新意的见解。一旦在人格上、学术上找回了自己,我真有一种解脱之感,一种新生的喜悦。"对于学术的这种心底里的真诚、热爱、执着、反思,赋予了先生不懈追求学问、不断超越自己的无穷动力。从20世纪80年代出版的《果戈理及其讽刺艺术》《现实主义与现代主义》《文学原理——发展论》,到90年代出版的《民族文化精神和文学理论流派》《文学理论:走向交往对话的时代》,到新世纪问世的《文学新理性精神》等个人著作,以及主编的《文艺理论建设丛书》(7种)、《巴赫金全集》(7卷中译),合作主编的《现代外国文艺理论译丛》(14种)、《新时期文艺学建设丛书》(36种)等,先生无疑可谓学贯中西、著作等身。我与先生见面,话题永远只有两个,或者学术,或者工作。我与先生讨论得最多的学术话题,一个是我的博士后报告,一个是我近年来关注的中国现代美学文艺思想研究。进站时,我想沿着博士论文的课题深入下去,因此,开始选定的题目是"梁启超趣味思想与中国现代美学精神"。这个题目先生很支持,使我信心倍增。开题时,先生邀请了所里几位极有造诣的老师共同进行了论证。我做了将近一年,觉得这个问题可以进一步集中到"人生艺术化"这个命题上,于是动了更改报告题目的念头。我去征询站里其他博士后的意见,他们觉得中途更改题目,一来时间是否来得及,二来恐怕先生会不高兴。但我思来想去,还是想尝试一下。没想到等我陈述完后,先生一点也没有生气。只是认真询问我相关思路与准备情况,给我提了很多中肯的意见,并给予了明确的鼓励支持,使我坚定了自己的想法。我想,先生确实如他自己所言,追求学术真理、倡导学术自由、鼓励学术个性。我是幸运的,遇到了这样一位好老师,在关键的时刻,为我所想,帮助我把握了方向,鼓励我坚定了信心。我想,每一位年轻的学者,在他起步的阶段,是多么需要一个真正关心他、引导他、帮助他的好老师啊。"人生艺术化"这个选题,后来获得了中国博士后科学基金和国家社科基金的支持,使我能够有较好的条件从事研究。博士后出站后,我的研究重心主要集中在中国现代美学文艺思想领域。先生的重点不在这一块,但我每有新的想法与项目,总要征询先生的意见。特别是遇到一些疑难问题,必向先生请教。每一次,先生都认真帮我斟酌,给我分析解惑,他的高度与深刻每每使我豁然开朗。有时,我也与先生争辩,表达自己的不同见解,在我的印象里,先生从来没有生气或不高兴,总是宽容地听我表述,他的这种温和的鼓励常常使我抑制不住把一些不成熟的想法也一吐为快,往往是在我滔滔不绝后,先生最后适时地给了我精辟稳实的点拨。先生教给了我对于学术的开放视野与自信,按照自己的兴趣去学习去积累去研究,去矢志不移地解决问题。先生也濡染了我关注现实的人文情怀与学术责任,不能躲进小楼成一统,割裂文学理论与现实生活的联系。我的学术研究能够渐渐地有一些自己的坚持与想法,得益于先生良多。

先生是一个儒者。气质儒雅,为人内敛。做事认真,待人谦和。心系天下,常怀忧思。钱先生的做事之认真,我相信只要和他共过事、有过接触的人一定都会有同感。他领导的中国中外文艺理论学会组织了大量的学术活动,包括学会的年会。每次开会,常常白天议程安排得满满的,晚上还有各种小型的研讨会、演讲等。大家私下说,这大概算得上全国性学会年会中学术氛围特浓、学术日程超紧的一种学术年会了。每次开会,先生自己也总有一个特别认真的学术发言。去年,因为身体原因,先生没有参加年会。他有一个书面发言,我本来以为只是一个礼节,大概是祝贺会议成功召开之类的客套话,没想到先生仍然围绕"国外马克思主义文论与中国当代文论建构"的会议主题皇皇数千言,极为认真深刻地发表了他的见解。在发言中,钱先生强调了马克思主义文学理论要有兼容并包、发展创新的开阔襟怀,要坚持以马克思主义精神来解决当代中国文学理论的实际问题。每次开会,先生的重心也只有学术与工作。常常是会议结束,先生也劳累得不行了。我们欢呼雀跃着接下来的考察或旅游,先生则悄悄地一个人回京了。开始几次,我张罗着去送行,但先生坚持不允。后来,我也从容了,知道这是先生做人的一种态度,谦和低调,这样他才舒坦。2008年,我所主持的学术机构发起召开梁启超美学文论方面的全国性学术会议,得到了先生和学界诸师友们的大力支持。我邀先生给会议写篇文章,心中深知先生很忙,稿约很多,况且先生主要不是从事梁启超研究,因此也不抱特别的期望。没想到先生早早就把会议论文发给我了,而且一点都不是应景之作。这篇文章长达万言,以"我国文学理论与美学现代性的发动——评梁启超的'新民'、'美术人'思想"为题,对梁启超"新民""美术人"这两个核心概念,以及对梁氏文论、美学体系,和对整个中国现代文论、美学发展的重要意义给予了宏观深入的解读,使我不得不感佩,确实是大家,一出手就不凡。后来,这次学术会议的论文选集就以钱先生文章的主标题为题,叫作"中国现代美学与文论的发动",在天津人民出版社出版。钱先生对"发动"两字的掂出,我个人以为,有着四两拨千斤之功效。过去,大家把梁启超、王国维、蔡元培并称为中国现代美学的奠基人或开创者,意思大体相同,但似乎都没有"发动"之生动之锐敏。先生对学术的认真个性、敏捷把捉和高度使命感,关注前沿、关心重大理论问题的学术取向,加上他在学界的实际影响力和领导职务,常常就在风口浪尖上,总是时不时要迎接种种"商榷"和"批评"。面对自己理论的命运,钱先生在《钱中文文集》(四卷本)的后记中有这样一段平和豁达的话:"我们的心态可以放松一些,探讨可以自由一些,话语可以个性化一些;或是遭到学术与非学术的挞伐而消失,也可以做到悄无声息,心情平和一些";也有这样一段几近悲壮的话:"学术一旦被注入外力,学理必然会被任意歪曲或遭到恶意剪裁;在当今文化氛围尚不健全、鄙视精神探索、你死我活非此即彼的思维方式仍然通行无阻的语境中,就必然会遭到风必摧之的命运";还有数段乐观自信境界高远的话:"一个伟大的民族自然要拥有丰富的物质财富,但是最终昭示于世人、传之久远的,则是其充溢着民族文化精神的文化创造。生产这种精神财富,应该在文化、学术中,从发出自己的声音做起,进行原创性的创造";"中国学者逐渐实现着对学术个性的追求,它们理应超越东方/西方、现代/后现代的二元对立思维模式,在文化、文学理论建构中发出自己独特的声音,创建那种具有中国特色的理论财富,汇入当今世界文明的潮流"。正是因为把自己的学术生命与我们的民族和整个人类的文明事业相联系,先生虽经历当代中国学术的文化专制、极"左"思潮、唯西方是瞻、消费利益至上,及种种众声喧哗等,而始终有着自己的深厚根基与鲜明立场。因为,在先生看来,"我们自身的学术立场",也是"人的当今应有的生存的方式"。知行合一、学问与做人相谐,这正是中国儒家的基本境界。学为世人,学养涵养人格。为学最终是为了推进现实的变革,社会的美好。在论及苏联著名哲学家、文学理论家巴赫金的精神时,钱先生总结道:"学术上的真知灼见,常常可能会被时尚视为异端邪说,这时作为有着学术个性的独立人格的学者,他能够坚持己见,忍受精神的歧视与寂寞,以致生活清贫,甚至生存也难以维持。但他们会克服一切困难与折磨,而超越它们,坚持把自己的思想说出来,著述不能出版,就把它们束之高阁,而安之若素。"我相信,这也是钱先生自己所崇敬的学问人格,生活上的一切磨难,精神上的一切痛苦,都不能改变学术上的真诚追求,都不能改变生命中的终极信仰。也正因此,2010年7月30日,钱先生将个人珍藏的俄文图书和撰写的中文图书共35种67册,无偿捐赠国家图书馆。2011年8月18日,钱先生又再次把他所珍藏的12种29册俄文古书,无偿捐赠国家图书馆。据悉,其中很大部分,是国家图书馆缺藏。而像沙皇时代出版的《俄罗斯文学史》全四卷(1902年),即使在圣彼得堡俄罗斯国家图书馆也被作为珍本保存。前后两次捐赠,先生都非常低调,我也是偶在网上阅悉。以此询文学所的朋友,竟也不知此事。在我看来,先生确实如他自己所言,"学术"也是他的"生存的方式"。我想,先生的生命方式是具体实在的,而他的生命境界亦是深致宏大的。

先生是一个学术组织者。他身为中国中外文艺理论学会会长、国际文学理论协会副会长,历任《文学评论》主编等职,是当代中国文学领域成功的学术组织者之一,团结了一大批致力于文学研究批评和文学理论事业的学者,尤其为当代中国文学理论事业的发展做了大量的组织领导工作。我相信,只要论及当代中国文学理论的发展和历史,就不可能少了钱中文先生这一页。先生是一个以学术事业为生命的人。我给他打电话说去看他。他一定会先问我,有没有事情?若无事情,先生就会说,专门去看他就不必了,他很忙,手头有好些事情要处理。这样干脆利落拒人于门外的处事方式,初次接触,似颇无情。但这正是先生这样一个学者型领导的纯粹生存姿态,他的心中只有学问、只有工作、只有学术的事业。这也是一种无形的鞭策,让我们这些后学不敢懈怠。因此,我也养成了这样一个习惯,有事找先生,没事不打扰。以致对我自己的学生,也自觉不自觉地这般要求了。刚进博士后站时,曾有文学所的小年轻告诉我,钱先生不苟言笑,他们有些怵他。确实,先生颇有一点不严而威不武而尊的风范,我想,这既与先生含蓄内敛的个性有关,大概也与先生时时刻刻都在思考问题考虑工作有关。其实,先生对己对人都秉承一个原则:崇尚做事,追求实效。只要你确实有工作求教或相商,先生总是认真倾听,细致分析,给予意见,全没有高高在上、不可接近的隔膜。前几年,我所主持的研究机构承办了几次全国性学术会议与活动。一开始,我缺乏经验,不知从何做起,常常顾此失彼,难以定夺。先生寥寥数语,往往就帮我理清了思路,明白了事情的枢纽所在。而先生给我的最高褒奖语,就是:这样好,做点事情!作为学会会长,先生对中国中外文艺理论学会感情很深。从学会草创,到今天拥有数百名会员,先生成功领导组织了多次学术活动与学术年会,使学会成为当代中国文艺理论领域人数最众影响最大的学术团体之一。对学会的建设与发展,先生倾注了大量的心血与精力,克服了种种旁人很难想象的困难。从运行资金到组织机构,从内部协调到对外合作,无论多么复杂的问题,先生都能洞悉关键,把捉要害,具有很高的宏观把握、化繁为简的能力。先生气度恢宏,襟怀开阔,善博纳众家,他曾先后成功组织了多种大型文学理论丛书的编选出版。如他与北京师范大学童庆炳先生合作主编,由华中师大出版社、陕西师大出版社、广西师大出版社、首都师大出版社等共同推出的《新时期文艺学建设丛书》,共6辑,多达36种,集结了王向峰、王元骧、杜书瀛、曾繁仁、王先霈、朱立元、曹顺庆、蒋述卓、王一川、王岳川、王宁等当代中国文学理论领域的重要学者,总结和展示了20世纪80年代以来中国文学理论界所取得的成绩,有力地推进了中国特色文学理论的建设。先生特别擅长于将各种个性各类所长的文学理论学者团结在一起,在当前多元文化的冲击下,坚守文学理论自己的阵地与阵营。中国中外文艺理论学会的年会每次少则上百人,多则数百人,每每成为中国文学理论界的盛会,成为中外文学理论学者交流的很好平台。

我想,能够成为一个有一定学术影响的学者,是一个人作为学问家的成功。能够成为一个有一定人格魅力的儒者,是一个人作为文化人的成功。能够成为一个有一定工作实绩的学术组织者,是一个人作为社会人的成功。一个人要取得一项成功,已属不易。而在先生身上,是圆满地融通在一起了。由此,先生必然是一个大家,一个让我从内心深处崇敬的老师。为学、为人、为事,先生的身教言传,必然惠及无穷。

写于 2012 年 1 月

学问人生：我的老师王元骧先生[*]

我硕博都在王元骧先生门下，再加上本科也在老杭大读，上上下下算起来，大概是跟着王先生从学时间最长的学生之一了。

我和王先生的师生缘始自一次课外音乐讲座。我1981年进杭州大学中文系学习。王先生没有给我们这一届上"文学概论"课，但那时他在我们学生中就颇有名气。记得是大二那年，王先生要做一个面向全校学生的音乐讲座，我们好多同学慕名而去。那天晚上，在老杭大东临阶梯教室，王先生给我们讲音乐的欣赏，放了贝多芬的田园和命运交响曲（他说自己的耳朵1973年春在学校防空工地劳动震聋，经过治疗尚能恢复到欣赏音乐的水平，只是到1994年即60岁以后，听力迅速下降，即使戴了助听器也只能直接与人对话，开会也听不清了）。我从一个小县城到杭州求学，这还是第一次听贝多芬的音乐。我们家当时有收音机和电唱机。收音机主要是我父亲的爱物，他难得听一听，好像听也总是放着新闻什么的。电唱机则是我二姐的爱物，她喜欢的有张明敏、关牧村、屠洪刚等当时很有名的歌唱家。听纯粹的且是大师的管弦乐作品，这好像是第一次，至少是印象深刻的第一次。当然，也曾在学校和县城的新年晚会、宣传演出中，听过一些学生的二胡、琵琶等演奏，但具体是什么曲子，几乎没有留下印

---

[*] 原刊《文艺学的守正与创新——王元骧教授八十寿辰暨从教五十五周年纪念文集》（浙江大学出版社2014年版）。

象了。这一次,顺着王先生几乎没有废话的精到评析,我对管弦乐产生了美好的印象。我知道了,没有文字,也可以很美。这以后,大学时代,我没有再听过王先生的课。但这个衣着朴素,表情严肃,穿着传统的中山装、解放鞋,话语不多但句句精到的老师,给我留下了极为深刻的印象。

20世纪80年代,杭大中文系有很多名师,蔡义江、吴熊和、徐朔方、汪飞白等,课讲得都很潇洒,举例则出口成章,板书则龙飞凤舞,我都很喜欢。我自觉本性上是一个感性的人,但不知何故,大三开始上选修课时,我选的都是相对枯燥的理论类的课,记得有马列文论、西方文论等。大学毕业后,我在家乡的师专教了几年的中国现当代文学,但心里似乎还是有些喜欢文学理论。考研时,也在这两者之间踌躇了一番。记得我报了全国统招的中山大学的中国现当代文学,又报了委培的杭大的文艺学。结果是,前者落选了,后者进了复试。初试时,杭大并没有公布导师是谁,复试那天看到了好几个我熟悉的文学理论的老师,有蔡良骥、朱克玲等,入学后知道是王先生带我。那时,都盛传王先生是个特别严格的人,我那会儿好像也不知道怕,多少有点迷糊地就开始了文艺学硕士的学习。那一年,是1989年。

王元骧先生是第一个真正把我引入学问之门的人,他也是对我的人生产生毋庸置疑的深刻影响的人。我觉得,只要接触过王元骧先生的人,都会感受到他在学问和人生中始终不懈追求完美的品格。

王元骧先生大概应算是如今为数不多的视学问为生命的人了。唯此,他也是一个极其认真严谨的人,一个比较纯粹简单的人。他这一辈子,发表了很多为同行公认的高质量的文艺学美学论文,而著作类的大概只有《文学原理》一本,尽管这本书体系严谨、理论严密,但按王先生自己的说法,这只是一本教材,不能算是严格的专著。这种状况,在国内文艺理论界很少见,更遑论他这样的名家。谈到这个问题,王先生自己曾概括了原因:"我之所以比较喜欢写论文,是因为我觉得从事理论研究必须要有问题意识,而我国按照现代科学的思维方式开展文学理论研究虽然有百年的历史,但不仅深度有限,而且遗留下来亟待解决的问题很多;这些问题不解决,我们的学科就很难有真正的建树。所以通过对这些长期以来悬而未决的问题展开深入的探讨,以求推进我国文学理论发展,不仅是自己应尽的一份责任,而且比之于写那些面面俱到的论著来也更能领略到学术探索的乐趣";尽管"也有一些朋友劝我把这些年来研究的心得体会系统化,以论著的形式加以发表;听后自己偶尔也心有所动,并曾为写一部'美学原理'之类的著作列过一些纲要,但由于自己对不少问题都处在探索之中,对于这些构想过些时候回头来看自己也不满意了,因此一直未能如愿"。综合起来说,就是王先生希望自己认真面对我国文学理论的现状,希望真正解决我国文学理论建设与发展中的问题,不愿滥竽充数、沽名钓誉。他常常对我们这些学生说,论文能够说清的问题,就不需要写成著作。在学术成果的数量和质量上,他显然更重后者,不愿去糊弄读者。

对于王元骧先生来说,凡是跟学术相关的任何事情,他都只有一个标准,那就是质量。王先生的这种认真大概可算是他的一种个性标识了,在学界非常出名,也因此常常得罪人。记得他曾与我们说过的几件事。如某高校申报学位点,王先生是评审专家,人家托他关照,结果他一看材料,觉得很多地方有水分就没有同意。又如,王先生曾担任了好几届国家社科基金的评委兼文学组副组长,每年都有人托他关系,有些是多年的朋友,有些是颇有名气的学者,有些还是各种层面的领导,但他一律以质量为准绳,不符合的就不给面子。

同样,对于王先生来说,培养学生的唯一标准也就是学习的质量。我们这一届(2000年春入学)是王先生招的第二届博士研究生。记得我们前后几届很少有同学能在三年之内正常毕业的,大部分同学都要延期做学位论文。为此,我们同学中也曾有人不解,有人牢骚的。我在王先生门下读博士花了四年时间,学位论文到底改了几稿,连自己都记不清楚了。但我清晰地记得,从刚入学时跟王先生讨论、确定论文选题，到讨论、修订论文提纲，到材料遴选、论点确立、论证展开的讨论、修改过程，一方面是先生的高屋建瓴和深刻见地让人屡屡柳暗花明、豁然开朗，另一方面是先生的严格要求和一丝不苟让人不敢稍有懈怠。王先生门下的学生，从政当官的不多，但毕业后一直从事学术研究屡有论著问世的可以说不少。我曾碰到学界朋友、单位同事问我，王元骧先生培养学生有什么方法？我觉得，入了王先生门下，你想混日子几无可能。这应该也是我的师兄弟妹们的共同心得。

这种认真顶真的态度，王先生也用到了他自己身上。记得有师弟告诉我，先生曾拿自己写好的文章让大家提意见，结果大家就真的提了意见，哪知先生还真的回去琢磨修改，一时竟不去发表了。去年，我因《文艺报》邀约，做一篇对王先生的访谈，使得我对王先生的这种非同一般的认真劲儿，再一次有了真切的体会。这篇最后名为《文艺理论的使命与承担——文艺理论家王元骧访谈》的对话共9千余字，考虑到王先生听力的问题，所以我先设计了书面问题，由王先生书面回答，我再把全稿整理好请他审定。让我没想到的是，这个整理好的成稿，我们又往返数次，历时月余。王先生不会发电子邮件，每次要让儿子开来帮忙。开来是一家外企的中层，工作也非常忙，他一般两至三天去父亲家一次，帮忙处理各种事情。这样，我们的修改过程，就变成了每次我把经王先生改动的稿子整理好，发给王开来，由开来转给先生，先生再审定修改，然后由开来发回我，然后我又整理再发开来转先生。有时，开来一天内就连续发我三个改稿，最后一稿的修改在我的印象中好像只涉及一两个字词，但先生仍然认真地修改批注。要不是因为《文艺报》的责编催得急，估计先生还要继续斟酌完善。王先生的文章历来以逻辑严谨论证严密著称，我想这不仅源于他的学养与思维，也得益于他认真严谨的写作态度。

如此的认真顶真，使得很多人都把王元骧先生视为一个刻板古板的人，其实与他熟悉了，你会发现他也是一个非常有情趣的人。因为他是把学问与生活统一起来了,学问即生活,生活即学问。他一生乐学不倦,文艺学美学的学术活动就是他生命的追求与寄托。他也时时对生活抱着一种研究的精神和审美的情致,在别人眼中不乏简单清苦的生活中自得其乐。

白衬衫、中山装、解放鞋,这是王元骧先生的常见装束,天长日久,也成了老杭大校园的一景。王元骧先生的绝大部分时间,都用在阅读与写作上。主要的休息,就是出门散步。平时生活,也极其简单。我印象极为深刻的是20世纪90年代,他曾跟我们学生说,他一天的菜金只需一块钱,因为只需要一把青菜和一个鸡蛋。饭用电饭煲煮好,煮一次可以吃上两三天。他在老杭大河南宿舍一住就是几十年,80多平米的老房子,地上、床上,目光所及,到处是一摞一摞的书。这些书,大概也是他最大的财富了。后来,王先生的母亲过世,儿子也成家自立门户,我们这些门生一度觉得王先生的生活实在太清苦了,至少也该有个帮他料理生活的人,所以就曾试图说服他找个保姆或钟点工。但王先生说,如果找个保姆或钟点工,看他在一边辛苦干活自己也不可能安心读书写作,如此两个人都不自由。因此,如今已经80寿诞的王元骧先生,还是自己打理日常琐事,买菜、烧饭、洗碗、洗菜、洗衣、拖地,等等,事事躬亲。这样著名的学者,如此简朴的生活,恐怕是好多人想象不到的。也许正是这种简单质朴,使得王元骧先生的生活极有规律,可以按照自己的节奏和兴趣进行。70岁以后,王先生的文章不仅越写越多,而且在一些重要问题上还屡有推进。我想,这一定程度上可能也得益于他的生活方式。

作为一个研究美学和文艺学的学者,王元骧先生自身有着很好的审美修养和艺术鉴赏力,他从小就喜欢画画,还写得一手好钢笔字。有一次,我们几个学生跟着王先生到北京开会,他的开门弟子丁宁当时在北大艺术学院任教,前来看望先生,送了先生一个雕塑作品,先生回赠了丁宁一个从杭州带来的礼物,是莫斯科大剧院演出的《天鹅湖》的影碟。王先生很爱才,丁宁学有所成,当年被叶朗教授慧眼相中,从杭州中国美院引进到北大艺术学院,应是先生的骄傲之一。那天先生情绪特别好。丁宁师兄走后,我们几个学生就起哄让先生跳个天鹅舞,结果王先生还真的在宾馆房间里跳了起来。如此率真有趣的先生与他平时给人的严肃刻板的形象简直判若两人。王先生也非常喜欢摄影。他的相机并不专业,不是单反,也无长焦,平时带在身边。写作看书累了,他就出去走走,看看杭州的美丽风光,拍几张自己喜欢的得意之作。外出参加学术活动,每有考察旅游,他也总是拍个不停,就像一个看到心仪玩具的孩童。王先生常常把他的得意之作拿出来给客人欣赏,或者发给他在学界的朋友们。2013年5月,《钱江晚报》做了一个关于王先生的访谈专版。文中写道:"有一回,先生还发来他亲摄的风景照片,'阅稿累了,发几张照片给您调剂调剂'。严谨之外,先生流露出不经意的小亲切。"此文还配了一张王先生在玩iPad的照片,下面的文字说明是:"王先生把照片存在很潮的平板电脑里。"

  作为一个研究美学和文艺学的学者,王元骧先生也将探究的品格和审美的态度融入了日常生活,因此他也常常能见别人所未见,能味别人所未味。我和同门王苏君博士毕业答辩,王先生邀请了北大董学文先生来主持。答辩结束后,我们领董先生游览西湖。王先生不肯打车,我们从老杭大一路走到西湖边,上了孤山。王先生自己当导游,让我至今都印象深刻的是,王先生对孤山上的一草一木一景无不了然于胸,对与这些自然景物相关的种种掌故史脉亦无不熟稔于心。比如说,前面有棵什么树,转弯有块什么石,走几步会有个什么景,相关的有个什么传说,发生了什么故事,王先生是随口即出娓娓道来。特别是他还指点你,应该站在什么位置从什么角度欣赏西湖的什么景。我来过孤山很多次,从来不知道也没有欣赏过西湖如此的美景。对于王先生学术上的造诣,我们这些学生本来就是非常折服的。而这次游览,也让我和苏君大为感叹,我们的先生大概可以把什么都做成学问,而且可以做到一流。

作为一个研究美学和文艺学的学者，王元骧先生并非象牙塔里的学究。他曾谈到，自己的学术研究，比较强调问题意识。这一方面来自理论本身，来自教学中所遇到的疑难问题；另一方面来自现实，来自自己的人生体验。他说："正因为许多美好的东西在生活中已经离我们远去，我们就更应该在精神上坚定地守护它"；"我认为理论研究就是自己介入现实的一种重要的方式"；"我常常以文艺理论研究来阐述自己的人生理想，认为这比抽象谈论人生问题更为有效"。确实，真正的人文学者必然饱含对生活的爱意和社会的责任感，他们关怀众生、同情弱小、关注社会，时时以天下为己任。真正的人文学者，也都是生活的反思者和批判者，他们以自己对生活的认知和理想，审察人性、社会的种种负面现象。王先生没有大量的时间去专门调研，但只要走出家门，他就脚动、眼动、脑动，家长里短、日常场景，都成为他观察、了解、思考社会的窗口。比如每天个把小时的散步，与一般人只求健身不同，他也常常有意外的收获。记得他曾跟我们说过的一件趣事。有一阵子，老杭大门口有一伙卖假手表的骗子，专门坑蒙来往的行人。王先生天天要从校门口进出，知道这伙人是骗子。有一次，他经过校门，看到有个人正准备买这伙骗子的手表，他就急忙过去提醒，哪知这个人挥拳就要揍王先生。原来，王先生只知有骗子，不知还有骗子的托。这个假装买表的"顾客"就是和骗子一伙的托。王先生把自己的这种种体会融入文艺研究中，对文艺的人性价值和社会责任做出了深刻的论析。他总结自己学术研究的特点是："我的研究没有走上纯学术的道路，而始终怀有强烈的人文情怀，虽然我所关注的现实问题随着社会的发展而发生变化，但这种人文情怀却随着自己社会阅历的增广和人生体验的加深变得愈加自觉。"王元骧先生认为自己的理论文章有"这样一个我可以肯定的特色：'学院性''思辨性'和'现实性''参与性'的结合，即在阐明学理的过程中表达我对现状的看法、体现我对现实的介入"。近年来，王先生将目光聚焦于市场经济下的人性异化、道德异变等问题，主张文艺的核心是情感,文艺活动的目的是要涵育整全的人,突出强调了文艺的审美超越、审美教育等问题。王元骧先生是以他自己的学术研究和理论观点,照亮着人生和人性的理想灯塔。

2010年,王元骧先生出版了他的第四本论文集《论美与人的生存》。书的《校后记》既是王先生"对自己三年来的学术回顾",也可以说是他对自己的一次人生总结。他说:"谈及对学术的'虔敬'之心,可能会被人讥笑为迂阔之论。因为现在我们所处的是一个物欲化、功利化、泛娱乐化的时代,金钱成了我们时代的上帝,在文化出版领域,发行量、收视率以及近乎收视率的所谓'学术影响力'已成为决定文化产品命运和生死的杀手锏,以致媚俗、低俗、恶俗的文化垃圾四处泛滥,使得这些年来原本纯正的学术领域也被商业的规则所同化,而变得世俗气、市侩气十足,似乎一切都失去了原则,失去了标准,失去了尊严,到手的就是自己的,尊严又值几个钱!真正的学术,还有多少值得人去追求和迷恋呢?但我还是十分感谢学术,因为我是一个百无一用的书生,既不会投机钻营,也不会吹牛拍马,在过去的政治冲击、现在的名利冲击中,我之所以没有趴下,就是由于学术使我对自己有了一份自信和人格的独立与尊严!所以迄今我还是十分愿意为它奉献、为它牺牲。"我相信这是王元骧先生的肺腑之言!

祝愿王元骧先生学术生命永驻!学问人生常青!

写于2013年11月

中国美学研究的拓荒者：
我的学术忘年交聂振斌先生

聂振斌先生是我国近现代美学研究的拓荒者和标杆人物，也是深受美学界同仁尊敬和爱戴的当代著名美学家，曾任中华美学学会副会长、秘书长，为推动我国美学研究事业的发展，团结美学界广大同仁，做了大量卓有成效的工作。聂振斌先生一生问学，温和淡雅，胸襟开阔，深具知识分子的风范和学者的本色。我与聂先生相识，是在中国社会科学院文学研究所博士后站期间。聂振斌先生出生于1937年，若从年龄上说，我们相差近30年，但我们一见如故，既在学术上有聊不完的话题，也按现在的说法是三观上契合一致。迄今，我们的忘年深谊已十五载有余。聂振斌先生是我在中国近现代美学和人生论美学研究的道路上，最为重要的指导者、支持者、扶掖者和忘年交之一。

一

我于2004年秋，进入中国社会科学院文学研究所博士后流动站，合作导师为钱中文先生。当时，我的博士学位论文《梁启超美学思想述评》经修改完善，准备在商务印书馆出版。我请钱中文先生作序，钱先生对我说，聂振斌先生是这个领域的权威专家，可以请聂振斌先生作个序。我与聂先生素不相识,有点心怯。钱先生就让我与文学所理论室的杜书瀛先生接洽,说杜先生与聂先生是好朋友。杜书瀛先生也是我的博士后合作导师组的导师之一,博学温和,我和杜先生一说,他立马就联系好聂先生,让我直接送书稿给聂先生。自此,我和聂先生开始了迄今已逾十五年的学术交往与忘年至交。从聂先生身上,我真切看到了也深深感受到了一个纯粹学者的学术识见、胸怀境界和人格风范。《梁启超美学思想研究》是在我的博士学位论文基础上增订完成的,是我的第一部公开出版的学术专著,也是这个领域第一部公开出版的研究专著。在书中,我主要对梁启超美学思想的整体面貌、发展演变、范畴命题、价值启思等做了梳理提炼,提出了梁启超美学思想的趣味论以及潜逻辑体系问题。趣味以及潜逻辑体系,在梁启超美学思想研究中,是一种突破性的观点,也是对梁启超美学思想的一种理论化建构。聂先生欣然为我作序,给了书稿高度的肯定,这给了我很大的鼓励和信心。十多年后,2017年,我们在杭州召开"'人生论美学与当代实践'全国高层论坛",会议间隙,有一次聊天,聂先生对我说:"你的梁启超美学思想研究,是批评我的学术观点的。"我一下子懵了,说:"那您还给我作序?"聂先生笑着说:"这是两回事。"在聂先生给我作的序里,他写道:"读了她的《梁启超美学思想研究》很高兴,也很受启发。这样的研究成果拿去出版发行,以便产生普遍而积极的社会影响,是很有意义的。作者有个性,善于独立思考,有创新精神。她的《梁启超美学思想研究》,是我所见到的最为系统而有理论深度的一部专著,在这一研究领域中,可谓独树一帜,自成一家言。"他还写道:"20世纪80年代,我在研究这一段美学史时,本打算对蔡元培、王国维、梁启超三位先生的美学思想各以专著的形式加以论述。但在写完蔡、王两人之后,由于种种原因,梁启超的一本至今未写成,此事一直耿耿于怀。现在读了金雅的《梁启超美学思想研究》,此种遗憾与愧疚,终于得到了一定的消解。因为一部我想看到的梁启超美学思想的专著,终于写成即将出版,从而弥补了这一研究领域的欠缺。也打消了我写梁启超美学思想研究的念头；借花献佛，以还吾愿，岂不乐哉！所以读了金雅的大作，我不仅高兴，还含有几分感激。"多年以后，再阅读这些文字，对于聂先生这般纯粹的人格和胸襟，唯有感佩与敬意！

二

十多年来，聂振斌先生一直纯挚温和地注视着我的成长，无私地给予我帮助和扶掖，仿佛是家里的一个至亲长辈。我常常感喟，人生何其之幸，我可以入读钱中文先生、王元骧先生门下，又可以相遇聂振斌先生、汝信先生、梁思礼先生、仲呈祥先生等诸多让我感怀和崇敬的忘年之交！

2007年10月，我从中国社会科学院文学所博士后站出站，回到杭州师范大学工作。2008年，是杭州师大的百年校庆。我出站回到学校后，时任校长林正范先生跟我说，你这里可以成立个校级研究机构，开个学术会议。当时学校的科研处长是陈斌先生，他后来考到上海，担任上海理工大学的副校长，是个很有魄力和能力的实干型干部。在林校长和陈斌先生的大力支持下，我筹措成立了杭州师范大学中国美学与艺术理论研究中心，规划以中国近现代美学和文艺思想为主攻方向。中心成立伊始，就邀请了聂振斌先生担任学术委员会主任。聂先生不取一分钱报酬，全身心为中心出谋划策，无私提供了诸多帮助。记得2007年底，我们开始会议的筹备工作。当时，我对学术会议的组织是个小白，我就请教聂振斌先生。聂振斌先生说，先得有个会议的主题。我就问聂先生，那我们会议的主题定什么好呢？聂先生说，你研究梁启超，就开个梁启超的会吧。我听了，吓了一大跳，当即的反映就是这样的会议，会不会让人误会，觉得我是为自己图谋个啥呢，况且我对自己的梁启超美学思想研究的成果也没有这样充分的信心。聂先生听了我的顾虑，就对我说，你们学校想开个学术会议,就开个你们有研究的,这样可以让大家了解你们在做的工作,梁启超美学思想是个值得研究的课题,不仅你要做,也要让更多的人来做,才能深化学术上的探讨,如果有不同声音,有观点争鸣,这是好事,可以推进这个领域的研究。听了聂先生的话,我觉得自己的一些顾虑,还是从个人角度考虑过多的原因,当即就与聂先生商定了会议的主题,即 2008 年 4 月在杭州召开的"'中国现代美学、文论与梁启超'全国学术研讨会"。会议得到了中华美学学会、中国中外文艺理论学会的大力支持,梁启超的后人和一些重要媒体也参与了活动。钱中文、胡经之、王元骧、曾繁仁、杜书瀛、王旭晓、徐碧辉、袁济喜、宛小平、刘悦笛、陈定家、卢善庆、陈永标、姚全兴等一批重要学者,都给会议提交了专题论文,有力推动了梁启超美学研究的发展和深化。而对于梁启超美学思想的认识和见解,不仅我与聂振斌先生并不完全相同,事实上直到今天,学术观点上的争鸣仍在继续,有些看法的分歧甚至很大。我想,在一定的意义上,这恰恰是梁启超美学思想的一种魅力,是一个大思想家和他的思想,所具有的丰富性、复杂性、开放性,和它的时空的穿透力。

从 2008 年的梁启超会议开始,聂先生与我一起策划组织,我们又先后在杭州召开了"'中国现代美学的资源与实践'全国高层论坛暨《中国现代美学名家文丛》首发式"(2009 年 4 月)、"'蔡元培梁启超美育艺术教育思想与当代文化建设'全国学术研讨会暨《中国现代美学名家研究丛书》首发式"(2012 年 11 月)、"'人生论美学与中华美学传统'全国高层论坛"(2014 年 11 月)、"'人生论美学与当代实践'全国高层论坛暨《中国现代美学名家文丛》新版发布仪式"(2017 年 6 月)。这些会议共出版了四本论文选集,分别为:2008 年会议的文集《中国现代美学与文论的发动》,2009 年由天津人民出版社出版;2012 年会议的文集《蔡元培梁启超与中国现代美育》,2014 年由中国言实出版社出版;2014 年会议的文集《人生论美学与中华美学传统》,2015 年由中国言实出版社出版;2017 年会议的文集《人生论美学与当代实践》，2018年由中国社会科学出版社出版。后三本文集都是聂振斌先生和我共同主编，但主编署名时，聂先生都坚持让我放在前面。《中国现代美学名家文丛》也是我和聂振斌先生共同主编，在起草撰写绪论时，聂先生总让我放开写，他既给予我高屋建瓴的提点，又充分尊重我的意见。他说：我知道你有自己的考虑，你按自己的想法写即可。

聂先生对我的鼓励支持，是我在中国近现代美学和人生论美学研究中，能够取得一些成绩和可以一路坚持下来的最为重要的精神动力之一，他在相关领域的深湛积淀也给了我很多思想上的宝贵启迪。

三

从梁启超美学思想研究，到中国现代美学名家的整体梳理和专题研究，再到人生论美学的研究，聂振斌先生是给予我最大帮助的学术前辈之一，他也是我学术道路和人生道路上的知音和忘年交之一。

聂振斌先生待人亲和，无论何时，总是面带笑意。他儒雅淡泊，热爱生活；钟爱自然，爱好游泳；专心学术，心无旁骛。美学界的同仁们说到聂先生，无不称敬他的好学问、好胸襟、好人缘。我在中国社会科学院做博士后期间，去聂先生家请教问题，常常在他家蹭饭，特别喜欢喝师母熬的白粥，就小菜，感觉就像回到了自己家里。博士后出站回到杭州后，因为工作上的事情赴京，一般是事先与聂先生约时间，当时最快的是Z字头的火车，前一天傍晚上火车，第二天清晨到北京站。聂先生事先电话里就会嘱咐我，让我下火车直接上他家，白粥会给我留好的。我一下火车，就直奔聂先生家，搁下行李，就喝上了师母煮的热乎乎的白粥。这时候，一夜的旅途颠簸和一路的辛劳，似都烟消云散。有时候，聂先生就在他家小区的马路口、大门口、楼道口等我，仿佛是一个父亲。这种温馨和润的味道，深深烙在我不乏单调枯燥的学术生涯中,让我在面对困难、困境时,能够从容和坚守。

我和聂先生聊得最多的,当然就是学术上的问题了,包括美学中心的学术推进、我个人的学术计划、我们共同策划组织的项目和活动等。人生论美学是我近年重点关注的问题。相关问题的理论思考,首先是从梁启超美学思想研究中,开始延展出来的。在梁启超美学思想研究中,我将梁氏美学思想从整体上定位为人生论美学,以趣味范畴作为观照考察的核心和基点。到中国现代美学名家研究,进一步遴选了梁启超、王国维、蔡元培、朱光潜、宗白华、丰子恺等六位大家。前五家作为20世纪上半叶中国现代美学的代表人物,学界几乎没有争议。丰子恺当时在人们的心目中,主要还是一个漫画家、散文家、艺术教育家,而从美学的角度去观照他的思想,把他列入中国现代美学大家的序列,《中国现代美学名家文丛》是一个首创。当时,我查阅了很多中国现代美学方面的资料,包括丰子恺在内。一方面,我觉得中国现代美学缺少整体性的梳理和研究;另一方面,也觉得从人生论美学的角度,这六位大家可以放在一起,对其具有民族文化底蕴和民族美学品格的这种精神传统,从整体上予以提炼和观照。而且,通过资料的整理和提炼,我越来越坚定了这种看法。不过,作为一项探索性的工作,当时我心里还有些忐忑。当我把这个设想讲给聂先生听时,他立马予以明确肯定,鼓励我大胆去做,觉得这是有根基也是很有价值的一个点。聂先生的肯定和支持,给了我很大的信心。但在丛书主编和绪论的署名上,聂先生都坚持把我放在前面,他温和而坚定地说,主要工作是你做的,就应该把你放在前面。

其次,人生论美学的研究,也是我们从中国现代美学和民族美学精神的长期研究中,延展出来的一个理论命题,是对中华美学和中华文化关系、中华美学和实践关系的一种理解和阐发。这个问题是研究进展的自然延伸,并无刻意。当然,这种认识,也是观照中华美学精神的一种视角。2014年10月15日,习总书记主持文艺工作座谈会,发表重要讲话,第一次明确提出了"中华美学精神"的概念,和"传承弘扬中华美学精神"的命题。2014年11月2日，我们筹备半年多的"'人生论美学与中华美学传统'全国高层论坛"如期在杭州召开，得到了美学界同仁们的积极响应。聂振斌先生在大会开幕式致辞中，深情回顾了美学中心自2007年成立以来的基本情况和主要工作，总结了美学中心的学术研究和相关成果，指出："近年来，以中心成员为骨干的研究团队逐渐将研究的焦点汇聚到人生论美学的民族学理与民族精神的挖掘、提炼、总结、建构上。"此次论坛，共收到论文50多篇。论坛气氛热烈，与会代表展开了热烈的争鸣。在此次论坛上，我和聂振斌先生以及学界的诸多朋友，共同约定3年后，即2017年再次在杭州召开以人生论美学为主题的全国性论坛，继续推进相关研究。2017年6月，时已80高龄的聂振斌先生再次来到杭州，参加"'人生论美学与当代实践'全国高层论坛"。前后两次论坛，聂振斌先生都专门撰写了专题长文，对人生论美学研究的若干重要问题进行了阐述，文章发表后为《复印报刊资料》全文转载。聂振斌先生对人生论美学研究的支持参与、肯定鼓励，对引领和推动人生论美学研究的发展，起到了非常重要的作用。

遇到聂振斌先生，与聂先生结下如此深挚的学术情缘，人生何其之幸！衷心祝愿聂振斌先生身体康健，笑意常存，永葆学术之春！

写于2021年2月13日，辛丑二月初二

后　记

本集是我的第三部文集。文字的时间跨度比较大，自1985年至2020年，前后逾三十五载。所涉文体颇杂，有论文、评论、访谈、对话数种。所论问题，则大致不出"艺""美"两端。说艺论美，其中一个核心和关键的问题还是美育的问题，是以艺涵人、以美化人的问题，这是中华文化的基本精神和中华美学的悠久传统，集中体现了中华审美和中华艺术所追求的美、艺、人相统一的富有民族标识的价值向度和实践品格。基此，本集大致区分为三个部分，即美·思、艺·探、境·寻。当然，这三个部分的内容在实质上是很难截然区分的。第三部分境·寻，是与汝信、钱中文、王元骧、聂振斌、仲呈祥等五位我国当代著名美学家、文艺理论家相关的文字，包括访谈、对话、回忆，希望这些笨拙的文字，能够从某些侧面呈现他们的睿识和风范。

集中最早的一些文字，写于20世纪八九十年代，今天读来实在稚拙，也令人感慨良多。其中最早的一篇《古诗文今译为何不如原文有味》，写于1985年5月，当时我是杭州大学中文系大四的学生，在浙江省团委主办的《东方青年》杂志实习。这篇稚拙的文字，是给杂志的读者朋友们的回信，算是我第一篇有点理论意味的文字了。当时杂志有个栏目，叫"知心姐姐"。一般给"知心姐姐"的来信都是讨论人生问题的，或在工作在生活中遇到困难求助的。这封信有点特别，引起了杂志主编的关注。想来这封来信的作者，是一个好学且热爱古诗文的年轻朋友,他向"知心姐姐"请教古诗文今译读起来为什么不如原文有味的问题,这是一个既有趣又有点学术性的问题。大概是考虑到我的中文系大学生身份,算得上当时编辑部相对比较合适的回信人选,主编就把这个任务交给了我。记得接了任务,我颇忐忑。思忖一番,就去找了中文系知名的古汉语教授黄金贵先生请教,黄先生非常热心耐心地给我讲解指导,当年在黄先生家的场景和先生的音容笑貌,历历在目。杂志刊发此文,已是当年8月。我7月初毕业,回到老家黄岩过暑期,准备9月份去工作单位报到。实习时写的这封回信,早已丢到脑后。忽一日,文科高复班的老同学来我家,手上拿着一本8月的《东方青年》杂志,指着目录上一篇署名"晓亚"的文章说,这是你写的吧?若干年后重逢,我问老同学可还记得此事?做好事的不记功,已然不记得了,而后双方对细节,回忆起来了,不免几多感慨。《东方青年》杂志当时一度蛮有影响,后来好像改刊了。记得实习时带我的记者老师,经验丰富,能力超强,非常优秀,我们一起出差采访,那些颇为传奇、印象深刻的采访实例,迄今仍清晰烙在脑海。十多年后,我在《浙江教育报》做兼职编辑时,他竟辗转而来,报社将他安排与我同屋办公,不免让人慨叹缘分之妙。

集中的《艺术"空白"浅探》一文,1987年发表于《台州师专学报》,算是我第一篇正式发表的学术性论文。台州师专全名台州师范专科学校,是我工作的第一个单位和第一个高校,其后我又先后任教于杭州师范大学和浙江理工大学。台师地处浙东历史文化名城临海,是和合文化和唐诗之路的重镇,也是史上抗倭的名城,迄今仍有江南长城留存。这篇小文是我大学本科的毕业论文,今天看来实在稚嫩。大学时,我对散文诗萌生兴趣,从探究散文诗的特点出发,毕业论文选了"空白"这个论题。当时,杭大中文系文艺理论教研室的女教授只有一个,就是朱克玲老师。我申请朱老师担任我的毕业论文导师,朱老师欣然应允。毕业论文写作期间,朱老师多次与我倾心畅谈,话题不仅涉及论文,也涉及其他方方面面。朱老师是个很优雅的女教授,说话慢声细语,举手投足满满的书卷气。朱老师的爱人郑择魁教授当时是中文系主任,我们有时在朱老师家客厅里一边品尝果品小食一边讨论,有时在杭大新村的院子里一边散步一边讨论,郑老师在的话都会来参加。郑老师博学通达、温和亲切,感觉完全把我当作一个平等对话的小学友。我一开始还拘谨着,慢慢也就放开了。和朱老师、郑老师的交往接触,不仅是学术上的获益,他们也是我的人生偶像,在问学、做事、为人上,都对我影响至深。

集子第三部分收入了我对汝信先生、王元骧先生的两篇访谈,与仲呈祥先生的一篇对话,以及关于我的博士后导师钱中文先生、硕博导师王元骧先生和我的学术忘年交聂振斌先生的三篇散记。两篇访谈是应时任《文艺报》理论部主任熊元义之约撰写。汝信先生儒雅睿智,大家风范,多年来一直关心指导我的学术研究,对我们组织的学术活动倾力支持。王元骧先生一生问学,严谨纯挚,对我的学术路向和研究志趣,影响很大。熊元义是我多年老友;他总是精力充沛,充满着论辩的激情;他对自己想做的事,总是信心满满,一往直前,不容置疑。这两篇访谈是熊元义和我最后的工作往来。他在盛年猝逝,完全出人意料,每每忆及,伤怀莫名。感谢《中国艺术报》辟出专版,让我和仲呈祥先生有了一次思想上的直接碰撞。我与仲先生相识于杭州师大召开的艺术理论学术会议。第一次见面,仲先生听闻我的名字,就问我,你的美学文丛编完了吗?因为此前只闻仲先生大名,并不熟识,当时完全没想到仲先生居然知悉我的情况。此后,仲先生一直关注我的学术进展,勉励良多,指点扶掖。三篇散记,前两篇分别写于钱中文先生八十寿辰和王元骧先生八十寿辰。两位先生引我步入文艺美学之门,倾心提点指导,他们既是我学术的导师,也是我人生的引路人。多年以来,我一直保留着这样的习惯,无论学术上的还是工作上的,做重要决定前或遇困惑困难时,总要向两位老师请教,倾听他们的睿见。而我非聂振斌先生的正式入室弟子，但我们的学术情缘让很多同道称羡，我们共同发起的会议、组织开展的研究、合作完成的成果，都见证了这种纯粹而深挚的忘年情谊。

集子也选入了我近年散见于报纸的部分短文。感谢诸编辑的约稿和鼓励。给报纸写学术色彩的短文，我觉得是对学者很好的一种锻炼。因为报纸一般有篇幅的限定，且读者不一定都是专业圈子里的，这样就不能只是自说自话，必须斟酌文字的效应。这些短文的写作，是对思维水平和文字功力的一种独特考验。与报纸编辑的沟通，往往有特殊的获益，他（她）们对问题的独到角度、精准提炼、提纲挈领的水平，常常让我感佩。

本集第一篇《大美：中华美育精神的意趣内涵和重要向度》是应《中国文艺评论》之约而作。"大美"的论题，与"美情"的论题，都是中华美学（育）精神的核心命题之一。2016年，我发表了《论美情》一文，《新华文摘》全文转摘且在封面推介，我的第一本文集《中华美学：民族精神与人生情怀》结集时收入。"美情"命题的核心是对情的蕴真涵善的美化提升，是对情感的本体论、价值论、创化论的多维统合。"大美"的命题，在"美情"的命题上拓深与延展。我以为，这两个概念和命题，都是观照建构中华美学和美育精神的重要支点。

本集选入的文章，尽量保留了初次发表时的原貌，主要对标点、数字、注释等做了体例的统一，个别明显的错讹予以了订正。这三十五年余，我的研究兴趣从具体的微观的到宏观的整体的，从经验的评析的到理论的思辨的，一方面是去拓展理论观照的视野，另一方面也是磨炼理论思维的能力。我一直认为，美与艺术的理论考辨，应该与实践与生命与人生相勾连，以此夯实它们的出发点和落脚点。感谢这个与痛苦艰辛相伴的跋涉之旅，感谢这种砥砺和挑战所带来的丰满记忆和独特欣悦。

今天，重读这些或远或近的文字，回望那些曾经的酸甜苦辣，是对自己的一种存照、审察、反思、叩问。在此，我想诚挚地说一声感谢！感谢一直以来给予我帮助、指点、扶掖、引领的前辈、师友、同窗、同道！感谢多年来约稿、刊发相关文章的诸报刊及编辑朋友！感谢我亲爱的家人！也感谢南京大学出版社领导和编辑，对于本书的支持和付出的辛劳！很庆幸,这辈子能与你们相遇！很庆幸,这辈子可以与美与艺相伴！

天地鸿蒙,岁纵四时。花有荣枯,物竞自然。生,即情,即仁。生,即在,即缘。是为记。

2021年初春

杭州运河畔松风居

图书在版编目(CIP)数据

说艺论美/金雅著. — 南京：南京大学出版社，2021.3
ISBN 978－7－305－21854－5

Ⅰ. ①说… Ⅱ. ①金… Ⅲ. ①美学－文集 Ⅳ. ①B83－53

中国版本图书馆 CIP 数据核字(2021)第 047311 号

出版发行　南京大学出版社
社　　址　南京市汉口路 22 号　　　邮　编　210093
出 版 人　金鑫荣

书　　名　说艺论美
著　　者　金　雅
责任编辑　施　敏
照　　排　南京南琳图文制作有限公司
印　　刷　南京玉河印刷厂
开　　本　635×965　1/16　印张 22.25　字数 289 千
版　　次　2021 年 3 月第 1 版　2021 年 3 月第 1 次印刷
ISBN 978－7－305－21854－5
定　　价　88.00 元

网址：http://www.njupco.com
官方微博：http://weibo.com/njupco
官方微信号：njupress
销售咨询热线：(025) 83594756

* 版权所有，侵权必究
* 凡购买南大版图书，如有印装质量问题，请与所购
　图书销售部门联系调换